全国农业高职院校"十二五"规划教材

动 物 药 理
DONGWUYAOLI

胡喜斌 主编

中国轻工业出版社

图书在版编目（CIP）数据

动物药理/胡喜斌主编. —北京：中国轻工业出版社，2013.1
全国农业高职院校"十二五"规划教材
ISBN 978 – 7 – 5019 – 8907 – 2

Ⅰ.①动… Ⅱ.①胡… Ⅲ.①兽医学 – 药理学 – 高等职业教育 – 教材 Ⅳ.①S859.7

中国版本图书馆 CIP 数据核字（2012）第 160982 号

责任编辑：马　妍　　　责任终审：张乃柬　　封面设计：锋尚设计
版式设计：锋尚设计　　责任校对：燕　杰　　责任监印：张　可

出版发行：中国轻工业出版社（北京东长安街6号，邮编：100740）
印　　刷：三河市万龙印装有限公司
经　　销：各地新华书店
版　　次：2013年1月第1版第1次印刷
开　　本：720×1000　1/16　印张：17.75
字　　数：357千字
书　　号：ISBN 978 – 7 – 5019 – 8907 – 2　定价：35.00元
邮购电话：010 – 65241695　传真：65128352
发行电话：010 – 85119835　85119793　传真：85113293
网　　址：http://www.chlip.com.cn
Email：club@ chlip.com.cn
如发现图书残缺请直接与我社邮购联系调换
KG866 – 110927

全国农业高职院校"十二五"规划教材
畜牧兽医类系列教材编委会

(按姓氏拼音顺序排列)

主 任
蔡长霞　黑龙江生物科技职业学院

副主任
陈晓华　黑龙江职业学院
于金玲　辽宁医学院
张卫宪　周口职业技术学院
朱兴贵　云南农业职业技术学院

委 员
韩行敏　黑龙江职业学院
胡喜斌　黑龙江生物科技职业学院
李　嘉　周口职业技术学院
李金岭　黑龙江职业学院
刘　云　黑龙江农业职业技术学院
解志峰　黑龙江农业职业技术学院
杨玉平　黑龙江生物科技职业学院
赵　跃　云南农业职业技术学院
郑翠芝　黑龙江农业工程职业学院

顾 问
丁岚峰　黑龙江民族职业技术学院
林洪金　东北农业大学应用技术学院

本书编委会
（按姓氏笔画排列）

主　编
胡喜斌　黑龙江生物科技职业学院

副主编
蒋　红　辽宁医学院

参编人员
高月林　黑龙江农业职业技术学院
梁大卓　黑龙江生物科技职业学院
蔡皓璠　黑龙江职业学院

主　审
杨旭云　黑龙江省五大连池风景名胜区
　　　　自然保护区畜牧水产局

前言 / PREFACE

根据国务院《关于大力发展职业教育的决定》、教育部《关于全面提高高等职业教育教学质量的若干意见》和《关于加强高职高专教育人才培养工作的意见》的精神，2011年中国轻工业出版社与全国40余所院校及畜牧兽医行业内优秀企业共同组织编写了"全国农业高职院校'十二五'规划教材"（以下简称规划教材）。本套教材依据高职高专"项目引导、任务驱动"的教学改革思路，对现行畜牧兽医高职教材进行改革，对学科体系下多年沿用的教材进行了重组、充实和改造，形成了适应岗位需要，突出职业能力，便于教、学、做一体化的畜牧兽医专业系列教材。

《动物药理》是规划教材之一。在编写过程中，遵循高等职业教育人才培养特点，突出药物应用能力，注重实践用药综合技能的训练和提高，同时注重教材内容的科学性、针对性、应用性和实践性。在内容上增加新知识和新技术，以保证其先进性；在结构体系上力求遵循教学规律，又方便实际工作应用，以保证其实用性；在阐述上力求精练，并尽可能加大信息量，以保证其完整性。

本教材编写人员分工为：梁大卓编写动物药理总论、消毒防腐药和技能训练，胡喜斌编写抗病原微生物药物和抗寄生虫药，高月林编写作用于内脏系统的药物，蒋红编写作用于中枢神经系统、外周神经系统的药物和调节组织代谢药物，蔡皓璠编写自体活性物质与解热镇痛抗炎药、体液补充药与电解质、酸碱平衡调节药和解毒药。

本教材由胡喜斌统稿，黑龙江省五大连池风景名胜区自然保护区畜牧水产局杨旭云主审。

本教材不足之处，敬请专家和读者批评指正。

编者
2012年9月

目录 / CONTENTS

项目一 动物药理总论

任务一 动物药理概述 1

一、动物药理的概念及主要研究内容 1
二、学习动物药理的目的与方法 1
三、动物药理课程的定位及与其它课程的关系 2

任务二 药物的基本知识 2

一、药物的基本概念 2
二、药物的来源 3
三、药物的制剂与剂型 3
四、药物的保管与储存 4
五、药物管理的一般知识 5

任务三 药物对动物机体的作用——药效学 6

一、药物作用的基本形式 6
二、药物作用的方式 7
三、药物作用的机制 8
四、药物的构效关系 9
五、药物的量效关系 9

任务四 动物机体对药物的作用——药动学 9

一、药物的转运 10
二、药物的吸收 11
三、药物的分布 12
四、药物的转化 13
五、药物的排泄 14
六、药物动力学的基本概念 14

任务五 影响药物作用的因素 16

一、药物方面的因素 16

二、动物方面的因素　17
　　三、饲养管理与环境因素　17

任务六　处方　17

　　一、处方概述　17
　　二、处方的内容与结构　18

思考与练习　20

项目二　消毒防腐药

任务一　消毒防腐药概述　21

　　一、消毒防腐药的概念　21
　　二、理想消毒防腐药的条件　22
　　三、消毒防腐药作用机制　22
　　四、影响消毒防腐药作用的因素　23

任务二　主要用于环境、用具、器械的消毒防腐药　23

　　一、酚类　23
　　二、碱类　25
　　三、醛类　26
　　四、过氧化物类　27
　　五、卤素类　28

任务三　主要用于皮肤、黏膜的防腐消毒药　30

　　一、醇类　30
　　二、酸类　30
　　三、卤素类　31
　　四、表面活性剂　33
　　五、氧化剂　34
　　六、染料类　36

思考与练习　37

项目三 抗病原微生物药物

任务一 抗病原微生物药物概述 38
一、抗菌谱 38
二、抗菌活性 39
三、抗菌药后效应 39
四、耐药性 39

任务二 抗生素 40
一、主要抗革兰阳性细菌的抗生素 42
二、主要抗革兰阴性细菌的抗生素 55
三、广谱抗生素 61

任务三 化学合成抗菌药物 66
一、喹诺酮类 66
二、磺胺类 71
三、抗菌增效剂 78
四、喹噁啉类 79
五、硝基咪唑类 80

任务四 抗真菌药与抗病毒药 82
一、抗真菌药 82
二、抗病毒药 86

任务五 抗病原微生物药的合理应用 91
一、正确诊断、准确选药 91
二、制定合理的给药方案 92
三、防止产生耐药性 92
四、减少药物的不良反应 92
五、正确地联合用药 93

思考与练习 94

项目四 抗寄生虫药

任务一 概述 95

任务二 抗蠕虫药 96
　　一、抗线虫药 96
　　二、抗绦虫药 104
　　三、抗吸虫药 106
　　四、抗血吸虫药 107

任务三 抗原虫药 108
　　一、抗球虫药 108
　　二、抗锥虫药 112
　　三、抗梨形虫药 114

任务四 杀虫药 116
　　一、有机磷类杀虫药 116
　　二、有机氯化合物 118
　　三、拟除虫菊酯类杀虫药 118
　　四、其它类化合物 119

思考与练习 120

项目五 作用于内脏系统的药物

任务一 消化系统药物 121
　　一、健胃药与助消化药 122
　　二、瘤胃兴奋药 130
　　三、制酵药与消沫药 131
　　四、泻药与止泻药 133
　　五、催吐药与止吐药 138

任务二 呼吸系统药物 140

  一、祛痰药 140
  二、镇咳药 143
  三、平喘药 144

任务三 血液循环系统的药物 146

  一、强心药 146
  二、止血药 148
  三、抗凝血药 150
  四、抗贫血药 151

任务四 泌尿生殖系统药物 153

  一、利尿药与脱水药 153
  二、生殖系统药物 156

思考与练习 162

项目六 作用于中枢神经系统的药物

任务一 中枢兴奋药 164

  一、概述 164
  二、常用药物 165

任务二 全身麻醉药 168

  一、概述 168
  二、吸入性麻醉药 170
  三、非吸入性麻醉药 172

任务三 镇静药、镇痛药与抗惊厥药 176

  一、镇静药 176
  二、镇痛药 178
  三、抗惊厥药 179

思考与练习 181

项目七 作用于外周神经系统的药物

任务一 局部麻醉药 182

一、概述 182
二、常用药物 184

任务二 传出神经药物 186

一、概述 186
二、常用药物 190

思考与练习 196

项目八 自体活性物质与解热镇痛抗炎药

任务一 组胺与抗组胺药 198

一、组胺 198
二、抗组胺药 198

任务二 解热镇痛药 200

一、概述 200
二、常用药物 202

任务三 皮质激素类药物 205

一、概述 205
二、常用药物 209

思考与练习 212

项目九 调节组织代谢药物

任务一 钙、磷与微量元素 213

一、钙、磷 213

二、微量元素 216

任务二 维生素 220

一、脂溶性维生素 220

二、水溶性维生素 223

思考与练习 228

项目十 体液补充药与电解质、酸碱平衡调节药

任务一 体液补充药 229

一、血容量扩充药 230

二、能量补充药 232

任务二 电解质、酸碱平衡调节药 233

一、电解质平衡药物 233

二、酸碱平衡药物 237

思考与练习 240

项目十一 解毒药

任务一 非特异性解毒药 241

一、物理性解毒药 241

二、化学性解毒药 242

三、药理性解毒药 243

四、对症治疗药 243

任务二 特异性解毒药 243

    一、有机磷酸酯类中毒及特异性解毒药 243
    二、有机氟中毒及特异性解毒药 246
    三、亚硝酸盐中毒及特异性解毒药 247
    四、氰化物中毒及特异性解毒药 248
    五、金属、类金属中毒及特异性解毒药 250
    六、其它毒物中毒及解毒药 253

思考与练习 255

技能训练

实训一　处方的开写 256
实训二　常用消毒药的配制及应用 256
实训三　抗生素的抗菌作用试验 257
实训四　抗生素、磺胺药的毒性作用 258
实训五　泻药泻下作用实验 259
实训六　止血药与抗凝血药的作用观察 260
实训七　水合氯醛对家兔全身麻醉的效果观察 261
实训八　士的宁中毒及解救 262
实训九　肾上腺素对普鲁卡因局部麻醉作用的影响 263
实训十　解热镇痛药对发热家兔体温的影响 263
实训十一　有机磷中毒及解救 264
实训十二　亚硝酸盐中毒及解救 265

参考文献 267

项目一 动物药理总论

【知识目标】

理解动物药理的概念，掌握动物药理研究的主要内容，了解动物药理的学习目的、方法及与其它课程的关系。掌握药物对动物机体的作用、动物机体对药物的作用及影响药物作用的因素。

【技能目标】

能正确开出动物诊疗处方。

任务一 动物药理概述

一、动物药理的概念及主要研究内容

动物药理是研究药物与动物机体（包括病原体）之间相互作用，以阐明应用药物防治动物疾病的原理及其规律的科学。动物药理既研究药物对动物机体作用的规律及药物防治动物疾病的机制，又研究动物机体对药物的作用（转运、吸收、分布、转化、排泄等）及药物的临床应用等内容。

二、学习动物药理的目的与方法

学习动物药理的目的是：临床正确选药、合理用药、提高药效、减少不良反应，为开发新药和增加新剂型创造条件。

学习动物药理的方法主要有：

（1）抓基础、找共性　掌握药物作用的基本理论，能按药理作用进行药物分类，并能找出每类药物的共性。知道什么药物属于哪一类，就能知道它的

基本药理作用。

（2）抓重点、细比较 对重点药物要掌握其作用原理、适应证；多比较与其它药物的异同，掌握这一类药物的特点，并能进行选择使用。

（3）理论、实践相结合 通过实践加深对理论知识的理解，容易学习，掌握也快。

（4）勤动手、细分析 培养动手能力，善于实事求是，提高发现问题、分析问题及解决问题的能力。

（5）理论联系实际 药物对机体的作用；药物作用机制；药物主要适应证；机体对药物的作用。

三、动物药理课程的定位及与其它课程的关系

动物药理是畜牧兽医类专业的基础课程，是连接专业基础课和专业课的桥梁。它与动物解剖生理、动物病理、动物微生物等知识紧密联系，为学习专业课程奠定基础。

任务二 药物的基本知识

一、药物的基本概念

（一）药物

药物是用于预防、治疗和诊断疾病或有目的地调节动物生理功能的化学物质。随着科学的发展，药物的概念应该进一步扩大和深入。从理论上说，凡能通过化学反应影响生命活动过程的化学物质都属于药物范畴。此外，药物还包括能促进动物生长、提高生产性能的各种物质，如动物保健品和饲料添加剂等。

（二）毒物

能对动物机体产生损害作用的化学物质称为毒物。药物超过一定剂量或用法不当，对动物也能产生毒害作用。药物与毒物之间并没有绝对的界限，如维生素类过量使用，也可引起中毒。

（三）普通药

在治疗剂量时一般不产生明显毒性的药物称为普通药，如青霉素、磺胺嘧啶等。

（四）毒药

毒药是指毒性很大，极量与致死量很接近，稍大剂量即可引起动物中毒甚至死亡的药物，如硝酸士的宁、毛果芸香碱等。

（五）剧药

剧药是指毒性较大，极量与致死量较接近，超过极量也可引起动物中毒或死亡的药物。其中国家对某些毒性较强的药物，要求必须经有关部门批准才能生产、销售。限制使用条件的剧药，又称限剧药，如安钠咖、巴比妥类等。

（六）麻醉品

麻醉品是指能成瘾的毒、剧药品，如吗啡、可待因等。它与麻醉药不同，麻醉药不具有成瘾性。

二、药物的来源

药物的种类虽然很多，但大体可以分成三大类。

（一）天然药物

利用自然界的植物、动物、矿物等，经过加工而作药用者。例如，来源于植物的黄连、龙胆；来源于动物的胰岛素、胃蛋白酶；来源于矿物的硫酸钠、硫酸镁；来源于微生物的青霉素等。

（二）人工合成和半合成药物

人工合成药物是用化学方法人工合成的有机化合物（磺胺类、喹诺酮类等），或根据天然药物的化学结构，用化学方法制备的药物（肾上腺素、麻黄碱）。半合成药物是在原有天然药物的化学结构基础上引入不同的化学基团制得的一系列化学药物，如半合成抗生素。

（三）生物技术药物

生物技术药物是通过细胞工程、基因工程等新技术生产的药物，如干扰素、细胞因子等。

三、药物的制剂与剂型

制剂是将药物经过适当加工，制成具有一定形态和规格而有效成分不变的制品。目的是为了便于使用、储存和携带。剂型是制剂的物理形态类型，如土霉素片为片剂、固体剂型。

（一）液体剂型

液体剂型是指一种或多种溶质溶解或分散在溶媒中所制成的澄清或混悬的液态剂型，供内服、外用或注射使用。可分为以下类型。

（1）溶液剂　指非挥发性药物的澄清水溶液。供内服或外用，如高锰酸钾溶液。

（2）合剂　指含有数种药物的呈混悬状态的液体剂型。主要供内服，如复方甘草合剂。

（3）乳剂　指两种或两种以上不相混合或部分混合的液体，通过乳化剂的乳化作用，形成不均匀分散液体的制剂。主要供内服或外用，如鱼肝油乳剂、松节油乳剂等。

（4）擦剂　指由刺激性药物制成的油性或醇性液体制剂，有溶液型、混悬型或乳剂型等。专供外用，如松节油擦剂、四三一擦剂等。

（5）酊剂　指用不同浓度的乙醇浸泡药材或溶解化学药物所得的液体制剂。供内服或外用，如龙胆酊、碘酊等。

（6）醑剂　指挥发性的药物溶于乙醇溶液。可供外用或内服，如芳香氨醑和樟脑醑等。

（7）流浸膏剂　指中草药中的有效成分用醇或水的浸出液，经低温浓缩而得的液体制剂，如益母草流浸膏等。

（8）煎剂和浸剂　指将中草药放入陶瓷容器内加水煎或浸一定时间，去渣使用的液体剂型，如槟榔煎剂和大黄浸剂等。

（二）半固体剂型

半固体剂型是指由药物与适当的基质均匀混合的剂型，供外用或内服。

（1）软膏剂　指药物与基质均匀混合而制成的半固体制剂，如磺胺软膏等。

（2）舔剂　指由一种或多种药物与基质混合制成的糊状制剂，供病畜自由舔食或涂抹在病畜舌根部任其吞食。

（三）固体剂型

固体剂型是指药物或药物与基质均匀混合的剂型。

（1）散剂　指由一种或多种药物经粉碎、过筛、均匀混合而制成的固体剂型。供内服和外用，如健胃散、消食散等。

（2）片剂　指一种或多种药物经压片机压制而成一定形状的小片。主要供内服，如安乃近片等。

（3）丸剂　指由一种或多种药物制成圆形或椭圆形的固体制剂。供内服，如六味地黄丸等。

（4）胶囊剂　指药物盛装于特制的胶囊内的一种固体制剂。供内服，如速效感冒胶囊等。

（四）注射剂

注射剂是指灌封于特殊容器中的灭菌溶液、乳浊液或粉末，以供注入组织、体腔或血管中的一种剂型，也称针剂。例如，复方氨基比林注射液、青霉素粉针剂、静脉输注的液体等。

（五）气雾剂

气雾剂是指将液体或固体装于特制的雾化器中，使用时压下按钮，雾化器将药物变成微粒状态喷出。供吸入或空间消毒、除臭和杀虫等用。

四、药物的保管与储存

妥善地保管与储存药物，是防止药物变质、药效降低、毒性增加和发生意外的重要环节。

（一）药物的保管

药物的保管应实行"三专"，即专人、专账、专柜（室）管理，并按国家颁布的药品管理办法，建立严格的管理体制。对毒、剧药品、麻醉品和危险品，更应严格控制管理。

（二）药物的储存

药物在储存不当时，可发生变质。药物的变质不仅造成药品的浪费，还可能影响疗效，甚至因毒性增加而发生意外，所以应注意以下几点。

（1）空气的湿度　空气的湿度不能超过70%，若超过70%，在包装封口不严时易发生霉变。

（2）温度　某些液体药物在零度以下易结冻，而损坏包装。

（3）光线　光线中的紫外线能使许多药物发生变色、氧化、还原和分解等化学反应，所以药物应避光储存。

（4）时间　药物不宜长期储存，有些药物因理化性质不太稳定，易受外界因素的影响，储存一定的时间后，会使药效降低或毒性增强。为了保证药物安全有效，对药物规定了有效期或失效期。

五、药物管理的一般知识

药物是特殊的商品，既要保证疗效，又要保证安全。所以必须对药物的研制、生产、经营保管及使用过程等依法进行严格管理。

（一）兽药管理条例和配套法规

我国第一个《兽药管理条例》（以下简称《条例》）是1987年5月21日由国务院颁布的，它标志着我国兽药法制化管理的开始。《条例》自1987年颁布以来，分别在2001年和2004年经过两次较大的修改。现行的《条例》于2004年11月1日起实施，对兽药的研制、生产、经营、进出口、使用及监督管理等作出了规定。

为保障《条例》的实施，与《条例》配套的规章有兽药注册办法、处方药和非处方药管理办法、生物制剂管理办法、兽药进口管理办法、兽药标签和说明书管理办法、兽药广告管理办法、兽药生产质量管理规范、兽药经营质量管理规范、兽药非临床研究质量管理规范和兽药临床试验质量管理规范等。

（二）《中华人民共和国兽药典》

《中华人民共和国兽药典》简称《中国兽药典》，是国家为了保证兽药产品质量而制定的具有强制约束力的技术法规，是兽药生产、经营、进出口、使用、检验和监督管理部门共同遵循的法定依据。

《中国兽药典》先后于1990年、2000年、2005年和2010年修订出版发行。现行2010年版为了与国际接轨，更好地科学指导、合理用药，把2005年版一部标准中的"作用与用途"、"用法与用量"和"注意"等内容适当扩充，独立编写成《兽药使用指南》（化学药品卷）和《兽药使用指南》（生物制品卷），作为兽药典的配套丛书。

《中国兽药典》的颁布和实施，对规范我国兽药的生产、检验及临床应用起到了显著效果，在我国兽药生产的标准化、管理的规范化、提高兽药产品质量、保障动物用药的安全有效、防治动物疾病等诸多方面都起到了积极作用，也促进了我国新兽药研制水平的提高，为发展畜牧养殖业提供了有利的保证。

（三）兽药标准

兽药国家标准是指国家为保证兽药质量所制定的质量指标、检验方法等技术要求，包括国家兽药典委员会拟定的、由国务院兽医行政管理部门颁布的《中华人民共和国兽药典》和国务院行政管理部门颁布的其它兽药标准。也就是说，兽药只有国家标准，不再有地方标准。兽药国家标准属法定的强制性标准。强制性标准是必须执行的标准，是兽药生产、经营、销售和使用的质量依据，也是检验和监督管理部门共同遵循的法定技术依据。

任务三 药物对动物机体的作用——药效学

药物对动物机体的作用是指药物能使动物机体的生理功能或生化反应过程发生变化，常简称药效学（研究药物对机体的作用规律，阐明药物防治疾病的原理）。它是药理学研究的主要内容，也是应用药物防治疾病的依据。各类药物均有其独特作用，将在以下章节中分别讨论。

一、药物作用的基本形式

药物的作用是十分复杂的，对机体的反应主要表现为功能活动的加强和减弱两个方面。

（一）兴奋作用

药物作用于动物机体，能使动物生理功能或生化反应加强的作用称为兴奋作用，这类能引起兴奋作用的药物称为兴奋药，如苯甲酸钠咖啡因等。

（二）抑制作用

药物作用于动物机体，能使动物生理功能或生化反应减弱的作用称为抑制作用，这类能引起抑制的药物称为抑制药，如巴比妥类药物等。

除了兴奋作用与抑制作用外，有些药物如化疗药物则主要作用于病原体，可杀灭或驱除侵入的微生物或寄生虫，使机体的生理、生化功能免受损害或恢复平衡而呈现其药理作用。

二、药物作用的方式

（一）局部作用与全身作用

（1）局部作用　药物在吸收进入血液之前，在用药局部产生的作用称作局部作用。如普鲁卡因在局部浸润产生的麻醉作用。

（2）全身作用　药物吸收进入血液循环后所产生的作用称为吸收作用或全身作用。如安乃近内服后产生的解热作用。

（二）直接作用与间接作用

（1）直接作用　药物吸收后，直接到达某一组织、器官产生的作用称为直接作用或原发性作用。如洋地黄，对心脏产生直接作用是加强心肌收缩力，改善全身血液循环。

（2）间接作用　通过药物直接作用的结果，而对其它组织、器官所产生的作用称为间接作用或继发性作用。如应用洋地黄毒苷后，由于全身循环改善，间接增加肾的血流量，尿量增加，表现利尿作用，使心性水肿得以减轻或消除为间接作用。

（三）药物作用的选择性

药物在使用适当剂量时，只对某些组织器官产生比较明显的作用，而对其它组织器官作用较小或不产生作用，称为药物作用的选择性或选择性作用。如缩宫素对子宫平滑肌具有高度选择作用，能用于催产。

有些药物毫无选择地影响机体各组织器官，产生类似的作用称为药物普遍细胞毒作用或原生质毒作用。如常用的防腐消毒药，可影响一切活组织中的原生质，只用于体表或环境、器具的消毒。

药物作用的选择性意义有：

（1）药物作用的选择性是药物分类的依据；

（2）药物作用的选择性越高，治疗效果越好，不良反应越少；

（3）药物作用的选择性越低，治疗效果越差，不良反应越多。

（四）药物的防治作用和不良反应（药物作用的两重性）

1. 药物的防治作用

药物对机体的作用符合用药目的，产生了防治疾病的效果称药物的防治作用。药物的防治作用可分为药物的预防作用和药物的治疗作用。

（1）药物的预防作用　药物预防疾病发生的作用称药物的预防作用。防治疾病必须贯彻"预防为主，防重于治"的方针，如消毒和接种疫苗等。

（2）药物的治疗作用　药物治疗疾病的作用称药物的治疗作用。药物的治疗作用又分对因治疗（针对病因进行的治疗）和对症治疗（针对症状进行的治疗）。如用青霉素治疗猪丹毒为对因治疗，病猪体温升高时用安乃近进行解热镇痛是对症治疗。在临床上对因和对症治疗是相辅相成的，因病情的轻重应灵活运用，遵循"急则治其标，缓则治其本，标本兼治"的治疗原则。

2. 药物的不良反应

药物在治疗剂量时出现与用药目的无关的作用，甚至对动物机体产生不利的作用称药物的不良反应。临床用药时，应注意充分发挥药物的治疗作用，尽量减少药物的不良反应。药物的不良反应一般分为药物的副作用、毒性反应、过敏反应等。

（1）药物的副作用　药物在治疗剂量时出现与用药目的无关的作用。如用阿托品解痉时引起的口腔干燥为副作用。一般副作用比较轻，多是可逆的，原因是药物的选择性作用低所造成的。

（2）药物的毒性反应　指药物用量过大，或用药时间过长，或机体对某一药物特别敏感，而引起对机体有明显损害的作用称药物的毒性反应。如链霉素长期注射能引起耳聋（损害听神经）。为了预防毒性作用主要是用药时严格掌握剂量和时间。

（3）药物的继发性反应　继发于治疗作用所出现的不良反应称药物的继发性反应。如成年动物长期应用广谱抗生素，能破坏胃肠道菌群的平衡，引起动物的消化不良。

（4）药物的过敏反应（变态反应或超敏反应）　动物机体对某种药物的再次刺激所产生的病理性免疫应答，常常造成机体功能障碍甚至组织损伤。药物多数是外来异物，虽然不是完全抗原，但许多可能是半抗原，如与血浆蛋白或组织蛋白结合后可形成完全抗原，便可引起动物机体发生体液免疫和细胞性免疫反应。如临床上用的抗生素、疫苗等。这种反应难以预知，与药物的剂量无关，但不同药物可能出现相似的反应。动物表现为呼吸困难、缺氧、昏迷、抽搐乃至死亡。治疗可用抗过敏的扑尔敏、苯海拉明等；休克用肾上腺素或配合糖皮质激素进行抢救。

（5）药物的后遗效应　指停药后血液中药物的浓度下降到最低有效浓度以下时，残存药物的作用。如长期应用皮质激素，由于负反馈作用，抑制机体肾上腺皮质功能，停药约半年以上时间才能恢复正常。

三、药物作用的机制

药物作用的机制是指药物如何发挥治疗作用的原理。由于药物的种类繁多、性质各异，且机体的生化过程和生理功能十分复杂，故药物作用的机制也不完全相同。目前公认的药物机制有以下几种：

（1）通过受体产生作用　受体是存在于细胞膜或细胞内的一种大分子物质（蛋白质、脂蛋白、核酸），具有高度的特异性。药物通过与机体细胞的细胞膜或细胞内的受体相结合而产生药物效应。有的药物与受体结合后能使该受体激活，产生强大效应，这类药为激活药或兴奋药；有的药物与受体结合后阻断受体激活药与受体的结合，这类药为该受体的阻断药或拮抗药。如乙酰胆碱是胆碱受体激活药或兴奋药，阿托品是胆碱受体阻断药。

（2）通过改变细胞或组织周围环境的理化性质而发挥作用　如碳酸氢钠内服能中和过多的胃酸，可治疗胃酸过多症。

（3）通过影响酶的活性而发挥作用　如新斯的明可抑制胆碱酯酶的活力而产生拟胆碱作用。

（4）通过影响细胞的物质代谢过程而发挥作用　如磺胺药通过干扰细菌的叶酸代谢过程而发挥作用。

（5）通过改变细胞膜的通透性而发挥作用　如制霉菌素改变胞浆膜的通透性而发挥作用。

（6）通过影响体内活性物质的合成和释放而发挥作用　如阿斯匹林能抑制前列腺素的合成而发挥解热作用。

四、药物的构效关系

药物的构效关系是指药物的化学结构与药物疗效之间的关系。结构类似的化合物能与同一受体结合产生相同作用。如氨甲酰胆碱与体内神经递质乙酰胆碱结构相似，因此它就有拟乙酰胆碱的作用。

五、药物的量效关系

药物的量效关系是指药物在一定范围内的疗效与剂量之间的关系，即疗效随剂量的改变而改变。

（1）无效量　剂量过小，不产生药理作用的药量。

（2）最小有效量（阈剂量）　当剂量增加到开始出现药理作用的药量。

（3）常用量或治疗量　比最小有效量大，并对机体产生明显药理作用，但不引起中毒反应的剂量。

（4）极量　随着剂量增加，药理作用强度增大，达到最大药理效应称为极量。

（5）最小中毒量　能引起中毒反应的最小剂量。

（6）致死量　能引起死亡的剂量。

（7）安全范围或安全度　最小有效量与最小中毒量之间的范围。

任务四　动物机体对药物的作用——药动学

动物机体对药物的作用是指药物进入动物机体至排出体外的过程简称为药动学。主要包括转运、吸收、分布、转化和排泄等。通过对药物体内过程基本规律的了解和研究，对设计或改进给药方案、提高药效、减少不良反应都有重要意义。

一、药物的转运

药物的转运是指药物自用药部位进入血液循环，随血流分布到各器官组织，而产生药理作用，然后在体内转化和排泄，这一过程都必须经过一系列的细胞膜或生物膜的转运，称为跨膜转运，简称药物的转运。药物跨膜转运的方式有以下几种。

（一）被动转运

被动转运是指药物从高浓度的一侧经生物膜向较低浓度的一侧转运的过程。这种转运不消耗能量，转运速度主要决定膜内外药物的浓度差，当达到平衡则转运停止。一般包括简单扩散和滤过。

（1）简单扩散 又称被动扩散。大部分药物均通过这种方式转运，其特点是顺浓度梯度，不受饱和度与竞争性抑制的影响。扩散速率主要取决于膜两侧的浓度梯度和药物的脂溶性。浓度越高、脂溶性越大，扩散越快。简单扩散还可受药物解离度的影响，大多数药物是弱酸或弱碱。酸性药物在酸的环境中解离少，脂溶性大，易被吸收；碱性药物在酸的环境中解离多，脂溶性低，不易被吸收。强酸、强碱均不易穿透生物膜。

（2）滤过 通过水通道滤过是许多小分子（相对分子质量 150~200）、水溶性、极性和非极性物质转运的常见方式。各种生物膜水通道的直径有所不同，如毛细血管内皮细胞的膜孔径较大，为 4~8μm，而肠道上皮和多数细胞膜仅为 0.4μm。

（二）易化扩散

易化扩散又称协助扩散。与被动扩散相似，药物也是从高浓度处向低浓度处转运，不同的是此扩散需要膜上一种载体蛋白参与。易化扩散不能逆浓度梯度转运，也不消耗能量，是一种被动转运过程，其透过量有饱和现象，也能受代谢抑制物的影响。如葡萄糖进入红细胞、维生素 B_{12} 从肠道吸收均为易化扩散方式。

（三）主动转运

主动转运又称逆流转运，是指药物逆浓度差由生物膜的一侧转运到另一侧的转运过程。这种转运需要能量消耗，同时有载体参与。载体对药物具有特异的亲和力并发生可逆性结合，由膜的一侧通过到另一侧，再将药物释放出来，载体重新回到原位，再继续新的转运。同一载体转运两种类似化合物时发生竞争性抑制。强酸、强碱或大多数药物的代谢产物迅速转运至尿液和胆汁都是主动转运机制，多数无机离子如 Na^+、K^+、Cl^- 的转运和青霉素、头孢菌素等从肾脏的排出均是主动转运过程。

（四）胞饮－吞噬作用

生物膜具有一定的流动性和可塑性，可主动变形将某些物质摄入细胞内或从细胞内释放到细胞外，此过程称为胞饮或胞吐作用。摄取固体颗粒时称为吞噬作用。大分子（相对分子质量大于900）药物进入细胞或穿过组织屏障一般为胞饮－吞噬作用，如蛋白质、脂溶性维生素、抗原、破伤风毒素、肉毒毒素等。

二、药物的吸收

药物的吸收是指药物自用药部位进入血液循环的过程。除静脉注射药物直接进入血液循环外，其它给药方法均有吸收过程。

（一）内服给药

内服给药包括口服、直肠或舌下给药，多以被动转运的方式经胃肠道黏膜吸收，主要吸收部位是小肠。

影响消化道药物吸收快慢的因素如下。

（1）胃排空率　如马胃容积小，排空时间短，有利于药物的吸收；牛胃容积大，排空时间长，不利于药物的吸收。

（2）pH　不同动物胃内的pH有较大差别，影响药物的吸收。如胃内容物的pH，马5.5，猪、犬3～4，牛前胃5.5～6.5，真胃约3，鸡嗉囊3.17。动物胃内容物的pH均为酸性，所以酸性药物在胃液中不易解离，容易吸收；碱性药物在胃液中易解离，不容易吸收，要进入小肠后才能吸收。

（3）胃肠内容物的充盈度　胃肠内容物越多，药物浓度越低，吸收的越慢；胃肠内容物越少，药物浓度越高，吸收的越快。说明药物空腹时有利于吸收，但刺激性强的药物应在采食后饲喂。

（4）药物的相互作用　有些金属或矿物质元素如钙、镁、铁、锌等离子可与四环素类在胃肠道发生螯合作用，从而阻碍药物吸收或使药物失活。又如碳酸氢钠与稀盐酸混合口服时变成碳酸钠、水和二氧化碳，药物的疗效减弱。

（5）首过效应　口服吸收后经门静脉进入肝脏，在肝脏中有一部分被代谢灭活，使进入血液循环的有效量减少，药效降低，这种现象称首过效应。不同的药物首过效应也不同，如利多卡因首过效应后，血液中几乎测不到原型药。可以口服的药物首过效应低。

（二）注射给药

注射给药包括静脉注射、肌内注射、皮下注射、腹腔注射、关节内注射、硬膜外腔和硬膜下腔注射等。

静脉注射的优点是药物直接进入血液，无吸收过程，迅速产生药效，并可以控制用药剂量，是最佳的给药技术。其它注射法，药物吸收的快慢决定于注射部位的血管分布状态，肌内、皮下注射一般30min内达到峰值。另外，药物的浓度、水溶性、油剂、混悬剂等也影响药物的吸收。

（三）呼吸道给药

呼吸道给药是指气体、挥发性液体或气雾剂等药物可通过呼吸道吸收而产生药理作用。原因是肺的面积大（如马 500m²、猪 50~80m²）、血流量多（10%~12%）、肺泡细胞结构较薄，所以药物易于吸收。

（四）皮肤黏膜给药

完整的皮肤吸收能力差，但个别脂溶性高的药物（如有机磷）可通过皮肤吸收；常用于局部炎症治疗的局部涂擦刺激剂，如碘酊等。黏膜吸收能力比皮肤快而强，临床常用黏膜做表面麻醉。

（五）影响药物吸收的主要因素

（1）药物的理化性质　如脂溶性物质因可溶于生物膜的类脂质中而扩散，故较易吸收，如脂溶性维生素 A、维生素 D、维生素 E、维生素 K 等；小分子的不溶性物质可自由通过生物膜的膜孔扩散而被吸收，如水溶性维生素 B_6、维生素 B_{12}、维生素 C 等。

（2）药物浓度、吸收面积以及局部血流量　一般地说，药物浓度大，吸收面积广；局部血流量大，可使吸收加快。

（3）药物的剂型决定吸收速度　如固体与液体。

（4）给药途径　在组织不破损不发炎的情况下，除静脉给药直接进入血液外，吸收的快慢顺序是：肺泡、腹腔注射、肌内或皮下注射、黏膜（口腔）、皮肤给药。

三、药物的分布

药物的分布是指吸收后的药物随血液循环转运到机体各组织器官的过程。药物在体内的分布多数是不平衡的。通常药物在组织器官内的浓度越大，对该组织器官的作用越强。但也有例外的，如强心苷主要分布于肝和骨骼肌组织，却选择性地作用于心脏。

影响药物分布到外周组织的主要因素如下。

（1）药物与血浆蛋白的结合力　药物在血浆中能不同程度地与血浆蛋白呈可逆性结合，游离型与结合型药物经常处于动态平衡。药物与血浆蛋白结合后分子增大，不易透过细胞膜屏障而失去药理作用，也不易经肾脏排泄而使作用时间延长。当药物剂量过大超过饱和度时，会使游离型药物大量增加，有时可引起中毒；在游离药物由于分布或消除使浓度下降时，便可从结合状态下分离出来，延缓了药物从血浆中消失的速度，使半衰期延长，因此，与血浆蛋白结合实际上是一种贮存功能。

（2）药物的理化性质　如脂溶性、水溶性、pH 和相对分子质量等。脂溶性药物容易分布，水溶性药物难以分布，多数药物呈弱酸或弱碱性，其分布受 pH 影响较大。细胞内液 pH（约为 7.0）略低于细胞外液 pH（约为 7.4），弱碱性药物在细胞内液浓度略高，弱酸性药物在细胞外浓度略高。

（3）血液和组织间的浓度梯度　因为药物分布主要以被动扩散的方式。

（4）组织的血流量　单位时间血流量较大的器官，一般药物在该器官的浓度也较大，如肝、肾、肺等。

（5）药物与组织的亲和力　有的药物对某些组织细胞有特殊的亲和力，而使药物在该种组织的浓度高于血浆游离药物的浓度。如碘在甲状腺的浓度比在血浆和其它组织约高 1 万倍，硫喷妥钠在给药 3h 后，约有 70% 分布于脂肪组织中，四环素可与 Ca^{2+} 络合主要贮存于骨组织中。

（6）体内屏障　血-脑脊液屏障是由毛细血管壁与神经胶质细胞形成的血浆与脑细胞之间的屏障，以及由脉络丛形成的血浆与脑脊液之间的屏障。许多大分子、水溶性的药物难以通过，但脂溶性高的药物能顺利通过。另外，初生幼畜的血-脑脊液屏障发育不全和脑脊髓膜炎时通透性增强，如青霉素在正常情况下很难进入，而脑脊髓膜炎时较易进入。胎盘屏障是指胎盘绒毛血流与子宫血窦间的屏障，通透性与一般毛细血管没有明显差别，大多数药物均可进入胎儿体内，但因胎盘和母体交换的血液量少，进入胎儿体内的药物需要较长的时间才能达到与母体平衡。有的药物（如激素类药物）能引起胎儿畸形，所以对孕畜用药要慎重。

四、药物的转化

药物的转化是指药物在体内发生化学结构的变化过程，一般分两个阶段进行。

（1）第一阶段　包括氧化、还原、水解方式，多数药物经此阶段转化后生成药理活性降低或消失的代谢产物，但也有部分药物经此阶段转化后的产物才具有活性（如百浪多息）或作用加强（如非那西丁的代谢产物扑热息痛的解热镇痛作用）。

（2）第二阶段　第一阶段生物转化使药物分子产生极性基团，生成的极性代谢物或未经代谢的原形药（如磺胺类）能与内源性化合物如葡萄糖醛酸、醋酸、硫酸和氨基酸等结合，形成极性更大、水溶性更高、更有利于从尿液或胆汁迅速排出的代谢物，药理活性完全消失，称为解毒作用。

药物生物转化主要在肝脏内进行。此外，血浆、肾、肺、脑、皮肤、胃肠黏膜和胃肠道微生物也能进行部分药物的生物转化。肝细胞滑面内质网内存在肝微粒体药物代谢酶系，简称药酶，主要催化药物等外源性物质的代谢。当肝功能不良时，药酶活力降低，可使有些药物的转化减慢而发生毒性反应。药酶的活力还可受药物的影响，有些药物能提高药酶的活力或加速其合成，使其它一些药物的转化加快，称为酶的诱导，常见药物有苯巴比妥、水合氯醛、保泰松、苯海拉明等；相反，某些药物可使药酶的合成减少或酶的活力降低，称为酶的抑制，常见的药物有有机磷杀虫剂、乙酰苯胺、异烟肼等。

只有少数药物是由非微粒体药酶系统（包括细胞浆、线粒体、血浆中酶系）代谢，凡属结构类似体内正常物质、脂溶性小、水溶性大的药物均由此组酶系代谢。如线粒体中单胺氧化酶可使 5-羟色胺体内活性物质氧化成醛。

五、药物的排泄

药物的排泄是指药物及其代谢产物被排出体外的过程。除内服不易吸收的药物多经肠道排泄外，其它被吸收的药物主要经肾脏排泄，只有少数药物经呼吸道、胆汁、乳腺、汗腺等排出体外，排泄和吸收、分布一样也是药物的转运。

（一）肾脏排泄

肾脏是极性高的代谢产物或原形药物的重要排泄途径，排泄方式包括肾小球滤过、肾小管分泌和肾小管重吸收。肾小球毛细血管通透性大，在血浆中的游离型和非结合型药物均可从肾小球基底膜滤过。肾小管也能主动转运药物，当两种药物通过同一载体转运时，彼此间产生竞争现象而延缓排泄。如青霉素自近曲小管分泌进入肾小管，几乎无重吸收，故排泄速度极快，如同时内服羧苯磺胺时，两药竞争同一载体，使青霉素的排泄减慢，作用时间延长。从肾脏排泄的原形药物或代谢产物由于肾小管水分的重吸收，生成尿液时可达到很高的浓度，有的产生治疗作用。如青霉素、链霉素大部分以原形从尿液排出，可用于治疗泌尿道感染；但有的可能产生毒副作用，如磺胺产生的乙酰磺胺因浓度高可析出结晶，可引起结晶尿或血尿，尤其犬、猫尿液呈酸性更易出现，故应同时内服碳酸氢钠。

（二）胆汁排泄

相对分子质量 300 以上并有极性基团的药物主要从肝脏进入胆汁，随其至胆囊和小肠。某些脂溶性药物（如四环素）可在肠腔内又被重吸收，或与葡萄糖醛酸结合，被肠道微生物的 β-葡萄糖醛酸酶水解并释放出原形药物，然后被重吸收，由此形成肝肠循环（某些药物可经肝细胞主动排泄进入胆汁，随胆汁进入肠道，在肠道内部被重吸收，再次进入肝脏，随胆汁又一次进入肠道，形成所谓的肝肠循环），使药物作用时间延长，如红霉素、吗啡等。

六、药物动力学的基本概念

药物动力学是研究药物在体内的浓度随时间发生变化的规律的一门学科。血药浓度一般指血浆中的药物浓度，是体内药物浓度的重要指标。虽然它不等于作用部位的浓度，但作用部位的浓度与血药浓度以及药理效应一般呈正相关。血药浓度随时间发生的变化，不仅能反映作用部位的浓度变化，而且也能反映药物在体内过程的变化规律。测定体内药物浓度主要是借助血、尿等易得的样品进行分析。常用的血药浓度是按用药后不同时间采血测定获得的。常以时间作横坐标，以血药浓度作纵坐标，绘出的曲线称为药-时曲线，再借助特定的房室模型及数学表达式，计算出一系列动力学参数，从而阐明药物在体内的吸收、分布、代谢与排泄的规律。为临床制定科学合理的给药方案及研究和寻找新药提供定量的依据与标准，也是临床药理学、药剂学及毒理学研究的重要工具。现介绍几个药动学基本参数及其意义。

（一）半衰期（$t_{1/2}$）

半衰期是指体内药物浓度或药量下降一半所需的时间，又称生物半衰期或血浆半衰期。它反映药物在体内消除的速度，在临床具有重要意义。同一种药物对不同动物种类、不同品种、不同个体，半衰期也有差异。如磺胺间甲氧嘧啶钠在黄牛、水牛和奶山羊体内的半衰期分别为1.49h、1.43h、1.45h，马为4.45h，猪为8.75h。为了保持血中的有效药物浓度，半衰期是制定给药间隔时间的重要依据，也是预测连续多次给药时体内药物达到稳态浓度和停药后从体内消除时间的主要参数。如按半衰期间隔给药4~5次即可达稳态浓度，停药后经5个半衰期则体内药物消除约达95%。

（二）药-时曲线下面积（AUC）

药-时曲线下面积是指以血药浓度为纵坐标，时间为横坐标作图所得的曲线下面积，反映到达全身循环的药物总量，即药物的吸收状态。大多数药物的AUC与剂量成正比，此常数常作为计算生物利用度和其它参数的基础。

（三）表观分布容积（V_d）

表观分布容积是指药物在体内的分布达到动态平衡时，药物总量按血浆药物浓度分布所需的总容积，为体内药量与血浆药物浓度的一个比例常数。V_d值越大，药物穿透组织越多，分布越广，血中药物浓度越低。一般，当V_d值大于1.0L/kg时，药物的组织浓度高于血浆浓度，药物在体内分布广泛，或组织蛋白对药物有较强的亲和性。

（四）峰浓度（C_{max}）和峰时（T_{max}）

给药后达到的最高血药浓度称为血药峰浓度（简称峰浓度）。峰浓度与给药剂量、给药途径、给药次数及达到时间有关。达到峰浓度时所需的时间称为峰时间（简称峰时），取决于吸收速率和消除速率。峰浓度、峰时和曲线下面积是决定生物利用度和生物等效性的重要参数。

（五）体清除率（CL_B）

体清除率是指在单位时间内机体通过各种消除过程消除药物的血浆容积，用消除速率常数和半衰期来表示。消除速率常数与半衰期不同，它可以不依赖药物处置动力学的方式表达药物的消除速率。体清除率包括肾清除率、肝清除率和其它如肺、乳汁、皮肤清除率等。

（六）生物利用度

生物利用度是指药物以一定剂型从给药部位吸收进入全身循环的速率和程度，是决定药物量效关系的首要因素。另外，可根据生物利用度寻找促进吸收或延缓消除的药剂。

在相同动物、相同剂量条件下，内服或其它非血管给药途径所得的 AUC 与静脉注射 AUC 的比值即为绝对生物利用度。静脉注射所得的 AUC 代表完全吸收和全身生物利用度，如果药物的制剂不能进行静注给药，则采用参照标准的 AUC 作比较，即为相对生物利用度。

任务五　影响药物作用的因素

药物的作用是药物与动物机体作用过程的综合表现，许多因素可能影响药物的作用，使药物的效应发生改变，主要有药物、动物、饲养管理与环境等因素。

一、药物方面的因素

（一）药物剂量

药物在一定范围（治疗量）内，剂量越大，药效越强。低于这个范围无效，高于这个范围则接近中毒，继续增加剂量，导致中毒或死亡。只有准确地选择剂量，才能获得预期的治疗。

（二）药物剂型

药物的剂型可影响药物的吸收和消除，进而影响药效。相同剂量的同一药物，以注射吸收较快，内服剂型吸收较慢，溶液剂吸收较混悬剂及油剂快。在口服剂型中，溶液剂较散剂快，散剂较片剂和丸剂快。临床应用时应根据疾病类型、病情轻重、治疗方案和用药目的选择适当的剂型。

（三）给药途径

制剂和剂型可以决定给药途径，不同的给药途径可以影响药物吸收的数量和速度，从而影响药物作用的速度和强度。药物吸收的速度由快到慢依次为静脉注射→吸入→肌内注射→皮下注射→内服。同样，给药途径不同，可影响药效的性质。如口服硫酸镁有泻下作用，注射给药有中枢抑制作用。

（四）重复用药

临床治疗中，为维持药物在体内的有效浓度，必须多次给药，即重复用药。重复用药的时间和次数称为疗程，每天给药次数与疗程长短应视药物在体内的消除速度和病情需要而定。消除慢的药物容易在体内蓄积而引起中毒，一般应避免长期给药。在发生传染病时应防止病原体对药物的耐受现象，即耐药性或抗药性。

（五）联合用药

将两种或两种以上的药物同时给予同一动物，称为联合用药或配伍用药。临床中联合用药的目的在于增强药效或减少不良反应。联合用药后使药效增强称为协同作用；药效为各药分别作用的代数和称相加作用；药效大于各药分别作用的代数和称为增强作用；联合用药后药效减弱称为拮抗作用。临床上除有意利用拮抗作用减轻或消除药物的不良反应及解除药物毒性外，联合用药时应避免产生拮抗作用。两种或两种以上的药物配合应用时，可能会产生物理性、化学性或药效性变化而不宜使用，称为配伍禁忌。

二、动物方面的因素

（一）种属差异

动物的种属不同，其解剖结构、生理生化功能有较大差异，因而同一药物在不同种属动物体内的吸收、分布、代谢及排泄过程不同，药效作用也不同。

（二）个体差异

同种动物中因个体而异的药物反应称个体差异。个体差异在量的差异方面表现为少数个体对某种药物特别敏感，称为高敏性；少数动物个体对药物的敏感性很低，称为耐受性。在质的差异方面有过敏反应。产生个体差异的原因主要是遗传因素，使个体对药物的吸收、分布、转化和排泄过程出现差异。

（三）生理差异

不同年龄、性别和生理状况（如怀孕、哺乳）对同一药物的反应不同。一般而言，老龄、幼龄及怀孕动物对药较敏感，孕畜和哺乳母畜用药可分别影响胎儿和幼畜。

（四）病理因素

各种病理状态都能改变药物在健康机体内的药动学过程，如胃肠功能失调，能改变药物吸收的速度和数量；肝功能受损，会影响药物的转化；肾功能下降，可影响药物经肾排泄，从而使药物在体内吸收转化及排出等受影响，从而影响药物疗效与毒性。用抗菌药治疗感染时，影响机体抗病力。

三、饲养管理与环境因素

药物是外因，机体是内因，外因通过内因才能起作用，因此合理的饲养管理是防治动物疾病的基本条件。对患病动物加强营养、精心护理，注意栏舍安静、卫生，增强机体自身抵抗力，有利于药效的发挥。

环境的温度、湿度、光照改变、音响和空气污染刺激、饲料转换、饲养密度增加及动物迁移、长途运输均可导致环境应激而影响药效。

任务六　处　方

一、处方概述

我国《兽药管理条例》规定，兽药经营企业销售兽用处方药时，应当遵守兽用处方管理规定。处方是指兽医医疗和兽药生产企业用于药剂配制的一种重要书面文件，按其性质、用途，主要分为法定处方（又称制剂处方）和执业兽医师处方两种。法定处方是指兽药典、兽药标准收载的处方，具有法律约束力，是兽药厂在制造法定制剂和药品时，均需按照法定处方所规定的一切项目进行配制、生产和检验。兽医师处方是指兽医师为预防和治疗动物疾病，针对就诊动物开写的药名、用量、配法及用法等的用药书面文件，是检定药效和毒性的依据，一般应保存一定时间以备查考。

兽医师处方作为临床用药的依据，反映了兽医、兽药、动物饲养者各方在兽药治疗活动中的法律权利与义务，并且可以作为追查医疗事故责任的证据，具有法律上的意义；兽医师处方记录了兽医师对患病动物药品治疗方案的设计和正确用药的指导，具有技术上的意义；兽医师处方是兽药费用支出的详细清单，也可作为兽药消耗的单据及预算采购的依据，具有经济上的意义。因此，在书写处方和调配处方时，都必须严肃认真，以保证用药安全、有效与经济。

我国《兽药管理条例》还规定，国家对兽药实行处方药与非处方药分类管理制度。兽用处方药是指凭执业兽医处方才能购买和使用的兽药；兽用非处方药是指由农业部公布的，不需要凭执业兽医处方就可以购买和使用的兽药。

兽医处方药与兽医非处方药分类管理制度主要区别有：

（1）对兽用处方药的标签或者说明书的印制提出特殊要求，规定兽用处方药的标签或者说明书还应印有国务院兽医行政管理部门规定的警示内容，其中兽用麻醉药、精神药品、毒性药品和放射性药品还应印有国务院兽医行政管理部门规定的特殊标志；兽用非处方药的标签或者说明书还应印有国务院兽医行政管理部门规定的非处方药标志。

（2）兽药经营企业销售兽用处方药时，应遵守兽用处方药管理办法。

（3）禁止未经兽医开具处方销售、购买和使用国务院兽医行政管理部门规定实行处方管理的兽药。

（4）开具处方的兽医人员发现可能与兽药使用有关的严重不良反应，有义务立即向所在地人民政府兽医行政管理部门报告。

我国《兽药管理条例》还规定，兽药经营企业，应当向购买者说明兽药的功能、主治、用法、用量和注意事项。销售兽用处方药时，应当遵守兽用处方药管理办法。批发销售兽用处方药和兽用非处方药的企业，必须配备兽医师或药师以上药学技术人员，兽药生产企业不得以任何方式直接向动物饲养场推荐、销售兽用处方药。兽用处方药必须凭兽医师处方销售和购买，兽药批发、零售企业不得采用开架自选销售方式。

二、处方的内容与结构

（一）处方的结构

详见表1-1。

表1-1　　　　　××动物医院处方笺　　　　编号

畜主		地址		时间	
畜别		性别		年龄（体重）		特征

Rp

磺胺脒　　　　　　　　　2.5

次硝酸铋　　　　　　　　1.0

碳酸氢钠　　　　　　　　2.5

常水加至　　　　　　　　100.0

配制法：混合制成合剂。

服用法：摇匀，一次灌服。

药价	执业兽医师	药剂员

（二）处方的内容

处方的内容主要包括三部分。

（1）病畜登记部分　包括编号、畜主、地址、时间、畜别、性别、年龄（体重）、特征等。

（2）处方部分　包括药物名称、剂量、配制方法、服用方法等。"Rp"表示"请取"的意思。原则是每药一行，将药物或制剂的名称写在左边，药物的剂量写在右边。注意药物的名称应按《药典》规定的名称书写，剂量按国家规定的法定计量单位开写，固体以 g、液体以 mL 为单位，常可省略，需要用其它单位时，必须写明。剂量保留小数点后一位，各药的小数点上下要对齐。若一个处方中同时开有几种药物时，应按主药、辅药、矫正药、赋形药的顺序开写，再分别说明剂量与用法。

（3）签名部分　兽医师、药剂员要仔细检查，确认无误时方能签字以示负责。

（三）开处方的注意事项

（1）处方不可用铅笔书写，字迹要清楚，并且不得涂改。

（2）处方开写毒、剧药品剂量不得超过极量，若因特殊需要而超过时（如阿托品用于抢救有机磷中毒），应在剂量旁加惊叹号，如 5.0!，同时加盖处方医师印章（或签字）。

（3）一个处方有多种药物时，应将起主要作用的药物写在前面，其它的写在后面。

（4）如同一处方上同时开写几个方时，要写明每个方的用法。

（5）处方不得有错别字，也不可用不规范的简化字。

思考与练习

1. 名词解释

   动物药理、药物、制剂、剂型、局部作用、吸收作用、对症治疗、对因治疗、副作用、毒性反应。
2. 药物作用的基本形式有哪些？请举例说明。
3. 什么是药物作用的选择性？有何意义？
4. 药物的不良反应有哪些？请举例说明。
5. 影响药物作用的因素有哪些？
6. 何谓处方？开处方的注意事项有哪些？

项目二
消毒防腐药

【知识目标】

理解消毒防腐药的概念、作用机制，了解影响消毒防腐药作用的因素；掌握常用消毒防腐药的理化性质、药理作用、临床应用、注意事项、制剂、用法与用量。

【技能目标】

在临床上能正确配制消毒防腐药，并能根据消毒防腐药的临床应用达到合理使用。

任务一 消毒防腐药概述

一、消毒防腐药的概念

消毒防腐药是指杀灭病原微生物或抑制其生长繁殖的一类药物。消毒药是指能杀灭病原微生物的药物，通常对动物组织有一定的损害作用，主要用于环境、排泄物、用具和器械等非生物表面的消毒。防腐药是指能抑制病原微生物生长繁殖的药物，对微生物的作用比较缓和，同时对动物组织损伤比较小，主要用于抑制局部皮肤、黏膜和创伤等生物体表面的微生物感染。两者之间没有严格的界限区别，防腐药在高浓度时也能杀菌，消毒药在低浓度时也能抑菌。消毒防腐药对病原体与机体组织并无明显的选择性，在防腐消毒的常规浓度下，往往也能损害动物机体，甚至产生毒性反应。抗菌作用主要取决于浓度、温度和时间。消毒药在低浓度时只能抑菌，而防腐药在高浓度时也能杀菌。因此，通常把这两类药物合称为消毒防腐药。

本类药物与抗生素及合成抗菌药不同，对各种病原微生物无特殊的抗菌谱，对病原微生物和动物机体组织无明显的选择性，既对病原微生物有杀灭作用，又对机体有损害作用，甚至产生严重的毒性反应。因此，一般不作全身用药，但在防制动物疾病传播和控制感染方面具有重要的作用。

二、理想消毒防腐药的条件

理想的消毒防腐药应具备的条件是：

（1）杀菌谱广、活性强，且在有体液、脓液、坏死组织和其它有机物质存在时仍能保持抗菌活性，能与去污剂配伍使用。

（2）作用产生迅速，性质稳定，可溶于水，不易受有机物、酸、碱及其它物理、化学因素的影响，对金属、橡胶、塑料、衣物等物品无腐蚀性。

（3）具有较高的脂溶性和分布均匀的特点。

（4）药物本身应无色、无味、无臭，消毒后易除去残留药物。

（5）对人和动物安全，防腐药不应对组织有毒，也不应妨碍伤口愈合。

（6）不易燃、不易爆。

（7）价格低廉。

（8）便于运输，可大量供应。

三、消毒防腐药作用机制

（一）使蛋白质变性、沉淀

大部分的防腐消毒药都是通过蛋白质凝固、变性起作用的。对蛋白的凝固作用不具选择性，可凝固一切活性物质，使之变性而失去活性，所以称为"原浆毒"。这类药不但能杀灭病原微生物，而且对动物组织也有破坏作用，只用于环境消毒，如酚类、醇类、酸类、重金属盐类等。

（二）改变菌体细胞膜的通透性

表面活性剂等的杀菌作用是通过降低菌体细胞膜的表面张力、增加菌体细胞膜的通透性。使得本来不能转到细胞膜外的酶类和营养物质露出膜外，膜外的水超出限量地进入菌体细胞内，使菌体爆裂、溶解和破坏。例如，新洁尔灭、洗必泰等。

（三）干扰或损害细菌生命必需的酶系统

通过氧化、还原反应使菌体酶的活力基团遭到损坏；或药物的化学结构与细菌体内的代谢产物类似，可竞争性地或非竞争性地与菌体内的酶结合，从而抑制酶的活力，导致菌体的抑制或死亡，如氧化剂、重金属盐等。

（四）综合作用

有的消毒药不只通过这一途径发挥消毒作用，而具有多种作用机制。如苯酚在高浓度时可使蛋白变性，而在低于凝固蛋白的浓度时，可通过抑制酶或损害细胞膜来杀菌。

四、影响消毒防腐药作用的因素

（一）病原微生物的类型

不同种（型）的病原微生物，对消毒防腐药的敏感性不同，如病毒对碱类敏感，而对酚类不敏感；生长繁殖旺盛期的细菌对防腐消毒药敏感，而具有芽孢的细菌则对其有强大抵抗力。

（二）消毒防腐药的浓度和作用时间

在同一条件下，浓度越高，作用时间越长，消毒效果越好，但对组织的刺激性也越大。所以为了取得好的消毒效果，应选择作用时间长的消毒防腐药，并配制成适当的浓度，达到规定的消毒时间。

（三）温度

在一定范围内，环境温度越高，杀菌力越强。一般是每增加10℃，消毒效果增加1倍。所以消毒防腐药一般在15~20℃时消毒效果最好。

（四）pH

环境或组织中的pH升高（或降低）可使菌体表面负（正）电荷增多，从而导致其与带正（负）电荷的消毒防腐药分子结合数量增多，提高消毒效果。

（五）有机物的存在

有机物能与消毒防腐药结合使其作用减弱或机械性保护微生物而阻碍药物的作用。因此，在使用消毒防腐药前必须将消毒场所彻底打扫干净，创伤应消除脓、血、坏死组织和污物，才能取得更好的消毒效果。

（六）药物之间的相互拮抗

两种药合用时，常会出现配伍禁忌，使药效降低。如酸碱合用，可使消毒作用消失。

（七）其它

环境的湿度、药物的剂型等都能影响药效，在使用时必须注意。

任务二　主要用于环境、用具、器械的消毒防腐药

一、酚类

酚类一般能杀灭不产生芽孢的繁殖体细菌，但对病毒、结核杆菌和芽孢作用不强。酚类有较强的穿透力，抗菌活性不受环境中有机物和细菌数目的影响，可用于器械、排泄物的消毒。但由于对动物体有强烈的毒性，使用范围较小。

苯酚（石炭酸）

【理化性质】 为无色或淡红色针状、块状或三棱形结晶，易溶于水，性质稳定，可长期保存。

【药理作用】 苯酚为原浆毒，0.1%~1%溶液有抑菌作用；1%~2%溶液有杀灭细菌和真菌作用；5%溶液可在48h内杀死炭疽芽孢。苯酚的杀菌效果与温度呈正相关。碱性环境、脂类、皂类等能减弱其杀菌作用。苯酚是外科最早使用的一种消毒防腐药，但由于对动物和人有较强的毒性，不能用于创伤和皮肤消毒。

【临床应用】 一般配制成2%~5%溶液，用于用具、器械和环境等消毒。

【注意事项】

（1）苯酚毒性大，被认为是一种致癌物，皮肤消毒浓度不宜超过2%，不宜用于黏膜消毒。高浓度对组织有强烈的刺激性和腐蚀性，可用乙醇擦拭去除。

（2）禁用于食物或食具的消毒。

（3）忌与碘、溴、高锰酸钾、过氧化氢等配伍应用。

【制剂、用法与用量】

复合酚俗称菌毒敌（由41%~49%苯酚和22%~26%醋酸加苯磺酸等配制而成的水溶性混合物），是一种动物专用的消毒剂，深红褐色黏稠液体。可杀灭多种细菌、真菌和病毒，也可杀灭动物寄生虫的虫卵。主要用于厩舍、器具、排泄物和车辆等消毒，药效可维持7d。

预防性喷雾消毒，用水稀释300倍；疫病发生时的喷雾消毒，用水稀释100~200倍。稀释用水的温度不低于8℃，禁与碱性药物或其它消毒药混用。

甲酚（煤酚）

【理化性质】 为煤焦油中分馏得到的3种甲酚异构体的混合物，几乎无色或淡紫红色或淡棕黄色的澄清液体，有类似苯酚的特殊臭味，并微带焦臭，久贮或在日光下，色渐变深。

【药理作用】 为原浆毒，使菌体蛋白凝固变性而呈现杀菌作用。抗菌作用比苯酚强3~10倍，毒性大致相等，但消毒时药液浓度较低，故较苯酚安全。可杀灭一般细菌繁殖体，对芽孢体无效，对病毒作用较弱，是酚类中最常用的消毒药。由于水溶性极低，通常用肥皂乳化配成50%甲酚皂溶液，其杀菌性能与苯酚相似。

【临床应用】 主要用于厩舍、场地、排泄物、器具和器械的消毒。

【注意事项】

（1）甲酚有特殊臭味不宜在肉联厂、奶牛厩舍等应用，以免影响质量。

（2）由于色泽污染，不宜用于棉、毛纤织品的消毒。

（3）对皮肤有刺激性，若用于皮肤消毒需配成1%~2%溶液。

【制剂、用法与用量】

甲酚皂溶液（每 1000mL 中含植物油 173g、氢氧化钾或钠 27g、甲酚 500mL 配制而成）：3%~5%来苏儿溶液用于浸泡用具、器械及厩舍、场地、病畜排泄物的消毒。1%~2%来苏儿溶液用于皮肤及手的消毒。0.5%~1%来苏儿溶液用于冲洗口腔或直肠黏膜。

氯 甲 酚

【理化性质】为无色或微黄色结晶，有酚的臭味，微溶于水，水溶液呈弱酸性反应。

【药理作用】对细菌繁殖体、真菌和结核杆菌均有较强的杀灭作用，但不能有效杀灭细菌芽孢。有机物可减弱杀菌效能。pH 较低时杀菌效果较好。

【临床应用】用于厩舍和环境消毒。

【注意事项】

（1）对皮肤、黏膜有腐蚀性。

（2）现用现配，稀释后不宜久贮。

【制剂、用法与用量】

氯甲酚溶液：喷洒消毒，配成 0.3%~1% 溶液。

二、碱类

碱类的消毒作用取决于解离后氢氧根离子的浓度，其解离度越大，杀菌作用越强。碱对病毒和细菌的杀灭作用均较强，高浓度溶液可杀灭芽孢。氢氧根离子能水解菌体中的蛋白质和核酸，破坏细菌体内的酶系统和核物质，并能抑制代谢功能，分解菌体中的糖类，使细菌死亡。

氢氧化钠（烧碱、苛性钠、火碱）

【理化性质】为白色不透明固体，易从空气中吸收二氧化碳，变成碳酸钠，应密闭保存，易溶于水。

【药理作用】氢氧化钠属原浆毒，杀菌力强，能杀死细菌繁殖体、芽孢和病毒，还能皂化脂肪和清洁皮肤。2%溶液用于口蹄疫、猪瘟和猪流感、犬瘟热病毒等病毒性感染以及猪丹毒和鸡白痢等细菌性感染的消毒；5%溶液用于炭疽芽孢污染后的消毒。常用加热溶液增强杀菌效果，在消毒厩舍前应驱出动物。

【临床应用】用于厩舍、车辆等消毒。

【注意事项】

（1）对机体有腐蚀性，厩舍消毒前应驱走动物，消毒后 6~12h，再以水将饲槽和地面冲洗干净，才可让动物进舍。

（2）对金属、纺织品有腐蚀性，消毒后立即用清水冲洗干净。

【制剂、用法与用量】

氢氧化钠：配制成2%氢氧化钠溶液用于被病毒和细菌污染的厩舍、场地、用具和运输车船的消毒。5%氢氧化钠溶液用于炭疽芽孢污染的场地消毒。

氧化钙（生石灰）

【理化性质】 为石灰的主要成分，石灰为白色的块或粉。加水生成氢氧化钙，俗称熟石灰或消毒石灰。氢氧化钙为强碱性，具有消毒作用。

【药理作用】 石灰的水溶性小，对细菌繁殖体有良好的消毒作用，而对芽孢和结核杆菌无效。

【临床应用】 石灰乳涂刷厩舍墙壁、畜栏、地面等，也可直接将石灰撒于阴湿地面、粪池周围和污水沟等处。为防疫，畜牧场门口常放置浸透20%石灰乳的湿草进行鞋底消毒。

【注意事项】

（1）直接将生石灰撒布在地面上没有任何消毒作用。

（2）熟石灰可从空气吸收二氧化碳形成碳酸钙而失效，应现用现配。

【制剂、用法与用量】

氧化钙：10%~20%的石灰乳用于厩舍墙壁、地面的消毒。1kg氧化钙加水350mL所得粉末，撒布在阴湿地面、粪池周围和污水沟等处。氧化钙是鱼塘最理想的清塘药物，可以杀灭池塘中的各种病原体。

三、醛类

醛类具有很强的化学活性，在常温、常压下易挥发，又称挥发性烷化剂。杀菌机制是使菌体蛋白质变性，酶和核酸等的功能发生改变，从而呈现强大的杀菌作用。

甲醛溶液

【理化性质】 为无色透明液体，有强烈的刺激性气味，易溶于水，40%的水溶液称为福尔马林。在冷处久贮，易生成聚甲醛而发生混浊，沉淀后不能药用，加入10%~15%的甲醇可防止聚合。

【药理作用】 不仅能杀死细菌的繁殖体，也能杀死芽孢，以及抵抗力强的结核杆菌、病毒及真菌等。甲醛对皮肤和黏膜的刺激性很强，但不损坏金属、皮毛、纺织物和橡胶等。甲醛的穿透力差，不易深入物品内部发挥作用。消毒结束后即应通风或用水冲洗，甲醛的刺激性气味不易散失，故消毒空间仅需相对密闭。

【临床应用】主要用于厩舍、仓库、孵化室、皮毛、衣物、器具等的熏蒸消毒和标本、尸体防腐。

【注意事项】

（1）甲醛气体有强致癌作用，尤其肺癌。近年来，已较少用于消毒，使用时注意防护。

（2）消毒后在物体表面形成一层具腐蚀作用的薄膜。

（3）动物误服甲醛溶液，应迅速灌服稀氨溶液解毒。

（4）药液污染皮肤，应立即用肥皂和清水清洗。

【制剂、用法与用量】

甲醛溶液：2%甲醛溶液用于器械消毒，浸泡30min；2%~5%甲醛溶液喷洒厩舍的地面、墙壁、用具、排泄物等；10%的溶液用于固定解剖标本；10%~20%的溶液可治疗蹄叉腐烂和坏死杆菌病等。

房屋和仓库的熏蒸消毒是 $1m^2$ 的体积用20mL甲醛溶液，加等量的水，加热蒸发，或加高锰酸钾氧化蒸发（高锰酸钾和甲醛的用量比为3:5），室温不低于15℃，相对湿度60%~80%（熏蒸前先喷水增加湿度），消毒时间为10h。

戊 二 醛

【理化性质】为无色油状液体，味苦，易溶于水或乙醇。水溶液呈酸性，性质稳定。

【药理作用】戊二醛原为病理标本固定剂，近年来发现其碱性水溶液具有较好的杀菌作用。当pH 7.5~8.5时，作用最强，可杀灭细菌的繁殖体和芽孢、真菌、病毒，其作用较甲醛强2~10倍。

【临床应用】主要用于动物厩舍及器具消毒。由于价格昂贵，目前多用于不宜加热处理的医疗器械、塑料及橡胶制品等的浸泡消毒。

【注意事项】

（1）避免与皮肤、黏膜接触，如接触后应及时用清水冲洗干净。

（2）使用过程中，不应接触金属器具。

【制剂、用法与用量】

戊二醛：配成2%戊二醛溶液用于喷洒、浸泡消毒，消毒时间为15~20min或放置至于密闭空间内；配制10%戊二醛溶液（$1.06mL/m^3$），用于表面熏蒸消毒。

四、过氧化物类

过氧化物类消毒药多依靠其强大的氧化能力杀灭微生物，又称氧化剂。通过氧化反应，可直接与菌体或酶蛋白中的氨基、羧基、巯基发生反应而损伤细胞结构或抑制代谢功能，导致细菌死亡或者通过氧化还原反应，加速细菌的代谢，破坏其生长过程而致死。此类消毒药中多为透明无色液体，杀菌能力强，多可作灭菌剂。主要用于创面的防腐消毒药，如过氧化氢溶液。缺点是易分解、不稳定，具有漂白和腐蚀作用，在药物未分解前对操作人员有一定刺激性，应注意防护。

过氧乙酸（过醋酸）

【理化性质】为过氧乙酸和乙酸的混合物，含过氧乙酸20%。为无色透明液体，呈弱酸性，有刺激性酸味，易挥发，易溶于水和有机溶剂，性状不稳定，遇热或有机物、重金属离子、强碱等易分解。高于45%的高浓度溶液经剧烈碰撞或加热可爆炸，而低于20%（含20%）的低浓度溶液无此危险。密闭、避光，在3~4℃下保存。

【药理作用】过氧乙酸兼具酸和氧化剂特性，是一种高效灭菌剂，其气体和溶液均具较强的杀菌作用，并较一般的酸或氧化剂作用强。作用快，能杀死细菌、真菌、病毒和芽孢，在低温下仍有杀菌和抗芽孢能力。用过氧乙酸消毒的表面，药物残留极微，能在室温下挥发和分解。

【临床应用】临用前配制0.5%溶液喷雾消毒厩舍、食品厂的地面、墙壁、饲槽、用具和车船等，喷雾后关闭门窗1~2h。对芽孢污染的表面可喷雾2%溶液（$8mL/m^2$）。实验室、厩舍、仓库等空间消毒，可用3%~5%溶液加热熏蒸。0.04%~0.2%溶液浸泡消毒耐腐蚀的玻璃、搪瓷制品、肉类、蛋品和白色织物等。0.2%溶液皮肤消毒，0.02%溶液黏膜消毒。

【注意事项】
（1）金属离子和还原性物质可加速药物的分解，需用洁净水配制新鲜药液。
（2）本品腐蚀性强，有漂白作用。稀溶液对呼吸道和眼结膜有刺激性；浓度较高的溶液对皮肤有强烈刺激性。若高浓度药液不慎溅入眼内或皮肤、衣服上，应立即用水冲洗；皮肤和黏膜消毒时药液的浓度不能超过0.2%和0.02%。
（3）与有机物可降低其杀菌效力。

【制剂、用法与用量】
过氧乙酸：喷雾消毒厩舍和车船等用0.5%溶液；加热熏蒸消毒用3%~5%溶液；浸泡器具消毒用0.04%~0.2%溶液；消毒黏膜或皮肤用0.02%或0.2%溶液。

五、卤素类

卤素中能作为消毒药的主要是氯和碘。氯的杀菌力最强，碘比较弱，主要用于皮肤消毒（见任务三）。氯和含氯化合物的强大杀菌作用，是由于氯化作用破坏菌体或改变细胞膜的通透性，或者由于氧化作用抑制各种巯基酶或其它对氧化作用敏感的酶类，从而引起细菌死亡。

含氯石灰（漂白粉）

【理化性质】为次氯酸钙、氯化钙和氢氧化钙的混合物，灰白色颗粒性粉末，有氯臭。易溶于水，水溶液呈酸性。密封贮存于凉暗干燥处，不可与易燃、易爆物放一起。

【药理作用】加入水中可生成次氯酸，次氯酸不稳定分解释放出活性氯和初生氧而呈现杀菌作用，其杀菌作用快而强，但不持久。1%澄清液作用 0.5~1min 即可抑制炭疽杆菌、沙门菌、猪丹毒和巴氏杆菌等多种细菌的繁殖体；1~5min 抑制葡萄球菌和链球菌，对结核杆菌和鼻疽杆菌效果较差。30% 含氯石灰混悬液作用 7min 后，炭疽芽孢即停止生长。实际消毒时，含氯石灰与被消毒物接触至少需 15~20min。含氯石灰的杀菌作用受有机物的影响。含氯石灰中所含的氯可与氨和硫化氢发生反应，故有除臭作用。

【临床应用】主要用于厩舍、畜栏、场地、车辆、排泄物等的消毒。1%~5% 澄清液，可用于消毒玻璃器皿和非金属用具。由含氯石灰加水生成的次氯酸，其杀菌作用产生得快，氯又能迅速散失而不留臭味，肉联厂和食品厂常用于消毒设备。

【注意事项】
（1）漂白粉对皮肤和黏膜有刺激作用，消毒人员应注意防护。
（2）对金属有腐蚀作用，不能用于金属制品。
（3）可使有色棉织物褪色，不可用于有色衣物的消毒。

【制剂、用法与用量】
含氯石灰：厩舍等消毒，临用前配成 5%~20% 混悬液或 1%~5% 澄清液。玻璃器皿和非金属用具消毒，临用前配成 1%~5% 澄清液。饮水消毒每 50L 水加 1g 含氯石灰。

二氯异氰尿酸钠（优氯净）

【理化性质】为白色晶粉，含有效氯为 60%~64.5%，有氯臭，性质稳定，易溶于水，呈弱酸性。

【药理作用】对细菌繁殖体和芽孢、病毒、真菌孢子有较强的杀灭作用。溶液 pH 越低，杀菌作用越强；加热可加强杀菌作用。有机物对杀菌作用影响较小。有腐蚀和漂白作用。

【临床应用】用于厩舍、排泄物、水等的消毒。0.5%~1% 水溶液用于杀灭细菌和病毒，5%~10% 水溶液用于杀灭芽孢。临用前现配，可采用喷洒、浸泡和擦拭方法消毒，也可用其干粉直接处理排泄物或其它污染物品。

【注意事项】同含氯石灰。

【制剂、用法与用量】

二氯异氰尿酸钠：厩舍消毒，常温下 10～20mg/m²，气温低于 0℃ 时 50mg/m²。饮水消毒 4mg/L，作用 30min。

任务三　主要用于皮肤、黏膜的防腐消毒药

一、醇类

醇类为使用较早的一类消毒防腐药，临床上常用的为乙醇，主要用于皮肤和温度计的消毒。醇类消毒防腐药的优点是性质稳定、作用迅速、无腐蚀性、无残留、与其它药物配成酊剂而作用增强。缺点是不能杀灭细菌芽孢、抗菌作用受蛋白质影响、抗菌有效浓度较高。

乙醇（酒精）

【理化性质】 为无色透明液体，易挥发，易燃，易溶于水，无水乙醇为 99% 以上，医用乙醇不低于 95.0%。

【药理作用】 临床上使用最广泛，也是较好的一种皮肤消毒药。能杀死细菌繁殖体，对结核杆菌、囊膜病毒也有杀灭作用，但对细菌芽孢无效。其杀菌作用是使菌体蛋白凝固、变性并脱水。

纯乙醇的杀菌作用微弱，因为它使组织表面形成一层蛋白凝固膜，妨碍渗透，而影响杀菌作用。常用 75% 乙醇消毒皮肤和器械，也可用做溶媒。当乙醇的浓度低于 20% 时，杀菌作用微弱，而高于 95% 时，则作用不可靠。乙醇对黏膜的刺激性大，不能用于黏膜和创面消毒。

乙醇能扩张局部血管，改善局部血液循环，用稀乙醇涂擦久卧动物的局部皮肤，可预防压疮的形成；浓乙醇涂擦可促进炎性产物吸收，减轻疼痛；还可用于治疗急性关节炎、腱鞘炎和肌炎等。无水乙醇纱布压迫手术出血创面 5min，可立即止血。

【临床应用】 75% 乙醇溶液可用于皮肤消毒，也可作溶媒。

【注意事项】
（1）使用浓度不应超过 80%。
（2）不可作为灭菌剂使用。
（3）应保存在有盖的容器内，防止有效成分挥发。

【制剂、用法与用量】

乙醇：75% 乙醇溶液消毒手臂、皮肤、注射针头及小件医疗器械等。

二、酸类

酸类包括有机酸和无机酸两类。无机酸的杀菌作用主要是靠解离出的氢离子，

环境中的氢离子浓度的改变可抑制细菌细胞膜的通透性，影响细菌的物质代谢；高浓度的氢离子还可以使菌体蛋白变性和水解，从而起到防腐消毒的作用。

硼　酸

【理化性质】为无色微带珍珠光泽的结晶或白色疏松的粉末，无臭，易溶于热水，水溶液呈弱酸性。

【药理作用】为弱酸，杀菌作用微弱，只有抑菌作用。对细菌和真菌有微弱的抑制作用，主要是通过释放氢离子而发挥抑菌作用。

【临床应用】主要用于冲洗眼或黏膜等较敏感的组织。

【注意事项】具有一定的毒性，不适用于大面积创伤和新生肉芽组织消毒，以避免吸收蓄积中毒。

【制剂、用法与用量】

硼酸：2%~4%硼酸溶液可用于冲洗眼和口腔黏膜等的消毒。3%~5%硼酸溶液可用于冲洗新鲜创伤。

醋酸（乙酸）

【理化性质】为含醋酸36%~37%的水溶液，无色透明液体，有强烈的臭味，味极酸，易溶于水。

【药理作用】对细菌、真菌、芽孢和病毒有较强的杀灭作用，但对各种微生物作用的强弱不尽相同。一般地，以对细菌繁殖体作用最强，依次为真菌、病毒、结核杆菌及细菌芽孢体。用1%醋酸杀灭抵抗力最强的微生物，最多只需10min，对真菌、病毒及芽孢均能杀灭。

【临床应用】主要用于黏膜和创伤消毒。

【注意事项】

（1）醋酸有刺激性，避免与眼睛接触，如接触高浓度醋酸，应立即用清水冲洗。

（2）有腐蚀性，避免与金属器械接触。

【制剂、用法与用量】

醋酸：用0.1%~0.5%醋酸溶液，冲洗阴道。用0.5%~2%醋酸溶液，冲洗感染创面。用2%~3%醋酸溶液，冲洗口腔。

三、卤素类

碘

【理化性质】为灰黑色或蓝黑色带金属光泽的片状结晶或颗粒，有特臭，易挥发。不溶于水，能溶于碘化钾和碘化钠的水溶液中。

【药理作用】 碘具有强大的杀菌作用，且抗菌谱广，可杀灭细菌芽孢、病毒、噬菌体、真菌、原虫、结核杆菌等。碘类消毒药起杀菌作用的主要是游离碘和次碘酸。游离碘能迅速穿透细胞壁，与菌体蛋白中的羧基、氨基、烃基、巯基结合，使其发生变性沉淀（生成胂化蛋白质），使微生物灭活。次碘酸具有很强的氧化作用，能氧化菌体蛋白质中的活性基团，从而抑制菌体代谢的酶系统。

碘在水中的溶解度很小，而且具有挥发性。但在有碘化物存在时，碘的溶解度增加数百倍，而且能降低其挥发性。因此，在配制溶液时，常加入适量的碘化钾，促进碘的溶解。在酸性溶液中，游离碘增多，杀菌作用增强；在碱性溶液中，杀菌作用减弱。

【临床应用】 2%碘溶液，适用于皮肤的浅表面破损和创面的消毒。紧急情况下可用于饮水消毒，每1L水中加入2%碘酊5~6滴，15min后可供饮用。浓碘酊（含碘10%）对皮肤有较强的刺激作用，外用于局部炎症。

【注意事项】

（1）碘酊须涂于干燥的皮肤上，如涂于湿皮肤上不仅杀菌效力降低，且易引起水疱和皮炎。

（2）与汞药物配伍禁忌，含汞药物（包括中成药）无论以何种途径用药，均可产生碘化汞而呈现毒性作用。

（3）配制的溶液应存放在密闭容器内，若存放时间过久，颜色变淡，应测定碘含量，并将碘浓度补足后再使用。

（4）长时间浸泡金属器械会产生腐蚀性。

【制剂、用法与用量】

（1）碘酊（含碘2%、碘化钾1.5%，加水适量，用50%乙醇配制） 为红棕色的澄清液体，用于术前和注射前的皮肤消毒。

（2）浓碘酊（含碘10%、碘化钾7.5%，用95%乙醇配制） 为暗红褐色液体，具强大刺激性，用做刺激药，外用涂擦于患部皮肤，治疗腱鞘炎、滑膜炎等慢性炎症。将浓碘酊与等量50%乙醇混合即得5%碘酊，用于动物皮肤和术部的消毒。

（3）碘溶液（含碘2%、碘化钾2.5%的水溶液） 用于皮肤浅表损伤创面的消毒。

（4）碘甘油（含碘1%、碘化钾1%，用甘油配制） 涂于患处，用于治疗口腔黏膜炎、阴道黏膜炎、皮肤溃疡、耳道炎、压疮等炎症和溃疡。

碘　仿

【理化性质】 为黄色、有光泽的叶状结晶或结晶性粉末，有特臭，有挥发性，不溶于水。

【药理作用】 碘仿本身没有防腐作用，当与组织接触时，可释放出游离碘呈现抑菌防腐作用。游离碘还能刺激组织，促进肉芽组织生长，具有防腐、除臭和防蝇作用。

【临床应用】用于创伤、瘘管的防腐。

【制剂、用法与用量】

碘仿：5%～10% 碘仿甘油液用于化脓创。10%碘仿醚溶液用于治疗深部瘘管、蜂窝织炎和关节炎等。碘仿磺胺粉和碘仿硼酸粉用于创伤、溃疡和促进组织愈合。

四、表面活性剂

表面活性剂又称清洁剂或洗涤剂，具有降低液体表面张力，利于乳化和除去油污的作用。表面活性剂分为离子型表面活性剂和非离子型表面活性剂，非离子型表面活性剂无杀菌作用。离子型表面活性剂根据在水中溶解后活性基团上电荷的性质分为阴离子表面活性剂、阳离子表面活性剂和两性离子表面活性剂，其中，阳离子表面活性剂的杀菌效果最好，但阴离子表面活性剂去污力最好。

季铵盐类为最常用的阳离子表面活性剂，可杀灭大多数种类的繁殖体细菌、真菌及部分病毒，不能杀灭芽孢、结核杆菌和绿脓杆菌。季铵盐类溶液低浓度呈抑菌作用，高浓度呈杀菌作用。对革兰阳性菌的作用比对革兰阴性菌的作用强。杀菌迅速、刺激性弱、毒性低，不腐蚀金属和橡胶，但杀菌效果受有机物影响较大，故不适用于动物圈舍和环境消毒。

苯扎溴铵（新洁尔灭）

【理化性质】为淡黄色胶状液体，低温时形成蜡状固体，具有芳香气味，味极苦。易溶于水，水溶液呈碱性。耐光、耐热、性质稳定、无挥发性。

【药理作用】对细菌如化脓杆菌、肠道菌具有较好的杀灭能力，对革兰阳性菌的杀灭能力比革兰阴性菌强。对病毒作用较弱，对亲脂性病毒如流感病毒、疱疹病毒等有一定杀灭作用；对亲水性病毒无效。对结核杆菌、真菌的杀灭效果甚微，对细菌芽孢只能起到抑制作用。

【临床应用】主要用于创面、皮肤和手术器械的消毒。

【注意事项】

（1）禁与肥皂或其它阴离子洗涤剂、碘或碘化物、过氧化氢、盐类消毒药等配伍。

（2）不宜用于眼科器械和合成橡胶制品的消毒。

（3）浸泡器械时，应加入0.5%的亚硝酸钠防止生锈。水溶液不得贮存于聚乙烯材质的瓶中，以避免与其增塑剂起反应而使药液失效。

(4) 不适用于粪便、污水和皮革等消毒。

【制剂、用法与用量】

苯扎溴铵：0.1% 苯扎溴铵溶液用于皮肤和术前手臂的消毒、手术器械的消毒。0.01%~0.05% 苯扎溴铵溶液用于冲洗眼、阴道、膀胱、尿道及深部感染。

醋酸氯己定（洗必泰）

【理化性质】 为白色或几乎白色的结晶粉末，无臭，味苦，微溶于水。

【药理作用】 抗菌作用强于新洁尔灭，作用迅速且持久，毒性低，无局部刺激性。对革兰阳性菌、阴性菌和真菌均有杀灭作用，但对结核杆菌、细菌芽孢及某些真菌仅有抑菌作用。与新洁尔灭联用对大肠杆菌有协同杀菌作用，两药的混合液呈相加消毒效力。

【临床应用】 主要用于皮肤、黏膜、手术创面、手及器械消毒。

【注意事项】

(1) 肥皂、碱性物质和其它阴离子表面活性剂均可降低醋酸氯己定的杀菌效力。

(2) 禁忌与甲醛、碘酊、高锰酸钾、硫酸锌、升汞配伍应用。

(3) 用作器械消毒时，需加 0.5% 亚硝酸钠，防止生锈。

(4) 轻微刺激黏膜，其 0.02% 溶液对胸膜和腹膜有刺激作用，不用于胸腔或腹腔冲洗等。

【制剂、用法与用量】

醋酸氯己定：0.02% 醋酸氯己定溶液用于手消毒。0.05% 醋酸氯己定溶液用于伤口创面的清洗消毒。0.01%~0.1% 醋酸氯己定溶液用于冲洗阴道、膀胱等炎症组织。0.1% 醋酸氯己定溶液用于器械消毒。用 95% 乙醇配制成 0.5% 醋酸氯己定溶液，用于皮肤消毒。

五、氧化剂

氧化剂药品与有机物相遇时，可释放出新生态氧，破坏菌体蛋白质或酶蛋白，从而产生杀菌作用。

过氧化氢（双氧水）

【理化性质】 为无色澄清液体，无臭或有类似臭氧的臭味。遇氧化物或还原物即迅速分解并发生泡沫，遇光、热易变质。置棕色玻瓶，遮光，在阴凉处保存。

【药理作用】 过氧化氢有较强的氧化性，在与组织或血液中的过氧化氢酶接触时，迅速分解，释放出新生态氧，对细菌产生氧化作用，干扰其酶系统的功能而发挥抗菌作用。由于作用时间短，且有机物能大大减弱其作用，因此杀菌力很弱。在接触创面时，由于分解迅速，会产生大量气泡，机械地松动脓块、血块、坏死组织及与组织粘连的敷料，有利于清洁创面。由于过氧化氢溶液无味无残留，可用于食品浸泡或喷雾消毒，以提高贮藏效果。

【临床应用】 主要用于皮肤、黏膜、创面和瘘管的清洗。

【注意事项】

（1）避免用手直接接触高浓度过氧化氢溶液，避免发生刺激性灼伤。

（2）禁与有机物、碱、生物碱、碘化物、高锰酸钾或其它强氧化剂配伍。

（3）不能注入胸腔、腹腔等密闭体腔或腔道，气体不易逸出，可能导致栓塞或扩大感染。

【制剂、用法与用量】

过氧化氢：3%过氧化氢溶液常用于清洗化脓性创伤，尤其对厌氧性感染更有效；5%过氧化氢溶液用于出血的细小创面上止血。

高 锰 酸 钾

【理化性质】 为黑紫色、细长的棱形结晶或颗粒，带有蓝色的金属光泽，无臭，易溶于水，水溶液呈深紫色。

【药理作用】 为强氧化剂，加热或遇有机物、酸、碱等均即释放出新生氧，呈现杀菌、除臭、解毒作用。在发生氧化反应时，其本身还原为棕色的二氧化锰，后者可与蛋白结合生成蛋白盐类复合物，因此高锰酸钾在低浓度时对组织有收敛作用；高浓度时有刺激和腐蚀作用。高锰酸钾的抗菌作用较过氧化氢强，但它极易被有机物分解而作用减弱，在酸性环境中杀菌作用增强。

吗啡、士的宁等生物碱、苯酚、水合氯醛和氯丙嗪等合成药，磷和氰化物等，均可被高锰酸钾氧化而失去毒性。临床上用 0.05%~0.1% 高锰酸钾溶液洗胃解毒；用 1% 高锰酸钾溶液用于冲洗毒蛇咬伤的局部解毒，但仅能破坏创口中的部分蛇毒毒液；5% 高锰酸钾溶液有较强的收敛、止血作用。

【临床应用】 主要用于皮肤创伤和管道炎症，也可用于有机物中毒的解救。

【注意事项】

（1）严格掌握不同适应证采用不同浓度的溶液，水溶液易失效，药液需新鲜配制。

（2）由于高浓度的高锰酸钾对组织有刺激和腐蚀作用，不应反复用高锰酸钾溶液洗胃。

【制剂、用法与用量】

高锰酸钾：配成 0.05%~0.1% 高锰酸钾溶液，用于腔道冲洗和洗胃。配成 0.1%~0.2% 高锰酸钾溶液，用于创面的消毒。

六、染料类

染料分为两类,即碱性染料和酸性染料,前者抗菌作用强于后者。两者仅能抑制细菌繁殖,抗菌谱窄,作用缓慢。下面仅介绍动物临床上应用的两种碱性染料,它们在解离时,分子上带正电荷,对革兰阳性菌有选择作用;在碱性环境中有杀菌力,碱度越高,杀菌力越强。

甲　紫

【理化性质】为深绿紫色的颗粒性粉末或绿紫色有金属光泽的粉末,微臭,微溶于水。

【药理作用】甲紫是人工合成的一类性质相同的碱性染料,对革兰阳性菌有强大的选择作用,也有抗真菌作用。对组织无刺激性,毒性小,有收敛作用。

【临床应用】主要用于黏膜、皮肤的创伤、烧伤和溃疡面的消毒。

【制剂、用法与用量】

甲紫:1%~2%甲紫溶液或甲紫醇溶液(紫药水),用于治疗皮肤和黏膜的创面感染和溃疡。0.1%~0.2%甲紫溶液用于治疗烧伤和皮肤真菌感染。

乳酸依沙吖啶(利凡诺、雷佛奴耳)

【理化性质】为黄色结晶性粉末,无臭、味苦。易溶于热水,水溶液不稳定,遇光渐变色。应置于褐色玻瓶中,密闭,凉暗处保存。

【药理作用】为染料中最强的消毒防腐药。对革兰阳性菌和革兰阴性菌及各种化脓菌均有较强的作用,对魏氏梭状芽孢杆菌的芽孢和化脓链球菌敏感。其作用不受血液和蛋白质的影响,但作用缓慢。本品的特点是对组织无刺激性,穿透力强,毒性低。

【临床应用】主要用于黏膜、皮肤的创面消毒。

【注意事项】

(1) 与碱类和碘类混合易析出沉淀,长期应用可能延缓伤口愈合。

(2) 不能用氯化钠溶液配制,因为浓度高于0.5%时可产生沉淀。

(3) 溶液避光保存,否则可分解生成毒性大的产物,若肉眼观察呈褐绿色则证实已分解。

【制剂、用法与用量】

雷佛奴耳:0.1%~0.2%雷佛奴耳溶液可用于外科创伤、皮肤和黏膜感染。1%雷佛奴耳软膏可用于小面积化脓创。

思考与练习

1. 什么是防腐药、消毒药？两者有何区别？
2. 理想消毒防腐药应具备的条件有哪些？
3. 简述消毒防腐药的作用机制。
4. 试述影响消毒防腐药作用的因素有哪些？
5. 用于环境、用具、器械的消毒防腐药有哪些？主要临床应用？
6. 用于皮肤、黏膜的防腐消毒药有哪些？主要临床应用？

项目三
抗病原微生物药物

【知识目标】
理解抗生素、抗菌谱、抗菌活性、耐药性等概念，了解抗病原微生物药物作用机制，掌握常用抗病原微生物药物的理化性质、药理作用、临床应用、注意事项、制剂、用法与用量，防止耐药性的产生。

【技能目标】
在临床上对抗病原微生物药物能做到准确选药，正确的联合用药，严格掌握适应证和疗程，做到提高药物疗效、减少不良反应的发生。

任务一 抗病原微生物药物概述

抗病原微生物药物是指对细菌、真菌、支原体和病毒等病原微生物具有抑制或杀灭作用的一类物质。分为抗菌药、抗病毒药、抗真菌药等，其中抗菌药又分为抗生素、合成抗菌药。本类药物主要用于预防或治疗动物的各种感染性疾病，重点研究和应用对病原体有选择性杀灭作用，而对机体组织无明显损害，对感染性疾病有独特疗效的药物。

一、抗菌谱

抗菌谱是指抗菌药物对病原菌具有抑制或杀灭作用的范围。仅对单一菌种或某属细菌具有抑制或杀灭作用的药物称为窄谱抗菌药，如青霉素主要作用于革兰阳性菌，链霉素作用于革兰阴性菌。凡能抑制或杀灭多种病原微生物，作用范围广泛的药物称为广谱抗菌药，如四环素对革兰阳性菌、革兰阴性菌具有较强抗菌作用，且对衣原体、支原体、某些原虫也有抑制作用。

二、抗菌活性

抗菌活性是指抗菌药物抑制或杀灭病原微生物的能力，不同种类抗菌药物的抗菌活性有一定差异。可通过体外抑菌试验和体内实验治疗方法进行测定，其中体外法常用。测定方法有稀释法（包括试管法、微量法、平板法等）和扩散法（如纸片法）等。稀释法可以测定抗菌药物的最小抑菌浓度和最小杀菌浓度，是一种比较准确的方法。纸片法比较简单，通过测定抑菌圈直径的大小来判断病原菌对药物的敏感性。此法应用较为广泛，但只能定性和半定量，由于影响结果的因素较多，故应力求做到材料和方法的标准化。在动物临床上选用抗菌药物之前，一般均应做药敏试验，以选择对病原微生物最敏感的药物，预期得到最好的治疗效果。

根据抗菌活性的强弱，临床上将抗菌药分为抑菌药和杀菌药。仅有抑制病原微生物生长繁殖能力而无杀灭作用的药物称为抑菌药，如四环素等。既具有抑制病原微生物繁殖能力，又有杀灭作用的药物称为杀菌药，如青霉素、氨基糖苷类抗生素、喹诺酮类等。

三、抗菌药后效应

抗菌药后效应是细菌与抗菌药物短暂接触后，将药物完全除去，细菌的生长仍然受到持续抑制的效应。以时间长短来表示，能产生这种效应的药物主要有青霉素类、氨基糖苷类、大环内酯类、四环素类、喹诺酮类等。

四、耐药性

耐药性又称抗药性。病原微生物对抗病原微生物药物由敏感变为不敏感，使药物失去抗菌作用称为耐药性或抗药性，分为天然性耐药性和获得性耐药性两种。前者属细菌的遗传特性，如绿脓杆菌对多数抗生素均不敏感。获得性耐药性，即一般所指的耐药性，指当病原体在体内外反复接触抗菌药物后产生了结构或功能的变异，成为对该抗菌药具有抗药性的菌株，尤其在药物浓度低于最小杀菌浓度时更易形成耐药菌株，对抗菌药物的敏感性下降，甚至消失。某种病原菌对一种抗菌药产生耐药性后，往往对同一类的抗菌药也具有耐药性，此种现象称为交叉耐药性，如对一种磺胺药产生耐药性后，对其它磺胺药也都有耐药性。所以，在临床轮换使用抗菌药时，应选择不同类型的药物。交叉耐药性有完全交叉耐药性和部分交叉耐药性之分。前者为双向的，如多杀性巴氏杆菌对磺胺嘧啶产生耐药后，对其它磺胺类药物均产生耐药性；部分交叉耐药性是单向的，如氨基糖苷类药物之间，对链霉素耐药的细菌，对庆大霉素、卡那霉素、新霉素仍然敏感；而对庆大霉素、卡那霉素、新霉素耐药的细菌，对链霉素也有耐药性。

耐药性的产生是抗菌药物在动物临床应用中的一个严重问题，不合理使用和滥用抗菌药是耐药性产生的重要原因。

任务二 抗 生 素

抗生素曾称为抗菌素，是某些微生物（放线菌、真菌、细菌）在生长繁殖代谢过程中所产生的代谢产物，在较低浓度下即能选择性抑制或杀灭病原微生物。主要采用微生物发酵法进行生产，如青霉素、四环素等；也有少数抗生素如氟苯尼考、多西环素等可用化学方法合成。另外，将天然抗生素进行结构改造或以微生物发酵产物为前体生产了大量半合成抗生素，如氨苄西林、阿米卡星、头孢菌素类等。除了具有抗微生物作用外，有的抗生素还具有抗寄生虫、抗病毒、抗肿瘤作用，如阿维菌素类抗生素具有良好的抗寄生虫作用。

【分类】根据抗病原微生物药物的作用特点可分为：

（1）主要抗革兰阳性细菌的抗生素　青霉素类、头孢菌素类、β-内酰胺酶抑制剂、大环内酯类及林可胺类。

（2）主要抗革兰阴性细菌的抗生素　氨基糖苷类、多肽类。

（3）广谱抗生素　四环素类、氯霉素类。

（4）主要抗支原体的抗生素　泰乐菌素、乙酰螺旋霉素、北里霉素、泰牧霉素、壮观霉素。

（5）抗真菌抗生素　两性霉素B、制霉菌素、酮康唑（咪唑类）、克霉唑（咪唑类）。

（6）抗病毒药　如病毒灵、病毒唑等。

根据抗病原微生物药物的化学结构可分为：

（1）β-内酰胺类　青霉素、头孢菌素类等。

（2）氨基糖苷类　链霉素、庆大霉素、卡那霉素、新霉素、壮观霉素等。

（3）四环素类　土霉素、金霉素等。

（4）氯霉素类　氯霉素、甲砜霉素、氟本尼考等。

（5）大环内酯类　红霉素、吉他霉素、泰乐菌素、螺旋霉素、北里霉素等。

（6）林可胺类　林可霉素、克林霉素。

（7）多烯类　两性霉素B、制霉菌素等。

（8）多肽类　杆菌肽、黏菌素等。

（9）聚醚类　莫能菌素、盐霉素等。

【作用机理】主要是影响病原微生物的结构和干扰其代谢过程。随着近代生物化学、生物物理学、分子生物学、放射性核素跟踪技术和精确的化学定量方法等快速发展，抗生素作用机制的研究已进入分子水平，某些抗生素的作用机制已基本阐明。其作用机制一般可分为下列4种类型。

(1) 抑制细菌细胞壁的合成 大多数细菌细胞（如革兰阳性菌）的细胞膜外有一坚韧的细胞壁，主要由黏肽组成，具有维持细胞形状及保持菌体内渗透压的功能。青霉素类、头孢菌素类及杆菌肽等能分别抑制黏肽合成过程中的不同环节。造成敏感菌的细胞壁缺损，细胞外的水分不断地渗入菌体内，引起菌体膨胀变形，加上激活自溶酶，使细菌裂解而死亡。抑制细菌细胞壁合成的抗生素对革兰阳性菌的作用强，因为革兰阳性菌的细胞壁主要成分为黏肽，占胞壁重量的 65%～95%，菌体胞浆内的渗透压高（20～30 个标准大气压）；而对革兰阴性菌的作用弱，因为革兰阴性菌细胞壁的主要成分是磷脂，黏肽仅占 1%～10%，菌体胞浆内的渗透压低，有 5～10 个标准大气压。它们主要影响正在繁殖的细菌细胞，故这类抗生素称为繁殖期杀菌剂。

(2) 增加细菌胞浆膜的通透性 位于细胞壁内侧的胞浆膜主要是由类脂质与蛋白质分子构成的半透膜，它的功能在于维持渗透屏障、运输营养物质和排泄菌体内的废物，并参与细胞壁的合成等。当胞浆膜损伤时，通透性将增强，导致菌体内胞浆中的重要营养物质（如核酸、氨基酸、酶、磷酸、电解质等）外漏而死亡，产生杀菌作用。属于这种作用方式而呈现抗菌作用的抗生素有多肽类、多烯类。多黏菌素类的化学结构中含有带正电的游离氨基，与革兰阴性菌胞浆上磷脂带负电的磷酸根结合，使胞浆膜受损。两性霉素 B 及制霉菌素等可与真菌细胞膜上的类固醇结合，使细胞膜受损；而细菌细胞膜不含类固醇，故对细菌无效。动物细胞的胞浆膜上含有少量类固醇，故长期或大剂量使用两性霉素 B 可出现溶血性贫血。

(3) 抑制细菌蛋白质的合成 细菌蛋白质合成场所在胞浆的核糖体上，蛋白质的合成过程分三个阶段，即起始阶段、延长阶段和终止阶段。不同抗生素对三个阶段的作用不完全相同：有的可作用于三个阶段，如氨基糖苷类；有的仅作用于延长阶段，如林可胺类。细菌细胞与哺乳动物细胞合成蛋白质的过程基本相同，两者最大的区别在于核糖体的结构及蛋白质、RNA 的组成不同。因为细菌核糖体的沉降系数为 70s，并可解离为 50s 及 30s 亚基。而哺乳动物细胞核糖体的沉降系数为 80s，并可解离为 60s 及 40s 亚基。氨基糖苷类及四环素类主要作用于 30s 亚基，氯霉素类、大环内酯类、林可胺类则主要作用于 50s 亚基。这就是抗生素对动物机体毒性小的主要原因。

(4) 抑制细菌核酸的合成 核酸具有调控蛋白质合成的功能。新生霉素、灰黄霉素、利福平等可抑制或阻碍细菌细胞 DNA 或 RNA 的合成。例如，新生霉素主要影响 DNA 聚合酶的作用，从而影响 DNA 合成；灰黄霉素可阻止鸟嘌呤进入 DNA 分子中而阻碍 DNA 的合成；利福平可与 DNA 依赖的 RNA 聚合酶（转录酶）的 β 亚单位结合，从而抑制 mRNA 的转录。由于抑制了细菌细胞的核酸合成，从而引起细菌死亡。

【抗菌效价】 指抗生素的作用强度，是衡量抗生素效能的指标，也是衡量抗生素活性成分含量的尺度。一般以游离碱的重量或国际单位（IU）来计量。

多数抗生素以其有效成分的一定重量作为一个单位，如链霉素、土霉素、红霉素、新霉素、卡那霉素、庆大霉素等均以纯游离碱 1μg 作为一个效价单位，即 1g 为 100 万 IU。少数抗生素以其特定盐的 1μg 或一定重量作为 1IU，如金霉素和四环素均以其盐酸盐的 1μg 为 1IU，苄星青霉素 0.6μg 的抗菌效力即为 1IU，所以 1mg 苄星青霉素等于 1667IU。也有的抗生素不采用重量单位，只以特定的单位表示效价，如制霉菌素 10 万单位。

一、主要抗革兰阳性细菌的抗生素

（一）青霉素类

青霉素类抗生素是指分子中含有 6-氨基青霉烷酸（6-APA）的抗生素，是最早发现的抗细菌抗生素。由于半合成青霉素的合成成功，青霉素类抗生素得到了很大发展。目前，应用于临床的青霉素类已达 30 余种。根据来源不同，分为天然青霉素和半合成青霉素。

1. 天然青霉素

天然青霉素从青霉菌属某些菌种的培养液中提取而获得，含多种有效成分，主要有青霉素 F、G、X、K 和双氢 F 5 种。其中以苄星青霉素的产量最高，并具有性质稳定、抗菌力强、疗效高、毒性低等特点，主要用于动物临床上。但不耐酸、不耐青霉素酶、抗菌谱窄、半衰期短、易引起过敏反应为其缺点。为了克服青霉素在动物体内的有效血药浓度维持时间短的缺点，制成了一些难溶于水的有机碱复盐，如普鲁卡因青霉素、苄星青霉素，这些混悬液注射后，在注射局部肌肉内缓慢溶解吸收，可延长青霉素在动物体内的有效血药浓度维持时间。但此类制剂血药浓度较低，仅用于对青霉素高度敏感的慢性感染。

青霉素钠（青霉素 G 钠）

【理化性质】青霉素是一种有机酸，性质稳定，难溶于水，可与多种有机碱结合成复盐，临床常用其钠盐或钾盐，为白色结晶性粉末，无臭或微有特异性臭。有引湿性，遇酸、碱或氧化剂等迅速失效，水溶液在室温中放置不稳定易失效，故临床应用时要现用现配，易溶于水。

【药理作用】青霉素为窄谱抗生素，对革兰阳性菌、革兰阴性球菌、螺旋体和放线菌等高度敏感，常作为首选药，对繁殖期的细菌起杀菌作用。抗菌作用很强，低浓度抑菌，一般治疗浓度能杀菌，有脓液、血液、组织分解产物存在时也不降低其抗菌活力。对革兰阴性杆菌抗菌作用较弱，须大剂量才有效。对青霉素敏感的病原菌有链球菌、葡萄球菌、化脓棒状杆菌、破伤风梭菌、产气荚膜杆菌、肺炎双球菌、梭状芽孢杆菌、李斯特杆菌、钩端螺旋体等。对结核杆菌、立克次体、支原体、衣原体、真菌和病毒无效。

内服易被胃酸和消化酶破坏，一般剂量达不到有效血浓度，故不用于内服。其钠（钾）盐肌内或皮下注射后吸收迅速，约 0.5h 达血药峰浓度，对多数敏感菌的有效血药浓度可维持 6~8h。青霉素的长效制剂吸收缓慢，可维持较低的有效血药浓度达 24h 以上，可与青霉素钠（钾）混合制成注射剂，以兼顾长效和速效作用。青霉素外用不易从完整的黏膜或皮肤吸收。青霉素在血液中约有 50% 以上与血清蛋白可逆性结合，能持续释放游离的青霉素而发挥药效作用。通过被动扩散方式迅速渗入各组织及体液中，当中枢神经系统或其它组织发生炎症时则较易进入，并可达到有效浓度。在动物体内的消除半衰期较短，种属间的差异较小，静脉注射给药后马、牛、猪、羊、犬和鸡的半衰期分别为 0.9h、0.7~1.2h、0.3~0.7h、0.7h、0.5h、0.5h。在肾功能正常情况下 50%~75% 自肾脏排出，其中 90% 通过肾小管分泌排出，因排出迅速，故体内消除较快，尿中浓度也很高。

【耐药性】细菌一般不易产生耐药性，如溶血性链球菌对其敏感性至今很少改变；但某些敏感细菌的部分菌株对青霉素有天然耐药性，如对青霉素耐药的金黄色葡萄球菌能产生青霉素酶（β-内酰胺酶），可水解青霉素的 β-内酰胺环，使之失活。也由于青霉素的长期广泛应用，金黄色葡萄球菌可渐进性地产生耐药菌株，且比例逐年增高。现已发现多种青霉素酶抑制剂，如克拉维酸等，与青霉素类合用可用于对青霉素耐药的细菌感染。

【临床应用】主要用于治疗对青霉素敏感菌所引起的各种疾病，如猪链球菌病、马腺疫、葡萄球菌病、肺炎、气管炎、支气管炎、乳房炎、子宫炎、化脓性腹膜炎、关节炎和创伤感染；炭疽、恶性水肿、气肿疽、猪丹毒、放线菌病、钩端螺旋体病、肾盂肾炎、膀胱炎和尿道感染等。

【药物相互作用】

（1）羧苯磺胺、阿司匹林、保泰松、磺胺药对青霉素的排泄有阻滞作用，合用可升高青霉素类的血药浓度，也可能增加毒性。

（2）氯霉素类、四环素类、红霉素等抑菌剂对青霉素的杀菌活性有干扰作用，不宜合用。

（3）重金属离子（尤其是铜、锌、汞）、醇类、酸、碘、氧化剂、还原剂、羟基化合物及呈酸性的葡萄糖注射液或四环素注射液都可破坏青霉素的活性，禁忌配伍，也不宜接触。

（4）胺类与青霉素可形成不溶性盐，可以延缓青霉素的吸收，如普鲁卡因青霉素。

（5）青霉素钠溶液与某些药物溶液（两性霉素、头孢噻吩、林可霉素、肾上腺素、土霉素、四环素、B 族维生素及维生素 C）不能混合，易产生混浊、絮状物或沉淀。

（6）与氨基糖苷类合用呈协同作用，青霉素破坏细菌细胞壁，有利于氨基糖苷类抗生素进入细菌内发挥作用，应注意两药给药宜间隔 1h 以上。

（7）氨基酸营养液不可与青霉素溶液混合给药，否则增强青霉素的抗原性。

【不良反应】青霉素毒性极小，不良反应除局部刺激产生疼痛外，主要是过敏反应，表现为皮肤过敏，如荨麻疹、接触性皮炎等；有发生血清学反应，如发热、关节肿痛、嗜酸性粒细胞增多、血管神经性水肿等，重者出现过敏性休克，抢救不及时可导致迅速死亡。

【注意事项】

（1）青霉素钠和青霉素钾易溶于水，但水溶液在室温下易失效，因此注射液应在临用前新鲜配制。必须保存时，应置冰箱中，宜当天用完。

（2）掌握与其它药物的相互作用和配伍禁忌，以免影响青霉素的药效。

（3）用药期间应注意观察，若出现过敏反应，应立即肌内注射肾上腺素，必要时加用糖皮质激素和抗组胺药，增加或稳定疗效。

（4）青霉素钾100万IU（0.625g）和青霉素钠100万IU（0.6g）分别含钾离子1.5mmol（0.066g）和钠离子1.7mmol（0.030g），大剂量注射可能出现高钾血症和高钠血症。对肾功能减退或心功能不全的患病动物会产生不良后果，用大剂量青霉素钾静脉注射尤为禁忌。

【制剂、用法与用量】

注射用青霉素钾（钠）：肌内注射，一次量，马、牛1万~2万IU/kg体重，羊、猪、马驹、犊牛2万~3万IU/kg体重，犬、猫3万~4万IU/kg体重，禽5万IU/kg体重，3次/d，连用2~3d。

普鲁卡因青霉素

【理化性质】为白色结晶性粉末，遇酸、碱或氧化剂等即迅速失效，微溶于水。

【药理作用】肌内注射后，在局部水解释放出青霉素后被缓慢吸收，峰时较长，血中浓度低，但作用较青霉素持久。用于对青霉素高度敏感的病原菌，不宜用于治疗严重感染。为能在较短时间内升高血药浓度，与青霉素钠（钾）混合配制成注射液，以兼顾长效和速效。

【临床应用】主要用于治疗或需长期用药的慢性感染，如复杂骨折，乳腺炎；动物长途运输时用于预防呼吸道感染、肺炎等。

【药物相互作用】和【不良反应】同青霉素。

【注意事项】

（1）普鲁卡因青霉素用于对青霉素高度敏感的病原菌，不宜用于治疗严重感染，常与青霉素钠合用。

（2）其它同青霉素。

【制剂、用法与用量】

普鲁卡因青霉素注射液：肌内注射，一次量，马、牛1万~2万IU/kg体重；羊、猪、马驹、犊牛2万~3万IU/kg体重；犬、猫3万~4万IU/kg体重，1次/d，连用2~3d。

注射用苄星青霉素

【理化性质】 为白色结晶性粉末，易溶于甲酰胺和二甲基甲酰胺，极微溶于水。

【药理作用】 为长效青霉素，吸收和排泄缓慢。

【临床应用】 用于对青霉素高度敏感菌所致的轻度或慢性感染，如牛的肾盂肾炎、子宫蓄脓、复杂骨折、乳腺炎及长途运输时某些疾病的预防等。对急性重度感染不宜单独使用，须注射青霉素钠（钾）显效后，再用本品维持药效。

【注意事项】

（1）用于对青霉素高度敏感的病原菌，不宜用于治疗严重感染，常与青霉素钠合用。

（2）主要用于预防或长期用药动物，如动物的长途运输时用于预防呼吸道感染、肺炎、乳腺炎等。

（3）其它同青霉素。

【制剂、用法与用量】

注射用苄星青霉素：肌内注射，一次量，马、牛2万~3万IU/kg体重，羊、猪3万~4万IU/kg体重，犬、猫4万~5万IU/kg体重，必要时3~4d重复一次。

2. 半合成青霉素

用酰胺酶或化学方法裂解青霉素G为母核6-氨基青霉烷酸（6-APA）后，再向其6位氨基上引入各种侧链，合成一系列新型青霉素，称为半合成青霉素，具有耐酸、耐酶、广谱等特点。根据作用特点可将半合成青霉素分为耐酸、耐酶和广谱青霉素。

苯唑青霉素钠（苯唑西林钠）

【理化性质】 为耐酸、耐酶的半合成青霉素，白色结晶性粉末，无臭或微臭，钠盐易溶于水。

【药理作用】 不易被青霉素酶水解，对产酶金黄色葡萄球菌菌株有效，但对不产酶菌株及溶血性链球菌、肺炎球菌、草绿色链球菌、表皮葡萄球菌等革兰阳性球菌的抗菌活性比青霉素弱。粪肠球菌对本品耐药。

苯唑青霉素耐酸，内服不被胃酸灭活，但仅有部分自肠道吸收，食物可降低其吸收速率和数量。肌内注射后吸收迅速，在体内分布广泛，可渗入大多数组织和体液中，在肝、肾、脾、肠、胸腔积液和关节液中可达治疗浓度，腹水中浓度较低。主要经肾排泄，少量通过胆汁从粪中排出。

【临床应用】 主要用于耐青霉素金黄色葡萄球菌感染，如败血症、肺炎、乳腺炎、烧伤创面感染等。

【药物相互作用】

（1）与氨基糖苷类抗生素混合后，可明显减弱两者的抗菌活性，所以不能混合给药。

（2）与氨苄西林和庆大霉素联合用药可相互增强对肠球菌的抗菌活性。

（3）在静脉注射液中与庆大霉素、土霉素、四环素、新生霉素、多黏菌素 B、磺胺嘧啶、肾上腺素、戊巴比妥、B 族维生素、维生素 C 等均有配伍禁忌。

【注意事项】同青霉素。

【制剂、用法与用量】

注射用苯唑青霉素钠：肌内注射，1 次量，马、牛、羊、猪 10～15mg/kg 体重，犬、猫 15～20mg/kg 体重，2～3 次/d，连用 2～3d。

氯唑西林钠（邻氯青霉素钠）

【理化性质】为半合成的耐酸、耐酶青霉素类，白色结晶性粉末，微臭，味苦，其钠盐易溶于水。

【药理作用】抗菌谱及抗菌活性与苯唑西林类似，但对青霉素敏感菌的作用不如青霉素。本品耐酸，内服吸收较苯唑西林快，但不完全，食物可降低其吸收速率和数量，宜空腹给药。吸收后全身分布广泛，能渗入急性骨髓炎的骨组织、脓液和关节液中，在胸腔积液、腹水和肝、肾中也有较高的浓度，但脑脊液中含量低。主要从尿中排出，少量通过胆汁从粪中排出。

【临床应用】同苯唑西林，用于产青霉素酶葡萄球菌引起的各种严重感染，如败血症、骨髓炎、呼吸道感染、心内膜炎及化脓性关节炎等，也用于奶牛的乳腺炎。

【注意事项】

（1）禁与红霉素、土霉素、四环素、庆大霉素、多黏菌素 B、维生素 C 等药物配伍。

（2）肾功能不全者，应适当减少剂量。

（3）其它同青霉素。

【制剂、用法与用量】

注射用氯唑西林钠：肌内注射，一次量，马、牛、羊、猪 5～10mg/kg 体重，犬、猫 20～40mg/kg 体重，3 次/d，连用 2～3d。牛乳头管内注入，每一乳区 200mg，1 次/d，连用 2～3d。

氨苄青霉素钠

【理化性质】为白色结晶性粉末，无臭或微臭，味微苦，易溶于水。

【药理作用】为广谱抗生素，对大多数革兰阳性菌如链球菌、葡萄球菌、棒状杆菌、梭状芽孢杆菌、放线菌、李斯特杆菌的抗菌活性稍弱于青霉素，能被青霉素酶破坏，对耐青霉素的金黄色葡萄球菌无效。对多种革兰阴性菌如布鲁菌、变形杆菌、沙门菌、大肠杆菌、嗜血杆菌等有较强的抑杀作用，但易产生耐药性，绿脓杆菌对本品有耐药性。

耐酸，内服后吸收良好，食物可降低其吸收速率和数量。注射给药吸收迅速，血药浓度高。吸收后可分布于肝、肺、前列腺、肌肉、胆汁、胸水、腹水、关节液中，可进入脑脊髓液和胎盘。当发生脑膜炎时，其浓度可达血清浓度的10%~60%，主要通过肾脏排泄。

【临床应用】主要用于敏感菌引起的肺部、肠道、胆道、尿路等多重感染和败血症。如牛的巴氏杆菌病、肺炎、乳房炎、子宫炎、肾盂肾炎、犊牛大肠杆菌病和沙门菌病等；马的支气管肺炎子宫炎、腺疫、驹链球菌肺炎和驹肠炎等；猪的肠炎、肺炎、丹毒、子宫炎和仔猪白痢等；犬的肺炎、乳房炎、肠炎和钩端螺旋体病等。

【注意事项】

（1）禁与红霉素、土霉素、四环素、金霉素、阿米卡星、卡那霉素、庆大霉素、链霉素、林可霉素、多黏菌素B、氯化钙、葡萄糖酸钙、B族维生素、维生素C等药物配伍。

（2）对青霉素有耐药性的细菌感染不宜应用。

（3）对青霉素过敏的动物禁用。

（4）成年反刍动物禁止内服。

（5）马属动物不宜长期内服。

（6）溶解后应立即使用，其浓度和温度越高，稳定性越差。

（7）其它同青霉素。

【制剂、用法与用量】

注射用氨苄青霉素钠：肌内、静脉注射，一次量，动物10~20mg/kg体重，2~3次/d，连用2~3d。

阿莫西林（羟氨苄西林）

【理化性质】为耐酸、广谱青霉素。白色或类白色结晶性粉末，味微苦，微溶于水。钠盐为白色或类白色结晶性粉末，无臭或微臭，味微苦，易溶于水。

【药理作用】抗菌作用及抗菌活性与氨苄西林基本相同。本品对胃酸相当稳定，单胃动物内服后吸收比氨苄西林好，胃肠道内容物影响其吸收速度，但不影响吸收程度，故可与食物同服。同等剂量内服后其血清浓度比氨苄西林高1.5~3倍，吸收后在多种组织和体液中广泛分布，主要经肾脏排泄。

【临床应用】主要用于牛的巴氏杆菌、嗜血杆菌、链球菌、葡萄球菌性呼吸道感染，坏死杆菌性腐蹄病，链球菌和敏感金黄色葡萄球菌性乳腺炎，犊牛大肠杆菌性肠炎；犬、猫的敏感菌感染，如敏感金黄色葡萄球菌、链球菌、大肠杆菌、巴氏杆菌和变形杆菌引起的呼吸道、泌尿生殖道和胃肠道多重感染及多种细菌引起的皮炎和软组织感染性疾病。

【注意事项】

(1) 可与克拉维酸制成片剂或混悬剂，内服可治疗动物的泌尿道、皮肤及软组织的细菌感染。

(2) 在胃肠道的吸收不受食物影响，为避免动物发生呕吐、恶心等胃肠道症状，宜在食后服用。

(3) 其它同青霉素、氨苄西林。

【制剂、用法与用量】

(1) 注射用阿莫西林钠　皮下、肌内注射，一次量，牛 6~10mg/kg 体重，犬、猫 5~10mg/kg 体重，1 次/d，连用 5d。

(2) 阿莫西林片　内服，一次量，犊牛 10mg/kg 体重，犬、猫 10~20mg/kg 体重，2 次/d，连用 5d。

羧苄西林（羧苄青霉素、卡比西林）

【理化性质】 为耐酸、广谱青霉素，白色结晶性粉末，溶于水，应密封避光保存于冷暗处。

【药理作用】 抗菌作用、抗菌谱与氨苄西林相似，特点是对绿脓杆菌、变形杆菌和大肠杆菌有较好的抗菌作用，对耐青霉素的金黄色葡萄球菌无效。内服吸收少，半衰期短，不能用于治疗全身性感染，必须静脉注射给药。

【临床应用】 主要用于动物的绿脓杆菌全身性感染，通常与氨基糖苷类合用；也可用于变形杆菌和大肠杆菌的感染；内服给药仅用于绿脓杆菌性尿道感染。

【注意事项】 不能与氨基糖苷类混合注射，应分别注射给药。

【制剂、用法与用量】

注射用羧苄西林钠：肌内注射，一次量，马、牛、羊、猪 10~20mg/kg 体重，3 次/d，连用 2~3d。静脉注射，犬、猫 55~110mg/kg 体重，3 次/d，连用 2~3d。

(二) 头孢菌素类

头孢菌素类又称先锋霉素类，是从头孢菌的培养物中提取的头孢菌素 C 为原料，改造其侧链而成，为含有共同母核 7-氨基头孢烷酸（7-ACA）的一类半合成的广谱抗生素。根据抗菌谱，对 β-内酰胺酶的稳定性和对革兰阴性杆菌抗菌活性的差异可分四代。

(1) 第一代头孢菌素　抗菌谱同广谱青霉素，虽对青霉素酶稳定，但仍可被多数革兰阴性菌产生的 β-内酰胺酶所分解，因此主要用于革兰阳性菌（链球菌、产酶葡萄球菌等）和少数革兰阴性菌（大肠杆菌、嗜血杆菌、沙门菌等）的感染。常用的有头孢噻吩（先锋霉素Ⅰ）、头孢氨苄（先锋霉素Ⅳ）、头孢唑啉（先锋霉素Ⅴ）、头孢拉定（先锋霉素Ⅵ）等。

（2）第二代头孢菌素　对革兰阳性菌的抗菌活性与第一代相近或稍弱，但抗菌谱增广，能耐大多数 β -内酰胺酶，对革兰阴性菌的抗菌活性增强。常用的有头孢西丁、头孢孟多、头孢替安等。

（3）第三代头孢菌素　抗金黄色葡萄球菌等革兰阳性菌的活性不如第一、第二代，但耐 β -内酰胺酶的性能强，对革兰阴性菌的作用优于第二代，可有效地抑杀一些对第一、第二代耐药的革兰阴性菌。常用的有头孢噻肟、头孢曲松、头孢噻呋、头孢喹诺等，头孢噻呋、头孢喹诺为动物专用。

（4）第四代头孢菌素　20世纪90年代后新问世头孢菌素的统称。除具有第三代对革兰阴性菌有较强的抗菌谱外，对 β -内酰胺酶稳定，对金黄色葡萄球菌等革兰阳性球菌的抗菌活性增强。多数品种对绿脓杆菌有较强的作用。

本类抗生素具有抗菌谱广、杀菌力强、毒性小、过敏反应少、对胃酸和 β -内酰胺酶稳定等特点。对多数耐青霉素的细菌仍然敏感，但与青霉素之间存在部分交叉耐药性，与青霉素类、氨基糖苷类合用有协同作用。目前，医用头孢菌素类有30多种，但由于价格原因，动物临床应用较少，主要用于宠物和贵重的动物，常用的有头孢噻吩、头孢氨苄、头孢羟氨苄、头孢噻呋等少数品种。

头孢噻吩（头孢菌素Ⅰ、先锋霉素Ⅰ）

【理化性质】为半合成第一代注射用头孢菌素。其钠盐为白色或类白色结晶性粉末，无臭，易溶于水。

【药理作用】对革兰阳性菌活性较强，对革兰阴性菌相对较弱。对葡萄球菌产生的青霉素酶最为稳定。对大肠杆菌、沙门菌、肺炎杆菌、痢疾杆菌等革兰阴性菌呈中度敏感，而肠杆菌、绿脓杆菌等均高度耐药。口服吸收差，须注射给药。

【临床应用】主要用于耐药金黄色葡萄球菌及一些敏感革兰阴性菌所引起的呼吸道、泌尿道、软组织感染及牛乳腺炎和败血症等。

【药物相互作用】

（1）禁与庆大霉素、卡那霉素、土霉素、红霉素、氯化钙等药物配伍。

（2）与氨基糖苷类抗生素或呋塞米、依他尼酸等强效利尿药合用可能增加肾毒性。

（3）羧苯磺胺可降低头孢噻吩的肾清除率，使血药浓度升高。克拉维酸可使头孢噻吩对耐头孢噻吩的肺炎杆菌的抗菌活性增强。

【注意事项】

（1）对头孢菌素过敏的动物禁用，对青霉素过敏动物慎用。

（2）局部注射出现疼痛、硬块，故应做深部肌内注射。

（3）肝、肾功能减退的动物慎用。

【制剂、用法与用量】

注射用头孢噻吩钠：肌内、静脉注射，一次量，马 10~20mg/kg 体重，犬、猫 10~30mg/kg 体重，禽 100mg/只，3 次/d。

头孢氨苄（头孢菌素Ⅳ、先锋霉素Ⅳ）

【理化性质】 为半合成的内服头孢菌素类，白色或微黄色结晶性粉末，微臭，微溶于水。

【药理作用】 抗菌谱类似于头孢噻吩，但抗菌活性稍差。对金黄色葡萄球菌、溶血性链球菌、肺炎球菌、大肠杆菌、变形杆菌、肺炎杆菌、沙门菌、痢疾杆菌、嗜血杆菌等有抗菌作用；对绿脓杆菌无抗菌作用。

【临床应用】 用于敏感菌所致的呼吸道、泌尿道、皮肤和软组织感染。对重感染不宜应用。

【注意事项】

（1）可引起犬流涎、呼吸急促和兴奋不安及猫呕吐、体温升高等不良反应。

（2）对头孢菌素过敏动物禁用，对青霉素过敏动物慎用。

【制剂、用法与用量】

头孢氨苄片或胶囊：内服，一次量，马 20~30mg/kg 体重，犬、猫 20mg/kg 体重，2~3 次/d。

头孢羟氨苄

【理化性质】 为半合成的内服头孢菌素，白色或类白色结晶性粉末，微溶于水。

【药理作用】 内服后在胃酸中稳定，且吸收迅速，不受食物影响，从尿中大量排出。抗菌谱类似于头孢氨苄，但对沙门菌属、痢疾杆菌的作用比头孢氨苄弱。肠球菌属、肠杆菌属、绿脓杆菌等有耐药性。

【临床应用】 主要用于犬、猫的呼吸道、消化道、泌尿生殖道、皮肤和软组等部位的敏感菌感染。

【注意事项】 同头孢氨苄。

【制剂、用法与用量】

头孢羟氨苄片或胶囊：内服，一次量，犬、猫 10~20mg/kg 体重，1~2 次/d，连用 3~5d。

头孢噻呋

【理化性质】 为半合成的动物专用，白色至淡黄色粉末，不溶于水，其钠盐和盐酸盐易溶于水。

【药理作用】内服不吸收,肌内和皮下注射吸收迅速,血中和组织中药物浓度高,有效血药浓度维持时间长,消除缓慢,半衰期较长,注射后迅速吸收,主要从尿和粪便中排出。具有广谱杀菌作用,抗菌活性强,对革兰阳性菌、革兰阴性菌、包括产β-内酰胺酶菌均有效。敏感菌有巴氏杆菌、放线杆菌、嗜血杆菌、沙门菌、链球菌、葡萄球菌等。抗菌活性比氨苄青霉素强,对链球菌的活性也比喹诺酮类抗菌药强。

【临床应用】主要用于下列敏感菌引起的牛、马、猪、犬和1日龄雏鸡的疾病。

牛:主要用于溶血性巴氏杆菌、多杀性巴氏杆菌与嗜血杆菌引起的呼吸道疾病;对化脓杆菌等引起的呼吸道感染也有效;也可治疗坏死杆菌等引起的腐蹄病。

猪:用于胸膜肺炎放线杆菌、巴氏杆菌、沙门菌与猪链球菌引起的呼吸道病感染(猪细菌性肺炎)。

马:主要用于腺疫链球菌引起的呼吸道感染。对巴氏杆菌、马链球菌、变形杆菌等呼吸道感染也有效。

犬:用于大肠杆菌与变形杆菌引起的泌尿道感染。

1日龄雏鸡:防治与雏鸡早期死亡有关的大肠杆菌病。

【注意事项】

(1)马在应激条件下,应用可伴发急性腹泻,甚至死亡。一旦发生立即停药,并采取相应对症治疗措施。

(2)注射用头孢噻呋钠按规定剂量、疗程和给药途径应用,注意无宰前休药期和牛奶废弃期。盐酸头孢噻呋混悬注射液的休药期牛为2d。

(3)主要经肾排泄,对肾功能不全动物要注意调整剂量。

【制剂、用法与用量】

注射用头孢噻呋钠:肌内注射,一次量,牛1~2mg/kg体重,马2~4mg/kg体重,猪3~5mg/kg体重,犬2mg/kg体重,1日龄雏鸡0.08~0.20mg/只,1次/d,连用3d。

(三)β-内酰胺酶抑制剂

β-内酰胺酶抑制剂是一类能与革兰阳性菌、革兰阴性菌所产生的β-内酰胺酶结合而抑制β-内酰胺酶活力的β-内酰胺酶类药物。根据其作用方式,分为竞争性与非竞争性两类。目前临床上常用的克拉维酸和舒巴坦等,对葡萄球菌和多数革兰阳性菌产生的β-内酰胺酶均有作用。

克拉维酸(棒酸)

【理化性质】为棒状链霉菌产生的抗生素,其钾盐为无色针状结晶,易溶于水,水溶液极不稳定。

【药理作用】内服吸收好,也可肌内注射给药。可通过血-脑脊液屏障和胎盘屏障，尤其当有炎症时可促进扩散，在体内主要以原型从肾排出，部分也通过粪及呼吸道排出。因抗菌活性微弱，在临床上一般不单独使用，常与β-内酰胺类抗生素（阿莫西林、氨苄青霉素）以 1∶2 或 1∶4 的比例合用，以扩大不耐酶抗生素的抗菌谱，增强抗菌活性及克服细菌的耐药性。

【临床应用】 主要用于葡萄球菌、链球菌、化脓棒状杆菌、大肠杆菌、变形杆菌、沙门菌、巴氏杆菌及猪丹毒杆菌等引起的感染。

【制剂、用法与用量】

阿莫西林-克拉维酸钾片（0.125g 含 0.1g 阿莫西林，0.025g 克拉维酸）：内服，一次量，动物 10~15mg/kg 体重（以阿莫西林计），2 次/d，连用 5d。

（四）大环内酯类

大环内酯类是由链霉菌产生或半合成的一类弱碱性抗生素，主要对革兰阳性菌有较强的抗菌活性，也对少数敏感的革兰阴性菌及支原体等有良好的作用。仅作用于分裂活跃的细菌，属于生长期抑菌剂。临床常用药物有红霉素、泰乐菌素、螺旋霉素、北里霉素等。近年来，还开发出罗红霉素、阿奇霉素、克拉霉素等新品种。动物专用品种有泰乐菌素、替米考星。

红 霉 素

【理化性质】 为白色或类白色结晶或粉末，无臭，味苦，不溶于水，其乳糖酸盐或硫氰酸盐易溶于水。

【药理作用】 抗菌谱近似青霉素，对革兰阳性菌如金黄色葡萄球菌（包括耐青霉素菌株）、肺炎球菌、链球菌、炭疽杆菌、李斯特杆菌、腐败梭菌、气肿疽梭菌等均有较强的抗菌作用。敏感的革兰阴性菌有嗜血杆菌、脑膜炎球菌、布鲁菌、巴氏杆菌等，不敏感者大多为肠道杆菌如大肠杆菌、沙门菌等。此外，对弯杆菌、某些螺旋体、支原体、立克次体和衣原体等也有良好作用。大多数敏感细菌对红霉素易产生耐药性，使用疗程较长还可出现诱导性耐药，为避免耐药性的产生，可与链霉素、杆菌肽等配伍应用。红霉素在碱性溶液中抗菌作用强。

红霉素内服易被胃酸破坏，可用肠溶型红霉素或耐酸红霉素。红霉素能广泛分布到各种组织和体液中，在肝和胆汁中含量最高，主要经胆汁排泄，部分在肠道中重吸收，少量以原形药经尿排出。

【临床应用】 主要用于耐青霉素的金黄色葡萄球菌及链球菌所致的严重感染，如肺炎、子宫炎、乳腺炎、败血症等。也可配成软膏或眼膏用于皮肤和眼部感染。红霉素可作为青霉素过敏动物的替代药物。

【注意事项】

（1）对氯霉素类和林可霉素类的效应有拮抗作用，不宜同用。

（2）注射用红霉素局部刺激性较强，不宜做肌内注射。静脉注射的浓度过高或速度过快时，易发生局部疼痛和血栓性静脉炎。注射溶液的 pH 应维持在 5.5 以上。

（3）犬、猫内服可引起呕吐、腹痛、腹泻等症状，应慎用。

【制剂、用法与用量】

（1）红霉素片　内服，一次量，仔猪、犬、猫 10～20mg/kg 体重，1次/d，连用 3～5d。

（2）注射用乳糖酸红霉素　肌内、静脉注射，一次量，马、牛、羊、猪 3～5mg/kg 体重，犬、猫 5～10mg/kg 体重，2次/d，连用 3d。

泰 乐 菌 素

【理化性质】从链霉菌培养液中提取，为白色至浅黄色粉末，微溶于水。

【药理作用】抗菌作用、抗菌谱与红霉素相似。对革兰阳性菌的作用稍弱于红霉素，敏感菌有金黄色葡萄球菌、化脓链球菌、肺炎链球菌、化脓棒状杆菌等。对支原体有特效，是大环内酯类中抗支原体作用最强的药物之一，与红霉素有部分交叉耐药现象。内服易吸收，但血药浓度较低。肌内注射吸收迅速，吸收后体内广泛分布，注射给药的脏器浓度比内服高 2～3 倍。以原形药经尿和胆汁中排出。

【临床应用】主要用于防治猪、禽和其它动物的支原体感染，猪密螺旋体性痢疾，羊传染性胸膜肺炎，犬、猫支气管炎、胸膜肺炎、痢疾、肠炎、子宫内膜炎等。

【注意事项】

（1）水溶液遇铁、铜、铝、锡等离子可形成络合物而失效。

（2）蛋鸡产蛋期和奶牛泌乳期禁用。

【制剂、用法与用量】

（1）酒石酸泰乐菌素可溶性粉　混饮，禽 500mg/L 水，连用 3～5d。

（2）酒石酸泰乐菌素注射液　肌内注射，一次量，牛 10～20mg/kg 体重，猪 5～13mg/kg 体重，犬、猫 10mg/kg 体重，1～2次/d，连用 5～7d。

螺 旋 霉 素

【理化性质】从链丝菌的培养液中提取，为白色或淡黄色的结晶性粉末，其盐酸盐易溶于水。

【药理作用与临床应用】螺旋霉素的抗菌谱与红霉素相似，但效力较红霉素差，与红霉素、泰乐菌素之间有部分交叉耐药性。主要用于防治葡萄球菌感染和支原体病，如慢性呼吸道病、肺炎等。

【制剂、用法与用量】

（1）螺旋霉素片　内服，一次量，牛、马 8～20mg/kg 体重，猪、羊 20～100mg/kg 体重，禽 50～100mg/kg 体重，1次/d，连用 3～5d。

（2）注射用盐酸螺旋霉素　皮下、肌内注射，一次量，牛、马 4～10mg/kg

体重，猪、羊 10~50mg/kg 体重，禽 25~55mg/kg 体重，1 次/d，连用 3~5d。

(五) 林可胺类

林可胺类是从链霉菌发酵液中提取的一类碱性抗生素，虽然与大环内酯类和泰妙菌素在结构上有很大差异，但具有许多共同特性。如均是高脂溶性碱性化合物，能从肠道吸收，在动物体内分布广泛，对细胞穿透力强，还有共同的药物动力学特征。本类抗生素对革兰阳性菌和支原体有较强抗菌活性，对厌氧菌也有一定作用，但对大多数需氧革兰阴性菌耐药。本类药物包括林可霉素和克林霉素。

林可霉素（洁霉素）

【理化性质】由链霉菌培养液提取的一种林可胺类碱性抗生素，其盐酸盐为白色结晶性粉末，有微臭或特殊臭，味苦，易溶于水。

【药理作用】抗菌谱与大环内酯类相似。革兰阳性菌如金黄色葡萄球菌（包括耐青霉素菌株）、链球菌、肺炎球菌、炭疽杆菌、钩端螺旋体等均敏感。药物最大特点是对厌氧菌有良好抗菌活性，如破伤风梭菌、产气荚膜梭菌及大多数放线菌均对本类抗生素敏感。内服吸收差，可吸收 30%~40% 的投药量，食物可降低其吸收速度和吸收量。肌内注射后吸收迅速，短时间即可取得比内服高几倍的血药峰浓度。在体内分布较广，能透过胎盘，也能分布于乳汁中。主要在肝内代谢，经胆汁和粪便排泄，少量从尿中排泄。

【临床应用】主要用于革兰阳性菌引起的各种感染，如肺炎、支气管炎、败血症、骨髓炎、蜂窝织炎、化脓性关节炎和乳腺炎等。对猪的密螺旋体痢疾、支原体肺炎及鸡的气囊炎、梭菌性肠炎和牛的急性腐蹄病等也有防治作用。特别适用于耐青霉素、红霉素菌株的感染或对青霉素过敏的动物。

【药物相互作用】

(1) 与庆大霉素等联合对葡萄球菌、链球菌等革兰阳性菌呈协同作用。

(2) 药物具有神经肌肉阻断作用，与其它具有此种效应的药物如氨基糖苷类和多肽类等合用时应予注意。

(3) 林可霉素类与氯霉素类或红霉素合用有拮抗作用。禁与卡那霉素、新生霉素配伍。

【注意事项】

(1) 禁用于兔、仓鼠、马和反刍动物，因可发生严重的胃肠反应（腹泻等），甚至死亡；禁用于对本品过敏的动物或已感染念珠菌病的动物。

(2) 可排入乳汁中，对吮乳犬、猫有发生腹泻的可能。

(3) 犬、猫内服的不良反应为胃肠炎，犬偶发出血性腹泻。

(4) 肌内注射在注射局部引发疼痛。

(5) 快速静脉注射能引起血压升高和心肺功能停顿。

(6) 猪也可发生胃肠反应，大剂量给药，猪可出现皮肤红斑及肛门或阴道水肿。

【制剂、用法与用量】

（1）盐酸林可霉素片　内服，一次量，犬、猫 15～25mg/kg 体重，1～2 次/d，连用 3～5d。

（2）盐酸林可霉素注射液　肌内注射，一次量，猪、犬、猫 10mg/kg 体重，1～2 次/d，连用 3～5d。

克林霉素（氯洁霉素、氯林可霉素）

【理化性质】为林可霉素第 7 位羟基被氯离子取代而成的半合成化合物。常用其盐酸盐，为白色结晶性粉末，无臭，易溶于水。

【药理作用】抗菌谱同于林可霉素，但抗菌活性比林可霉素强 4～8 倍。对青霉素、林可霉素、四环素或红霉素有耐药性的细菌也有效。内服吸收快而完全，体内分布广泛，在骨、关节液、胆汁、胸腔积液、腹水、皮肤和心肌中取得治疗浓度，也易透入脓液。脑膜有炎症时在脑脊液中可达到 40% 的血浆浓度。可透过胎盘，能分布于乳汁中，其浓度相等于血浆浓度。主要从尿、粪中排泄。

【临床应用】同林可霉素。

【药物相互作用】同林可霉素。

【注意事项】禁用于食品动物，其它同林可霉素。

【制剂、用法与用量】

（1）盐酸克林霉素胶囊　内服，一次量，犬、猫 5～10mg/kg 体重，1～2 次/d，连用 3～5d。

（2）盐酸克林霉素注射液　肌内注射，一次量，犬、猫 5～10mg/kg 体重，1～2 次/d，连用 3～5d。

二、主要抗革兰阴性细菌的抗生素

（一）氨基糖苷类

氨基糖苷类药物的化学结构含有氨基糖分子和非糖部分的糖原结合而成的苷，所以称为氨基糖苷类抗生素。临床上常用的有链霉素、卡那霉素、庆大霉素、小诺霉素等。

本类药物的共同特征有：

（1）均为有机碱，常用制剂为硫酸盐，易溶于水，水溶液稳定，其碱性溶液的抗菌作用比酸性溶液强。

（2）抗菌谱广，对需氧革兰阴性杆菌及结核杆菌作用强大，对厌氧菌无效，对革兰阳性菌作用较弱，但金黄色葡萄球菌（包括耐药菌株）较敏感。

（3）对革兰阴性杆菌和阳性球菌存在明显的抗生素后效应。

(4) 作用机制主要为抑制菌体细胞蛋白质的合成。低浓度抑菌，高浓度杀菌，对静止期细菌的杀灭作用较强，属静止期杀菌剂。

(5) 内服给药难吸收，仅用于肠道感染；注射给药吸收良好，大部分以原形随尿排出，可用于全身感染。

(6) 细菌对本类药物有部分或完全交叉耐药性。

本类药物的毒副作用有：

(1) **肾毒性** 主要损害近曲小管上皮细胞，出现蛋白尿、管型尿、红细胞，严重时出现肾功能减退，其损害程度与剂量大小及疗程长短成正比。庆大霉素的发生率较高。由于氨基糖苷类主要从尿中排出，为避免药物积聚，损害肾小管，应给患畜足量饮水。肾脏损害常使血药浓度增高，易诱发耳毒性症状。

(2) **耳毒性** 可表现为前庭功能失调及耳蜗神经损害。两者可同时发生，也可出现其中的一种反应。但前者多见于链霉素、庆大霉素等，而后者多见于新霉素、卡那霉素、阿米卡星等。耳毒性的发生机制尚未完全阐明，多认为与内耳淋巴液中药物浓度持久升高，损害内耳柯蒂氏器的毛细胞有关。早期的变化可逆，超过一定程度则变化不可逆。猫对氨基糖苷类的前庭效应极为敏感。由于氨基糖苷类能透过胎盘，进入胎儿体内，故孕畜注射本类药物可能引起新生畜的听觉受损或产生肾毒性。对某些需有敏锐听觉的犬应慎用。

(3) **神经肌肉阻滞** 药物可抑制乙酰胆碱的释放，并与钙离子络合，促进神经肌肉接头的阻滞作用。其症状为心肌抑制和呼吸衰竭，以新毒素、链霉素和卡那霉素较多发生。可静脉注射新斯的明和钙剂对抗。

(4) **其它** 内服可能损害肠壁绒毛器官而影响肠道对脂肪、蛋白质、糖类、铁等的吸收。也可引起肠道菌群失调，发生厌氧菌或真菌的二重感染。动物中兔易发，禁用。皮肤黏膜感染时的局部应用易引起对该药的过敏反应和耐药菌的产生，应慎用。

链 霉 素

【理化性质】为放线菌属的灰链霉菌培养液中的提取物，常用其硫酸盐。为白色或类白色的粉末，无臭，味微苦，易溶于水，性质稳定。

【药理作用】为窄谱抗生素。对结核杆菌具有强大的抑菌或杀菌作用，对多种革兰阴性杆菌，如大肠杆菌、布鲁菌、巴氏杆菌、痢疾杆菌、沙门菌等有效，对钩端螺旋体也有效。对多数革兰阳性球菌的作用差。与青霉素合用具协同杀菌作用。

细菌接触后极易产生耐药性，速度比青霉素快，且呈跃进式。多数菌株对链霉素耐药后，常持久不变。链霉素和双氢链霉素间有完全交叉耐药性，与新霉素、卡那霉素仅有部分交叉耐药性。链霉素内服难吸收，在消化道中可保持高浓度，适用于治疗肠道感染。肌内注射吸收良好，约1h血药浓度达到高峰，有效血浓度维持6～12h，可治疗全身性感染。吸收后分布于体内各组织、脏器，主要存在于细胞外液，不易透入细胞内。肾浓度高，肺及肌肉含量较少，脑组织中几乎不能测出。可到达胆汁、胸腔积液、腹水及结核性脓腔和干酪样组织中，能透过胎盘屏障。主要经肾小球滤过由肾脏排泄，尿浓度高，故可治疗泌尿道感染。

【临床应用】 主要用于治疗各种敏感菌的急性感染，如结核病、布鲁菌病、放线菌病、钩端螺旋体病；大肠杆菌所引起的各种腹泻、乳腺炎、子宫内炎、败血症和膀胱炎等；巴氏杆菌所引起的牛出血性败血症、犊牛肺炎、猪肺疫、禽霍乱等；鸡传染性鼻炎等。

【药物相互作用】
（1）与其它氨基糖苷类同用或先后连续进行局部或全身应用，可能增加对耳、肾及神经肌肉接头等的毒性作用，使听力减退、肾功能降低及骨骼肌松弛、呼吸抑制等。后者可用抗胆碱酯酶药（新斯的明）、钙剂等进行解救。

（2）与多黏菌素类合用，或先后连续局部或全身应用，可能增加对肾和神经肌肉接头的毒性作用。

（3）与头孢菌素、右旋糖酐、强利尿药、红霉素等合用，可增强本类药物的耳毒性。

（4）与青霉素类或头孢菌素类合用有协同作用。

（5）在碱性环境中抗菌作用增强，与碱性药物（如碳酸氢钠、氨茶碱等）合用可增强抗菌效力，但毒性也增强。当pH超过8.4时抗菌作用反而减弱。

（6）Ca、Mg、Na、K等阳离子可抑制本类药物的抗菌活性。

（7）骨骼肌松弛药（如氯化琥珀胆碱）或具有此种作用的药物可增强本类药物的神经肌肉阻滞作用。

【注意事项】
（1）氨基糖苷类有交叉过敏现象，对氨基糖苷类过敏的动物禁用。

（2）患病动物出现脱水（可致血药浓度增高）或肾功能损害时慎用。

（3）治疗尿道感染时，宜同时内服碳酸氢钠，使尿液呈碱性。

（4）内服极少吸收，仅适用于肠道感染。

（5）猫极为敏感，常量即可引起恶心、呕吐、流涎及共济失调等。

（6）剂量过大可引起神经阻滞作用。犬、猫外科手术全身麻醉后，联合使用青霉素、链霉素预防感染时，常因全身麻醉剂和肌肉松弛剂对神经肌肉的较强阻滞作用而出现意外死亡。

（7）长期应用可引起肾脏损害。

【制剂、用法与用量】
注射用硫酸链霉素：肌内注射，一次量，猪、马、牛、羊、犬、猫5～10mg/kg体重，禽20～30mg/kg体重，2次/d，连用2～3d。内服，一次量，马驹、犊牛1g，仔猪、羔羊0.25～0.5g，2次/d，连用2～3d。

卡那霉素

【理化性质】 为卡那链霉菌培养液中提取物,有 A、B、C 三种组分,临床应用以卡那霉素 A 为主。常用其硫酸盐,为白色或类白色的粉末,无臭,易溶于水,水溶液较稳定。

【药理作用】 对大多数革兰阴性杆菌如大肠杆菌、变形杆菌、沙门菌等有强大的抗菌作用,对金黄色葡萄球菌和结核杆菌也有效,但绿脓杆菌等有耐药性。内服很少吸收,大部分以原形经粪便排出,故可用于消化道感染。肌内注射后吸收迅速,广泛分布于胸腔积液、腹水和实质器官中。主要通过肾小球过滤,以原形经尿中排出,尿中浓度高,适于治疗尿路感染。

【临床应用】 主要用于治疗敏感菌所引起的感染,内服用于肠道感染,特别是对大肠杆菌病有较好的疗效。肌内注射用于呼吸道和泌尿生殖道的感染,以及乳房炎、禽霍乱、猪支原体肺炎、猪传染性萎缩性鼻炎等。

【药物相互作用】 同链霉素。

【注意事项】 同链霉素。

【制剂、用法与用量】

注射用硫酸卡那霉素:肌内注射,一次量,猪、马、牛、羊 10mg/kg 体重,犬、猫 5mg/kg 体重,2 次/d,连用 2~3d。

庆大霉素

【理化性质】 为放线菌属小单胞菌培养液中的提取物,含 C_1、C_{1A} 及 C_2 三种成分的复合物,抗菌活性及毒性基本一致。常用其硫酸盐,为白色或类白色的粉末,无臭,易溶于水。

【药理作用】 对多种革兰阴性菌如绿脓杆菌、大肠杆菌、变形杆菌、巴氏杆菌、沙门菌等均有良好抗菌作用,其中以抗肠道菌和绿脓杆菌作用最为显著。在革兰阳性菌中,葡萄球菌(含耐药菌株)对本品高度敏感,比卡那霉素强 4 倍。多数链球菌、厌氧菌、结核杆菌、立克次体、真菌等对本品有耐药性。此外,对支原体也有一定作用。内服很少吸收,肌内注射后吸收迅速而完全。吸收后主要分布于细胞外液,存在于腹水、胸腔积液、支气管分泌物、胆汁、心包液、关节液、脓液中。在肝脏、淋巴结和肌肉组织中的浓度与血清中相近。主要从尿中排泄。

【临床应用】 主要用于敏感菌引起的败血症、泌尿生殖系统感染、呼吸道感染、胃肠道感染、乳腺炎及皮肤、软组织感染、烧伤感染等。内服不吸收,用于肠道感染。

【注意事项】

(1) 细菌对低于抑菌浓度的庆大霉素易产生耐药性,治疗可应用足够剂量或配合应用其它抗生素，避免局部用药等可减少或防止耐药性的产生。

（2）与地塞米松、普鲁卡因青霉素、三甲氧苄氨嘧啶合用，疗效明显增强。

（3）药物在碱性环境中抗菌作用较强，与碱性药（如碳酸氢钠、氨茶碱等）联用可增强抗菌效力，但毒性也相应增加。

（4）对肾脏有一定的肾毒性和听神经的损害。但只要按剂量用药还是安全的。

【制剂、用法与用量】

硫酸庆大霉素注射液：肌内注射，一次量，猪、马、牛、羊 2~4 mg/kg 体重，禽 5~7.5mg/kg 体重，犬、猫 3~5 mg/kg 体重，2 次/d，连用 2~3d。

阿米卡星（丁胺卡那霉素）

【理化性质】为卡那霉素的半合成衍生物，其硫酸盐为白色或类白色结晶粉末，无臭，无味，极易溶于水，性状稳定。

【药理作用】对多数细菌的作用略优于卡那霉素，与庆大霉素相似。当细菌对其它氨基糖苷类产生耐药性后，对本品仍敏感。如对庆大霉素、卡那霉素耐药的绿脓杆菌、大肠杆菌、变形杆菌等仍有效，对金黄色葡萄球菌效果也较好。内服很少吸收，吸收后主要分布于细胞外液，在胸腔积液、腹水、心包液、关节液和脓液、痰、支气管分泌物和胆汁中浓度高。在骨、心、胆囊和肺组织中可达治疗浓度，主要通过肾脏排泄。

【临床应用】主要用于犬大肠杆菌、变形杆菌引起的泌尿生殖道感染（如膀胱炎）及绿脓杆菌、大肠杆菌引起的皮肤和软组织感染。尤其适用于革兰阴性杆菌中对卡那霉素、庆大霉素或其它氨基糖苷类产生耐药性菌株所引起的感染。也可子宫灌注治疗大肠杆菌、绿脓杆菌引起的马子宫内膜炎、子宫炎和子宫蓄脓等。

【注意事项】

（1）与半合成青霉素类或头孢菌素类联合常有协同抗菌效应，如抗绿脓杆菌时可与羧苄青霉素联合；抗肺炎球菌可与头孢菌素类联合；抗大肠杆菌、金黄色葡萄球菌可与头孢噻肟联合。

（2）患病动物应足量饮水，以减少肾小管损害。

（3）其它见链霉素。

【制剂、用法与用量】

硫酸阿米卡星注射液：皮下、肌内注射，一次量，猪、马、牛、羊、犬、猫 5~10mg/kg 体重，2~3 次/d，连用 2~3d。

新 霉 素

【理化性质】为弗氏链霉菌培养液中的提取物，与卡那霉素结构相似，含有 A、B、C 三种成分，临床上常用 B、C，性质极稳定。常用其硫酸盐，白色或类白色的粉末，无臭，易溶于水。

【药理作用】抗菌谱与卡那霉素相似。对金黄色葡萄球菌、大肠杆菌、变形杆菌、沙门菌、布鲁菌等有良好抗菌作用；对链球菌、肺炎球菌、绿脓杆菌、巴氏杆菌及结核杆菌也有效。细菌对新霉素可产生耐药性，但较缓慢，且在链霉素、卡那霉素和庆大霉素间有部分或完全的交叉耐药性。新霉素内服难吸收，大部分以原形药从粪便排出，主要用于肠道感染。

【临床应用】主要用于肠道感染，局部应用对葡萄球菌和革兰阴性杆菌引起的皮肤、眼、耳感染及子宫内膜炎等也有良好疗效，也可用于治疗烧伤。

【注意事项】
(1) 与大环内酯类抗生素合用，可治疗革兰阳性菌所致的乳腺炎。与链霉素和卡那霉素类似可引起神经肌肉阻滞，其症状为心肌抑制和呼吸衰竭，可静脉注射新斯的明或钙剂对抗。
(2) 内服可影响维生素 A 或维生素 B_{12} 及洋地黄的吸收。
(3) 在本类药物中毒性最大，注射后可引起明显的肾毒性和耳毒性，已禁用。
(4) 其它同链霉素。

【制剂、用法与用量】
硫酸新霉素片：内服，一次量，猪、牛、羊 10mg/kg 体重，犬、猫 10~20mg/kg 体重，2 次/d，连用 3~5d。

（二）多肽类

多肽类抗生素是一类具多肽结构的化学物质，主要有多黏菌素、杆菌肽、维吉尼霉素和恩拉霉素等。多黏菌素是从多黏芽孢杆菌的培养液中提取的碱性多类化合物，有 A、B、C、D、E 五种成分。动物临床常用多黏菌素 B 和杆菌肽。

多黏菌素 B

【理化性质】为多黏芽孢杆菌的培养液中的取得物，常用其硫酸盐，为白色结晶性粉末，易溶于水。

【药理作用】主要对革兰阴性菌有强大的抗菌作用，敏感菌有绿脓杆菌、大肠杆菌、肺炎杆菌、沙门菌、痢疾杆菌、巴氏杆菌和弧菌等。本类药物为慢效杀菌剂，主要作用于细菌细胞膜而杀菌。细菌对本品不易产生耐药性，且与其它抗生素无交叉耐药现象，但本类药物之间有完全的交叉耐药性。内服很少吸收，可用于治疗肠道感染；注射后体内分布广，肝、肾中含量较高，主要经肾排泄。

【临床应用】主要用于治疗革兰阴性杆菌，特别是绿脓杆菌所致的肺、尿路、肠道、烧伤创面等感染和乳腺炎等。

【注意事项】

（1）与磺胺、甲氧苄啶和利福平合用均可增强对大肠杆菌、肺炎杆菌、绿脓杆菌等的抗菌作用。

（2）与肌松药和神经肌肉阻滞剂（如氨基糖苷类抗生素等）合用可能引起肌无力和呼吸暂停，一般不采用静脉注射。

（3）内服很少吸收，不用于全身感染。

（4）肾毒性明显，肾功能不全的动物应减量。

【制剂、用法与用量】

（1）硫酸多黏菌素 B 片　内服，一次量，犊牛、仔猪 1.5～5 mg/kg 体重，禽 3～8mg/kg 体重，犬、猫 2mg/kg 体重，2～3 次/d。

（2）硫酸多黏菌素注射液　肌内注射，一次量，犬、猫 1mg/kg 体重，2 次/d。牛乳管内注入，每一乳室 5～10mg，子宫内注入 10mg，2 次/d。

杆 菌 肽

【理化性质】 为地衣型芽孢杆菌培养液中的取得物，白色或淡黄色的粉末，无臭，味苦，易溶于水。

【药理作用】 抗菌谱与青霉素相似，对革兰阳性菌具高度抗菌活性，尤其对金黄色葡萄球菌和链球菌属作用强大；对某些螺旋体、放线菌属也有一定作用。对革兰阴性杆菌无效。主要抑制细菌细胞壁的合成，也能损伤细胞膜，使细菌胞内重要物质外流，属慢效杀菌剂。杆菌肽内服几乎不被吸收，肌内注射能吸收，主要由肾脏排泄。

【临床应用】 主要用于治疗动物的细菌性腹泻和猪的密螺旋体痢疾。局部外用于治疗敏感菌引起的皮肤损伤、软组织、眼、耳、口腔等部位感染。

【注意事项】

（1）与青霉素、链霉素、新霉素、多黏菌素、金霉素联用有协同抗菌作用；禁与喹乙醇、吉他霉素配伍。

（2）进入体内对肾脏有严重毒性，能引起肾衰竭，目前仅限于局部应用。

【制剂、用法与用量】

（1）杆菌肽软膏　局部涂擦，2 次/d，连用 3～5d。

（2）杆菌肽眼膏　点眼，2 次/d，连用 3～5d。

（3）杆菌肽锌预混剂　混饲，3 月龄以下犊牛 10～100g/t 饲料，3～6 月龄犊牛 4～40g/t 饲料，6 月龄以下猪 4～40g/t 饲料，16 周龄以下禽 4～40g/t 饲料（以杆菌肽计）。

三、广谱抗生素

（一）四环素类

四环素类是由链霉菌产生或经半合成制得的一类碱性广谱抗生素，具有相同母核的基本结构。一般分为天然四环素和半合成四环素两大类。前者包括土霉素、四环素、金霉素；后者包括多西环素（强力霉素）、米诺环素（二甲胺四环素）、美他环素（甲烯土霉素）等。动物临床常用的有土霉素、四环素、金霉素和多西环素。

本类药物为酸碱两性化合物，能与酸或碱结合成盐类，一般用其盐酸盐。其抗菌作用的强弱次序为米诺环素＞多西环素＞金霉素＞四环素＞土霉素。对革兰阳性菌的作用优于革兰阴性菌，但对革兰阳性菌的抗菌作用不如青霉素和头孢菌素，对革兰阴性菌的抗菌作用不如氨基糖苷类和氯霉素类。半合成四环素类对许多厌氧菌有良好作用，70%以上的厌氧菌对多西环素敏感。本类药物为快效抑菌药，在较高浓度时也有杀菌作用。天然四环素类抗生素之间有交叉耐药性，但与半合成四环素类抗生素之间的交叉耐药性不明显。

本类药物的不良反应主要有：

(1) 局部刺激作用 药物的盐酸盐水溶液有较强的刺激性，内服后可引起呕吐；肌内注射可引起注射部位疼痛、炎症和坏死；静脉注射可引起静脉炎和血栓。药物中除土霉素外，其它不宜肌内注射。静脉注射宜用稀溶液，缓慢滴注，以减轻局部反应。

(2) 肠道菌群紊乱 四环素较常见，轻者出现维生素缺乏症，重者造成二重感染。

(3) 影响牙和骨骼发育 四环素进入机体后与钙结合，随钙沉积在牙齿和骨骼中。

(4) 损害肝、肾 药物对肝、肾细胞有毒效应。过量四环素可致严重的肝损害，尤其患有肾衰竭的动物。

(5) 影响血液系统 可发生溶血性贫血及巨细胞减少、中性粒细胞减少或轻度白细胞减少、血小板减少及再生障碍性贫血，但发生率极低。

(6) 抗代谢作用 药物可引起氮血症，且可因类固醇类药物的存在而加剧，还可引起代谢性酸中毒及电解质失衡。

1. 天然四环素类

土 霉 素

【理化性质】为土壤链霉菌培养液中的提取物，为淡黄色至暗黄色的结晶性或无定形性粉末，无臭，在碱性溶液中易被破坏失效。微溶于水，其盐酸盐为黄色结晶性粉末，易溶于水。

【药理作用】为广谱抑菌剂，敏感菌包括肺炎球菌、链球菌、部分葡萄球菌、破伤风梭状芽孢菌、棒状杆菌等革兰阳性菌以及大肠杆菌、巴氏杆菌、沙门菌、布鲁菌、嗜血杆菌、肺炎杆菌和鼻疽杆菌等革兰阴性菌。对支原体、衣原体、立克次体、螺旋体等也有一定程度的抑制作用。

本品内服易吸收，但不完全。一次内服后，一般于 $2\sim4h$ 达血药峰值，如与乳制品及主含钙、镁、铅、铁等药物同服时，因形成不溶性络合物，影响吸收，且降低抗菌活性。肌内注射后泛分布于肝、肾、肺等器官和体液中，易渗入胸腔积液、腹水、胎盘及乳汁中，不易透过血－脑脊液屏障。在脑脊液中的浓度约为血药浓度的 10%～20%，脑膜发炎时可略高。主要以原形从尿中排出。一部分在肝脏胆汁中浓缩，排入肠内，部分再被吸收形成"肝肠循环"。

【临床应用】主要用于防治巴氏杆菌病、布鲁菌病、炭疽杆菌、大肠杆菌和沙门菌感染，急性呼吸道感染，马鼻疽、马腺疫和猪支原体肺炎等。对敏感菌所致泌尿系感染，宜同时服用维生素 C 酸化尿液。也常作饲料药物添加剂，不仅防治动物疾病，还可改善饲料的利用效率和促进增重。

【注意事项】

（1）成年反刍动物、马属动物和兔不宜内服土霉素，因易引起消化紊乱，导致减食、腹胀、下痢及 B 族维生素、维生素 K 缺乏等症状。长期应用可诱发耐药细菌和真菌的二重感染，严重者引起败血症而死亡。

（2）内服时避免与金属离子钙、镁、铝、锡、铁等的药物同用时，形成不溶性络合物，减少药物的吸收。

（3）土霉素属快效抑菌药，可干扰青霉素类对细菌繁殖期的杀菌作用，不宜同时应用。

（4）肝、肾功能严重不全的动物禁用。

【制剂、用法与用量】

（1）土霉素片　内服，一次量，猪、马驹、犊牛、羔 10～25mg/kg 体重，犬 15～50mg/kg 体重，禽 25～50mg/kg 体重，2～3 次/d，连用 3～5d。

（2）注射用盐酸土霉素　静脉、肌内注射，一次量，动物 5～10mg/kg 体重，2 次/d，连用 2～3d。

四　环　素

【理化性质】为链霉菌培养液中的提取物，常用其盐酸盐，为黄色结晶性粉末，无臭，味苦，易溶于水。

【药理作用】与土霉素相似，但对一般革兰阴性菌如大肠杆菌和变形杆菌的抑制作用较土霉素强。内服后血药浓度较土霉素略高，对组织的透过率也较强。

【临床应用】同土霉素。

【注意事项】同土霉素。

【制剂、用法与用量】

（1）四环素片　内服，一次量，猪、马驹、犊牛、羔 10～25mg/kg 体重，犬 15～50mg/kg 体重，禽 25～50mg/kg 体重，2～3 次/d，连用 3～5d。

（2）注射用盐酸四环素　静脉、肌内注射，一次量，动物 5～10mg/kg 体重，2次/d，连用2~3d。

金霉素

为链霉菌培养液中的提取物，常用盐酸盐，其水溶液在四环素类中最不稳定，在中性或碱性溶液中很快被破坏。抗菌作用同土霉素，因刺激性强现已不用于全身感染。多作为外用制剂和饲料药物添加剂的原料。盐酸金霉素眼膏可防治四环素类敏感菌引起的浅表眼部感染。规格为0.5%，涂入眼睑内，每2~4h一次。虽用于局部也可能使四环素类过敏动物发生过敏反应，并能促进耐药菌株的生长。

2. 半合成四环素类

多西环素（强力霉素、脱氧土霉素）

【理化性质】 由土霉素6位上的羟基脱氧而制成的半合成四环素类抗生素。其盐酸盐为淡黄色或黄色结晶性粉末，无臭，味苦，易溶于水，较土霉素、四环素稳定。

【药理作用】 抗菌谱基本同土霉素，抗菌活性强于土霉素和四环素几倍。内服后易于吸收，生物利用度高；且进食对其吸收影响比四环素、土霉素小。吸收后广泛分布于各组织、器官和体液中。因其有较高的脂溶性，较四环素或土霉素更易透入组织和体液，包括脑脊液、前列腺和眼内。排泄有独特性，主要以非活性形式沿胆汁途径排入粪便内排出，肾排泄占用药量的25%，肾功能不全动物可引起体内蓄积。

【临床应用】 同土霉素，尤其适用于肾功能不全的患病动物。主要用于治疗动物的支原体病、大肠杆菌病、沙门菌病和巴氏杆菌病等。

【注意事项】

（1）犬、猫内服常引起恶心、呕吐，进食后以缓和此种反应，对药物的吸收影响不大。

（2）其它同四环素类药物。

【制剂、用法与用量】

盐酸多西环素片：内服，一次量，猪、马驹、犊牛、羔3~5mg/kg体重，犬、猫5~10mg/kg体重，禽15~25mg/kg体重，1次/d，连用3~5d。

（二）氯霉素类

氯霉素类又称酰胺醇类抗生素，包括氯霉素、甲砜霉素和氟苯尼考，属广谱抗生素。氯霉素是从委内瑞拉链球菌培养液中提取获得，现已禁止使用。氟苯尼考为动物专用抗生素。

甲砜霉素（甲砜氯霉素、硫霉素）

【理化性质】 为人工合成的氯霉素类抗生素，为白色结晶性粉末，无臭，微溶于水。

【药理作用】为广谱抗菌剂,低浓度抑菌,高浓度杀菌。一般对革兰阴性菌作用比革兰阳性菌强。敏感菌有大肠杆菌、沙门菌、炭疽杆菌、肺炎球菌、链球菌、李斯特杆菌、葡萄球菌等;衣原体、钩端螺旋体、立克次氏体也敏感;对厌氧菌如破伤风梭状芽孢杆菌、产气荚膜杆菌、放线菌、乳酸杆菌等也有作用;但对绿脓杆菌、结核杆菌、病毒、真菌等无作用。内服后吸收迅速而完全,连续用药在体内无蓄积,体内广泛分布,因组织、器官内的含量较高,所以体内抗菌活性较强,主要由肾脏排泄。

【临床应用】主要用于防治动物的沙门菌、大肠杆菌及巴氏杆菌等引起的肠道、呼吸道和泌尿道感染,如仔猪副伤寒、仔猪黄痢、仔猪白痢、鸡白痢、鸡伤寒、牛巴杆菌病、禽霍乱等。外用治疗牛、羊腐蹄病、牛乳腺炎、子宫炎及细菌性眼炎。

【注意事项】
(1)抑制细菌蛋白质合成的抑菌剂,对青霉素类杀菌剂的杀菌效果有干扰作用,应避免两类药物同用。大环内酯类和林可霉素类抗生素可与本品发生拮抗作用,不宜联合应用。
(2)成年反刍动物内服本品无效,且能引起消化功能紊乱。其它动物长期应用也可能由于菌群失调引起维生素缺乏和二重感染。
(3)可引起动物贫血、白细胞和血小板减少等不良反应,严重者发展为粒细胞性白血病及再生障碍性贫血,应慎用。
(4)有较强的免疫抑制作用,对疫苗接种期间的动物或免疫功能严重缺损的动物禁用。
(5)肾功能不全的患病动物要减量或延长给药间期。

【制剂、用法与用量】
甲砜霉素片:内服,动物 5~10mg/kg 体重,2 次/d,连用 2~3d。

氟苯尼考(氟甲砜霉素)

【理化性质】为人工合成的甲砜霉素单氟衍生物,白色或类白色的结晶性粉末,无臭,微溶于水。

【药理作用】抗菌谱与抗菌活性略优于甲枫霉素,对多种革兰阳性菌和革兰阴性菌及支原体等均有作用。对耐甲砜霉素的大肠杆菌、沙门菌、肺炎杆菌也有效。内服和肌内注射吸收迅速,分布广泛,半衰期长,血药浓度高,能较长时间维持血药浓度,原形经肾排泄。

【临床应用】主要用于动物的细菌性疾病,如牛的呼吸道感染、乳房炎;猪的胸膜肺炎、黄痢、白痢;鸡的大肠杆菌病、巴氏杆菌病等。

【注意事项】不引起再生障碍性贫血,但不能用于哺乳期和妊娠的动物(有胚胎毒性)。其它同甲枫霉素。

【制剂、用法与用量】

氟苯尼考注射液：肌内注射，一次量，猪 20~30mg/kg 体重，牛 20mg/kg 体重，犬、猫 20~22mg/kg 体重，2 次/d，连用 3~5d。

任务三　化学合成抗菌药物

化学合成抗菌药物可分为喹诺酮类、磺胺类、硝基呋喃类、喹噁啉类、硝基咪唑类。

一、喹诺酮类

喹诺酮类是指一类用化学方法人工合成的具有 4-喹诺酮环结构的杀菌性抗菌药。目前应用于动物临床的是其第三代产品氟喹诺酮类，广泛地应用于动物的细菌、支原体疾病的防治，已投入使用动物领域的药物有 10 多种。

【分类】 本类药物按问世先后及抗菌性能分为三代。

（1）第一代喹诺酮类药（1962—1969 年）　主要为萘啶酸，抗菌谱窄，仅对部分革兰阴性杆菌，如大肠杆菌、沙门菌、痢疾杆菌、肺炎杆菌、变形杆菌有弱抗菌作用，而对绿脓杆菌、葡萄球菌均无效。内服吸收差，不良反应多，目前已趋淘汰。

（2）第二代喹诺酮类药（1970—1977 年）　主要有吡哌酸和氟甲喹等，抗菌谱扩大，对大部分革兰阴性菌包括绿脓杆菌和部分革兰阳性菌具有较强的抗菌活性，对支原体也有一定作用。内服后可少量吸收，不良反应明显减少，多用于泌尿道和肠道感染。

（3）第三代喹诺酮类药（1978—2008 年）　主要是从人用移植转化而来，如诺氟沙星、环丙沙星、氧氟沙星、培氟沙星、洛美沙星等。一部分是动物专用，如恩诺沙星、奥比沙星、达诺沙星、马波沙星等。与第一、二代喹诺酮类相比，第三代氟喹诺酮类抗菌谱（G^+ 和 G^- 菌）明显扩大，抗菌活性明显增强，尤其是对包括绿脓杆菌在内的革兰阴性菌，不仅明显地强于第一、第二代喹诺酮类，且强于四环素、强力霉素、氨苄西林、羧苄青霉素、卡那霉素和庆大霉素，可与第三代头孢菌素相匹敌。对支原体、胸膜肺炎放线杆菌也有明显作用。

【共同特点】

（1）抗菌谱广、杀菌力强　药物对革兰阳性菌、革兰阴性菌、衣原体、支原体等均有效。如革兰阴性菌中的大肠杆菌、沙门菌、嗜血杆菌、巴氏杆菌、绿脓杆菌及革兰阳性菌中的金黄色葡萄球菌、链球菌均有强大的杀灭作用。理想的杀菌浓度为 0.1~10μg/mL。

（2）动力学性质优良　大多数内服、注射均易吸收，体内分布广泛。给药后除中枢神经系统外，大多数组织中的药物浓度高于血清药物浓度，也能渗入脑和乳汁中，对全身感染和深部感染均有治疗作用。

（3）作用机制独特　与其它药物不同，抑制细菌的 DNA 合成酶之一的回旋酶，造成细菌染色体的不可逆损害而呈现选择性杀菌作用。与其它抗菌药物无交叉耐药性，如对磺胺与三甲氧苄氨嘧啶复方制剂耐药的细菌、对庆大霉素耐药的绿脓杆菌、对泰乐菌素耐药的支原体仍有效。但应注意本类药物之间存在交叉耐药性。

（4）使用方便　供临床应用的有散剂、口服液、可溶性粉、片剂、胶囊、注射剂等多种剂型。

（5）毒性较小　治疗剂量无致畸或致突变作用，临床使用安全。

【药物相互作用】

（1）药物与含阳离子（Al^{3+}、Mg^{2+}、Ca^{2+}、Fe^{2+}、Zn^{2+}）的药物同时内服时，可发生螯合作用而减少吸收，使血药浓度下降，从而减弱或失去抗菌活性。

（2）利福平（RNA 合成抑制药）和甲砜霉素、氟苯尼考（蛋白质合成抑制剂）均可使本类药物的抗菌作用降低，有的甚至完全消失（如萘啶酸、诺氟沙星）。

（3）药物能抑制氨茶碱和咖啡因的代谢，与它们联合应用时可使氨茶碱和咖啡因的血药浓度升高。

（4）羧苯磺胺能通过阻断肾小管分泌而与某些喹诺酮类药物发生相互作用，延迟后者的消除。

（5）药物与杀菌性抗菌药物及 TMP 在治疗特定细菌感染方面有协同作用，如环丙沙星与青霉素合用对金黄色葡萄球菌表现为协同作用；与氨基糖苷类合用对大肠杆菌有协同作用；与卡那霉素联用，对绿脓杆菌的作用增强，但应注意肾毒性。

（6）可与磺胺类药联合应用，如环丙沙星与磺胺二甲嘧啶合用对大肠杆菌和金黄色葡萄球菌的杀灭有相加作用。但注意毒性作用也可增加。

（7）可与四环素类药物配伍使用，如氟哌酸与多西环素的复方制剂可有效防治包括呼吸道在内的混合感染。

【不良反应】

（1）骨关节损害　对负重关节的软骨组织生长有不良影响，导致疼痛和跛行，禁用于幼龄和妊娠动物（尤其是幼犬）。

（2）泌尿道反应　在尿中可形成结晶，损伤尿道，尤其是剂量过大或饮水不足时更易发生，肉食动物和肾功能不全的动物易发生。

（3）胃肠道反应　剂量过大，导致动物食欲下降或废绝、饮欲增加、腹泻等。

（4）中枢神经系统反应　犬、猫出现兴奋不安，偶可诱发癫痫，雏鸡出现强直和痉挛。

(5) 肝细胞损害　环丙沙星尤为明显。

(6) 皮肤反应　出现红斑、痛痒、荨麻疹及光敏反应等。

【注意事项】

(1) 药物的抗菌谱广，主要用于支原体病及敏感菌引起的呼吸道、消化道、泌尿生殖道感染及败血症等。尤其适用于细菌或细菌与支原体混合感染，也可用于控制病毒性疾病的继发细菌感染。除支原体、大肠杆菌引起的感染外，一般不宜作其它单一病原菌感染的首选药物。

(2) 药物之间的体外抗菌作用比较，以达诺沙星、环丙沙星、恩诺沙星、马波沙星最强，沙拉沙星次之，氧氟沙星（对某些支原体很强）、洛美沙星、诺氟沙星、培氟沙星稍弱。从动力学性质看，氧氟沙星内服吸收最好。达诺沙星给药后肺部浓度高，适于呼吸道感染。沙拉沙星内服后肠道浓度较高，适于肠道的细菌感染。马波沙星适于皮肤感染及泌尿道感染。

(3) 为杀菌药物，主要用于治疗，一般不宜作其它细菌性病的预防用药。

(4) 安全范围广，治疗量的数倍用量一般无明显毒副作用。但近年来本类药的用量有不断加大的趋势。

(5) 一般不易产生耐药性，发生耐药性的频率低。但近年已有耐药性报道，且耐药菌株有逐年增加的趋势。故临床应根据药敏试验合理选用，不可滥用。

恩诺沙星（乙基环丙沙星）

【理化性质】为微黄色或淡橙黄色结晶性粉末，无臭，味微苦，微溶于水。

【药理作用】为动物专用的广谱杀菌药，对多种革兰阴性杆菌和球菌有良好抗菌作用，包括绿脓杆菌、大肠杆菌、沙门菌、痢疾杆菌、嗜血杆菌、巴氏杆菌、布鲁菌、葡萄球菌等；对支原体和衣原体也有效，对大多数厌氧菌作用微弱，对静止期和生长期的细菌均有效。其杀菌活性依赖于浓度，敏感菌接触后迅速死亡。抗菌作用强，对增效磺胺耐药菌、庆大霉素耐药绿脓杆菌、青霉素耐药金黄色葡萄球菌及泰乐菌素或泰妙菌素耐药支原体均有良效。

内服或肌内注射后吸收迅速，在体内广泛分布，除脑和皮肤外，所有组织的药物浓度均高于血药浓度，以胆汁、肾、肝、肺和生殖系统（包括前列腺）的浓度最高。在骨、关节液、肌肉、眼房水和胸水中也取得治疗浓度。胃内食物可延缓吸收率，但不影响吸收量。经肾和非肾途径消除。

【临床应用】主要用于治疗牛的大肠杆菌病、溶血性巴氏杆菌、牛支原体引起的呼吸道感染、犊牛沙门菌感染、乳腺炎等；猪的链球菌病、溶血性大肠杆菌肠毒血病（水肿病）、沙门菌病、支原体肺炎、胸膜肺炎、乳腺炎-子宫炎-无乳综合征及仔猪白痢和黄痢等；犬、猫的细菌或支原体引起的呼吸、消化、泌尿生殖等系统及皮肤的感染。对外耳炎、子宫蓄脓、脓皮病等配合局部处理也有效；禽的沙门菌、大肠杆菌、嗜血杆菌、葡萄球菌、链球菌及各种支原体所引起的感染。

【制剂、用法与用量】

恩诺沙星注射液：肌内注射，牛、羊、猪2.5mg/kg体重，犬、猫、兔、禽2.5~5mg/kg，1~2次/d，连用2~3d。

二 氟 沙 星

【理化性质】 为白色或类白色粉末，无臭，味苦，不溶于水。常用其盐酸盐，能溶于水。

【药理作用】 为动物专用氟喹诺酮类药，抗菌谱与恩诺沙星相似，抗菌活性略低。对多种革兰阴性菌及革兰阳性菌、支原体等均有良好抗菌活性，尤其对金黄色葡萄球菌抗菌活性较强。绿脓杆菌和大多数肠球菌有耐药，敏感菌可产生耐药性。对大多数厌氧菌作用微弱。经肾排泄，尿中浓度高。

【临床应用】 主要用于治疗犬和鸡的敏感菌感染，也可治疗猪接触性传染性胸膜肺炎、猪肺疫和猪气喘病等。

【制剂、用法与用量】

盐酸二氟沙星片：内服，一次量，犬5~10mg/kg体重，猪5mg/kg体重，鸡10mg/kg体重，1次/d，连用3~5d。

诺氟沙星（氟哌酸）

【理化性质】 为类白色或淡黄色的结晶性粉末，无臭，味微苦，微溶于水。

【药理作用】 抗菌谱广，抗菌活性强。对革兰阴性菌如大肠杆菌、沙门菌、肺炎杆菌、绿脓杆菌的杀菌作用强于其它类抗革兰阴性菌药物。对金黄色葡萄球菌的作用也比庆大霉素强。内服及肌内注射后吸收迅速而完全，分布广泛，主要通过肾由尿中排泄。

【临床应用】 主要用于治疗敏感菌引起猪、鸡肠道和泌尿道感染，如仔猪黄痢、仔猪白痢及鸡的大肠杆菌病、鸡白痢。外用可治疗皮肤、创伤及眼部敏感菌感染等。

【制剂、用法与用量】

（1）烟酸诺氟沙星粉　内服，一次量，仔猪、禽10mg/kg体重，犬、猫5~10mg/kg体重，2次/d，连用3~5d。

（2）烟酸诺氟沙星注射液　肌内注射，一次量，猪10mg/kg体重，犬、猫5mg/kg体重，2次/d，连用3~5d。

环丙沙星

【理化性质】 为类白色或微黄色结晶性粉末，无臭，味苦。常用其盐酸盐、乳酸盐，为淡黄色结晶性粉末，易溶于水。

【药理作用】 抗菌谱广，杀菌力强，作用迅速，对革兰阴性菌、支原体的活性很高。内服吸收迅速但不完全，生物利用度明显低于恩诺沙星。广泛分布于所有组织和体液中，且组织中药物浓度高于血药浓度，有利于治疗体内器官及深部组织感染。主要在肝中代谢，通过尿、粪和胆汁排泄。

【临床应用】 主要用于治疗动物的细菌或支原体引起的呼吸、消化、泌尿生殖等系统及皮肤的感染。

【制剂、用法与用量】

乳酸环丙沙星注射液：静脉、肌内注射，一次量，猪、马、牛、羊 2.5mg/kg 体重，禽、犬、猫 5mg/kg 体重，2 次/d，连用 3d。

马波沙星

【理化性质】 为黄色或淡黄色粉末，溶于水。

【药理作用】 抗菌谱广，抗菌活性强。对多数革兰阴性菌、革兰阳性菌和支原体有效。对耐红霉素、林可霉素、多西环素、磺胺药的病原菌仍然有效。内服、注射后均吸收迅速且完全，组织分布广泛，在肾、肝、肺及皮肤中分布多，其血浆和组织中浓度高，主要经肾脏排泄。

【临床应用】 主要用于治疗敏感菌所引起的牛、猪、犬、猫的呼吸道、消化道、泌尿道及皮肤等感染。对牛、羊乳腺炎及猪乳腺炎－子宫炎－无乳综合征也有疗效。

【制剂、用法与用量】

马波沙星注射液：肌内注射，一次量，猪、马、牛、羊 1~2mg/kg 体重，禽、犬、猫 2mg/kg 体重，1 次/d，连用 3d。

达氟沙星（达诺沙星、单诺沙星）

【理化性质】 为动物专用，常用甲磺酸盐，为白色至淡黄色结晶性粉末，无臭，味苦，易溶于水。

【药理作用】 为动物专用的新型广谱高效杀菌药物，抗菌谱与恩诺沙星相似，而抗菌活性较恩诺沙星强约 2 倍。内服、肌内或皮下注射，吸收迅速而完全，生物利用度高，体内分布广泛，尤其在肺部的浓度是血浆浓度的 5~7 倍，主要通过肾脏排泄。

【临床应用】 主要用于治疗牛巴氏杆菌病、猪传染性胸膜肺炎、支原体性肺炎、禽大肠杆菌病、禽巴氏杆菌病、鸡慢性呼吸道病和葡萄球菌病等。

【制剂、用法与用量】

甲磺酸达氟沙星注射液：肌内注射，一次量，牛、猪 1.25～2.5mg/kg 体重，1 次/d。

培氟沙星

【理化性质】常用甲磺酸盐，为白色或微黄色粉末，易溶于水。

【药理作用】抗菌谱、抗菌活性与诺氟沙星相似，内服吸收良好，生物利用度优于诺氟沙星，心肌浓度是血药浓度的 1～4 倍，较易通过血－脑脊液屏障。

【临床应用】主要用于敏感菌引起的呼吸道感染、肠道感染、脑膜炎、心内膜炎、败血症、猪肺疫、禽霍乱、禽伤寒、副伤寒及动物支原体病。

【制剂、用法与用量】

甲磺酸培氟沙星注射液：肌内注射，一次量，禽、猪 2.5～5mg/kg 体重，2 次/d。

氧氟沙星

【理化性质】为黄色或灰黄色结晶性粉末，微溶于水。

【药理作用】对多数革兰阴性菌和革兰阳性菌、某些厌氧菌和支原体有抗菌活性，对庆大霉素耐药的绿脓杆菌和氯霉素类耐药的大肠杆菌、伤寒杆菌、痢疾杆菌等均有良好的抗菌作用。抗菌活性优于诺氟沙星，内服吸收良好，生物利用度高。

【临床应用】主要用于治疗支原体和支原体与细菌混合感染，治疗敏感菌引起的呼吸道、泌尿道、肠道感染和皮肤、软组织感染等。

【制剂、用法与用量】

氧氟沙星注射液：静脉、肌内注射，一次量，动物 3～5mg/kg 体重，2 次/d，连用 3～5d。

二、磺胺类

【来源】磺胺类药物是一类化学合成的抗微生物药。具有抗菌谱广、疗效确实、性质稳定、价格低廉、使用方便、工艺简单、便于大量化学合成等优点，特别是 1969 年，发现甲氧苄啶和二甲氧苄啶等抗菌增效剂，与磺胺类药物合用提高了临床疗效，更开拓了磺胺类药物发展应用的前景。因对革兰阳性菌和革兰阴性菌都有抑制作用，且对球虫也有效，现在磺胺类药仍然是广泛应用于动物临床的重要化学治疗药物。

【性状】一般为白色或淡黄色结晶性粉末，难溶于水（磺胺醋酰胺除外），具有酸碱两性。在强酸或强碱溶液中易溶，均能形成相应的盐。其钠盐的水溶性较其母体化合物大，制剂多用。各种药物之间具有独立溶解性规律，即一种药物的浓度不影响另一种药物的溶解度。

【构效关系】磺胺类药物是对氨基苯磺酰胺（简称磺胺）的衍生物，磺胺分子中含一个苯环、一个对氨基和一个磺酰胺基（R_1—HN—⟨⟩—SO_2NH—R_2）。R代表不同的基团，由于引入的基团不同，因此合成了一系列的磺胺类药物。它们的抗菌作用与化学结构之间的关系是：

(1) 磺酰胺基上一个氢原子（R_1）被杂环基团取代，可得到一系列内服易吸收、增效作用尤为显著的多种磺胺，用于防治全身性感染。如磺胺噻唑（ST）、磺胺嘧啶（SD）等。

(2) 磺酰胺基对位的氨基是抗菌活性的必需基团，如氨基上的氢被酰胺化，则失去抗菌活性。如琥珀酰磺胺噻唑，在体外无抗菌作用，内服后在肠道内分解出具有游离氨基的磺胺噻唑，才能呈现抑菌作用，用于肠道感染。

(3) 对位上的氨基一个氢原子被其他基团取代，可得到内服难吸收、主要用于肠道感染的磺胺，如酞磺胺噻唑等在肠道内水解，使氨基游离后，才能发挥抑菌作。

【分类】临床上常用的磺胺类药物，根据其吸收情况和应用部位可分为肠道易吸收、肠道难吸收和外用三类。

(1) 肠道易吸收的磺胺药 氨苯磺胺（SN）、磺胺噻唑（ST）、磺胺嘧啶（SD）、磺胺喹𫫇啉（SQ）、磺胺二甲嘧啶（SM_2）、磺胺异𫫇唑（SIZ）、磺胺甲𫫇唑（SMZ）、磺胺间甲氧嘧啶（SMM）、磺胺对甲氧嘧啶（SMD）、磺胺二甲氧嘧啶（SDM）、周效磺胺（SDM′）等。

(2) 肠道难吸收的磺胺药 磺胺脒（SG）、琥磺噻唑（PST）、磺胺噻唑（PST）等。

(3) 外用磺胺药 磺胺醋酰钠（SA-Na）、磺胺嘧啶银（烧伤宁、SD-Ag）等。

【抗菌作用】本类药物抗菌谱较广，能抑制大多数革兰阳性菌及革兰阴性菌。主要是抑制细菌繁殖，一般无杀菌作用。对其高度敏感的细菌有溶血性链球菌、肺炎球菌、沙门菌、化脓杆菌等。中度敏感菌如葡萄球菌、大肠杆菌、巴氏杆菌、布鲁菌、肺炎杆菌、痢疾杆菌、李斯特杆菌等。某些放线菌对磺胺药也敏感。对少数真菌如组织胞浆菌、奴卡氏菌及衣原体也有抑制作用。有些药物还能选择性地抑制某些原虫，如磺胺喹𫫇啉、磺胺二甲氧嘧啶用于治疗球虫病。但对螺旋体、结核杆菌完全无效，对立克次体，不但不能抑制反而刺激其生长。不同磺胺药对病原菌的抑菌作用存在着差异，抗菌活性大小为：SMM > SMZ > SIZ > SD > SDM > SMD > SM_2 > SDM′ > SN。

【抗菌机制】磺胺类药物是通过抑制叶酸合成而抑制细菌的生长繁殖。对该药敏感的细菌不能直接摄取环境中的叶酸，必须利用对氨基苯甲酸（PABA），在菌体内二氢叶酸合成酶的参与下，与二氢喋啶一起合成二氢叶酸，再经二氢叶酸还原酶的作用还原为四氢叶酸，进一步与嘌呤、嘧啶等其它物质一起合成核酸。本类药物化学结构与PABA相似，二者竞争二氢叶酸合成酶，当磺胺类药物浓度较高（大于PABA5000～25000倍时）就能与细菌体内的二氢叶酸合成酶结合，抑制酶的活力，使二氢叶酸的合成受阻，不能进一步形成四氢叶酸及活化型四氢叶酸，从而影响腺苷酸及嘌呤等重要代谢物质的合成，引起DNA代谢障碍，使细菌的生长繁殖受到抑制而出现抑菌作用，所以使用此类药物时应有足够剂量和疗程，第一次用倍量。动物机体由于能直接利用食物中的叶酸，不需自身合成叶酸，故其代谢不受磺胺药干扰。对磺胺药不敏感的细菌，可能由于代谢过程中不需叶酸或能直接利用外源性叶酸进行繁殖。脓液、坏死组织中含有大量PABA，可减弱磺胺类的抗菌作用，对局部感染用药时应注意排脓清创。

【耐药性】对磺胺敏感的细菌，无论在体内或体外均能获得耐药性。如治疗疾病时用药量不足，就会使细菌在体内获得耐药性。细菌对各磺胺药具有交叉耐药性，但耐磺胺药的细菌对其他抗菌药物依旧敏感。最易产生耐药性的是葡萄球菌，其次为肺炎球菌、链球菌、痢疾杆菌、大肠杆菌，产生原因是细菌改变了代谢途径如产生较多的PABA或二氢叶酸合成酶，或直接利用外源性叶酸，肠道菌还可通过耐药因子的转移而传播耐药性。

【药动学】

（1）吸收　主要用于全身感染的药物，内服后迅速在小肠上段吸收；用于肠感染的药物难于吸收，在小肠下段及结肠形成高浓度而发挥肠内抑菌作用。各种药物的吸收率常因药物和动物种类不同而有差异，对多种动物的平均吸收率顺序为 $SM_2>SDM>SN>SMP>SD>ST$；禽＞犬＞猪＞马＞羊＞牛。药物在血液中浓度达到峰值一般肉食动物内服后3～4h，草食动物为4～6h，反刍动物为12～24h。磺胺注射剂在肌内注射、腹腔注射时迅速吸收，乳腺注入时，数小时后药物成分90%以上进入到血液循环。

（2）分布　吸收入血后分布于全身组织、体液，以肝、肾、尿中含量最高。磺胺类在血中一部分呈游离型，另一部分与血浆蛋白结合后成为结合型磺胺，结合型磺胺是药物在血浆内的一种贮存形式，不能透过血管壁及各种屏障，不能渗入组织、体液，并暂时失去抗菌作用。但这种结合很疏松，可渐渐分离出来而继续发挥抗菌作用。各种磺胺药与动物血浆蛋白结合率并不相同。一般来说，与血浆蛋白结合率较高的磺胺药排泄较慢，血中有效浓度维持时间也长。其中SD与血浆蛋白的结合率很低，因而进入脑脊液浓度高，为脑部细菌感染的首选药。

（3）代谢　磺胺类药物在多种组织中进行不同程度的代谢变化，主要在肝脏中代谢，方式是在对氨基（R_1）处发生乙酰化，磺胺类药物的乙酰化程度不一。磺胺类药物的乙酰化对机体是不利的，因为乙酰化产物无抗菌作用且仍保持原有磺胺药的毒性。乙酰化程度多与时间呈正比，药物在体内停留时间越长，乙酰化产物越多。

(4) 排泄　用于肠道感染的磺胺难以吸收，主要随粪便排出；用于全身感染的磺胺，口服量的73%~85%由尿排出。磺胺类药物在尿中的排泄速度决定于肾小管的重吸收率，重吸收低者排泄快、半衰期短。当肾功能不全时，磺胺类药物排泄减慢，半衰期延长。在肝内乙酰化率低者多以原形随尿排泄，故对泌尿系统感染的疗效较高，特别是磺胺异噁唑（SIZ）不但乙酰率低，而且排泄较快，在尿中原形药物浓度高，是治疗泌尿系统感染的首选药物。

【不良反应】磺胺类药物的不良反应一般不太严重，主要表现为急性和慢性中毒两类。

(1) 急性中毒　多见于静脉注射磺胺类钠盐时，速度过快或剂量过大，内服剂量过大时也会发生。主要表现为神经兴奋、共济失调、肌无力、呕吐、昏迷、畏食和腹泻等症状。

(2) 慢性中毒　多见于剂量较大或连续用药超1周以上。主要症状有泌尿系统损伤，如结晶尿、蛋白尿、血尿、尿少甚至闭尿、肾水肿等；消化系统障碍，如食欲减退、呕吐、腹泻、腹痛、肠炎等；造血功能破坏，如粒细胞、血小板减少，溶血性贫血和凝血时间延长；幼畜或雏禽免疫系统抑制，如免疫器官出血及萎缩；影响产蛋，如产蛋量下降，蛋破损率和软壳率增加；过敏反应，如药物热、荨麻疹等。

轻度不良反应停药后可自行恢复，严重不良反应除停药外，应供给充足的饮水，可在饮水中加0.5%~1%碳酸氢钠或5%葡萄糖注射液，也可静脉注射补液和静脉注射碳酸氢钠综合治疗，重者肌内注射维生素B_{12} 1~2mg或叶酸50~100mg。

【药物相互作用】

(1) 局部麻醉药、对氨基水杨酸和叶酸可拮抗磺胺类药物的抗菌活性。

(2) 氨茶碱与本类药物竞争蛋白结合位点，两药合用时使氨茶碱血药浓度升高，应注意调整剂量。

(3) 减少青霉素类抗生素的排泄，避免与青霉素类药物同时使用，以免干扰青霉素的杀菌作用。

(4) 药物之间配伍使用可使药效相加而提高疗效。与抗菌增效剂合用，抗菌作用增强。

(5) 液体型药物不能与酸性药物如维生素C、麻黄碱、氯化钙、四环素、青霉素等配伍，否则析出沉淀；固体型药物与氯化钙、氯化铵合用会增加对泌尿系统的毒性，并禁与5%碳酸氢钠合用。

(6) 磺胺嘧啶钠注射液除可与复方氯化钠注射液、20%甘露醇、硫酸镁注射液配伍外，与多种药物均为配伍禁忌。

【应用注意】

(1) 首次剂量加倍,并要有足够的剂量和疗程(一般应连用3~5d)。急性或严重感染时,为使血中迅速达到有效浓度,宜选用本类药物的钠盐注射液。但因其碱性强,宜深层肌内注射或缓慢静脉注射。

(2) 因脓汁与坏死组织中含大量PABA,可减弱磺胺类药的抗菌作用,故对局部感染应注意排脓清创。局麻药如普鲁卡因、丁卡因等在体内能分解产生PABA,也可使磺胺类药的疗效降低。

(3) 药物易引起肠道菌群失调,使B族维生素、维生素K合成和吸收减少,应适当给予补充。

(4) 动物用药时,应增加饮水并给予等量碳酸氢钠,以减少磺胺乙酰化后结晶析出和促进排泄。

(5) 静脉注射时需用生理盐水稀释,若用葡萄糖液易析出结晶。

(6) 在疫苗接种前后禁用,以免影响疫苗的主动免疫作用。

(7) 注意适应证,肾功能不全、严重溶血性贫血、全身酸中毒时禁用。

磺胺嘧啶(SD)

【理化性质】 为白色或类白色的结晶或粉末,无臭、无味,不溶于水。

【药理作用】 广谱抑菌剂,为磺胺药中抗菌作用较强的一种。对溶血性链球菌、肺炎双球菌、沙门菌、大肠杆菌等作用较强,对葡萄球菌作用稍差。内服易吸收,可分布于动物全身组织和体液中,以血液、肝、肾含量较高,神经、肌肉及脂肪中含量较低。易通过血-脑脊液屏障,能进入脑脊液中达到较高的药物浓度。主要由肾排泄,排泄较缓慢,也有少量经乳汁、消化液和其它分泌液排泄。

【临床应用】 主要用于治疗动物敏感菌的全身感染,为脑部细菌感染的首选药。可用于巴氏杆菌病、乳腺炎、子宫炎、腹膜炎、败血症,还可治疗弓形体病等。

【制剂、用法与用量】

(1) 磺胺嘧啶钠注射液 静脉、肌内注射,一次量,动物50~100mg/kg体重,1~2次/d,连用2~3d。

(2) 复方磺胺嘧啶钠注射液(10mL含1g磺胺嘧啶钠,0.2g甲氧苄啶) 肌内注射,一次量,动物20~30mg/kg体重(以磺胺嘧啶钠计),1~2次/d,连用2~3d。

磺胺二甲嘧啶(SM_2)

【理化性质】 为白色或微黄色的结晶或粉末,无臭,味微苦,不溶于水。

【药理作用】 抗菌作用及疗效较磺胺嘧啶稍弱,但对球虫、弓形虫有抑制作用。不良反应少,在动物体内有效浓度维持时间长等特点。内服后吸收迅速而完全，维持有效血药浓度时间较长。排泄较慢，在肾小管内沉淀的发生率较低，不易引起结晶尿或血尿。

【临床应用】主要用于治疗巴氏杆菌病、乳腺炎、子宫炎、呼吸道及消化道感染，也用于防治兔禽球虫病和猪弓形虫病。

【制剂、用法与用量】

磺胺二甲嘧啶钠注射液：静脉、肌内注射，一次量，动物 0.05g~0.1g/kg 体重，1~2 次/d，连用 2~3d。

磺胺对甲氧嘧啶（SMD）

【理化性质】为白色或微黄色的结晶或粉末，无臭，味微苦，不溶于水。

【药理作用】对革兰阳性菌和革兰阴性菌如化脓性链球菌、沙门菌和肺炎杆菌等均有良好的抗菌作用。内服吸收迅速，乙酰化率较低，游离型及乙酰化型的溶解度较高。主要从尿中排出，排泄缓慢，对尿路感染疗效显著。对生殖系统、呼吸系统及皮肤感染也有效。与甲氧苄啶合用，可增强疗效。对球虫也有较好的抑制作用。

【临床应用】主要用于治疗泌尿道、呼吸道、消化道、皮肤、生殖道感染。也可用于球虫病的治疗。

【制剂、用法与用量】

（1）磺胺对甲氧嘧啶片　内服，一次量，动物首次用量 0.05~0.1g/kg 体重，维持量 0.025~0.05g/kg 体重，1 次/d，连用 3~5d。

（2）复方磺胺对甲氧嘧啶片（0.5g 含磺胺对甲氧嘧啶 0.4g、甲氧苄啶 0.08g）　内服，一次量，动物 0.02~0.025g/kg 体重（以磺胺对甲氧嘧啶计），1 次/d，连用 2~3d。

（3）复方磺胺对甲氧嘧啶钠注射液（10mL 含磺胺对甲氧嘧啶 1g、甲氧苄啶 0.2g）　肌内注射，一次量，动物 0.015~0.02g/kg 体重（以磺胺对甲氧嘧啶钠计），1 次/d，连用 2~3d。

磺胺间甲氧嘧啶（SMM）

【理化性质】为白色或类白色的结晶性粉末，无臭，无味，不溶于水。

【药理作用】是体内外抗菌作用最强的新磺胺药，对球虫、弓形虫、住白细胞虫等也有显著作用。内服吸收良好，血药浓度高。乙酰化率低，乙酰化物溶解度大，不易引起结晶尿和血尿，与甲氧苄啶合用疗效增强。

【临床应用】主要用于治疗各种敏感菌引起的呼吸道、消化道、尿道感染及球虫病、猪弓形虫病、猪水肿病、鸡住白细胞虫病、猪传染性萎缩性鼻炎。

【制剂、用法与用量】

（1）磺胺间甲氧嘧啶片　内服，一次量，动物首次用量 0.05~0.1g/kg 体重，维持量 0.025~0.05g/kg 体重，1 次/d，连用 3~5d。

（2）磺胺间甲氧嘧啶钠注射液　静脉注射，一次量，动物 0.05g/kg 体重，1 次/d，连用 2~3d。

磺胺二甲氧嘧啶（SDM）

【理化性质】为白色或乳白色粉末或结晶，不溶于水，钠盐溶于水。

【药理作用】抗菌作用与磺胺嘧啶相似而作用更强。内服吸收迅速，而排泄较慢，血浆浓度高，作用维持时间长。体内乙酰化率低，不易引起泌尿道损害。属于长效磺胺，毒性小，不良反应小。磺胺二甲氧嘧啶除具有广谱抗菌作用外，尚有显著的抗球虫、抗弓形体作用。

【临床应用】主要用于治疗呼吸道、泌尿道、消化道及局部感染；对犊牛和禽的球虫病、禽传染性鼻炎、猪弓形体病有效高疗效。

【制剂、用法与用量】

磺胺二甲氧嘧啶粉：内服，一次量，动物 0.1g/kg 体重，1 次/d。混饲，禽 1~2kg/t，兔 75g/t。

磺胺甲基异噁唑（新诺明、SMZ）

【理化性质】为白色结晶粉末，无臭，味微苦，不溶于水。

【药理作用】抗菌谱与磺胺嘧啶相近，但抗菌活性最强。与抗菌增效剂（如甲氧苄啶）合用抗菌活性增至数十倍。排泄较慢，乙酰化率高，且溶解度较低，较易出现结晶尿和血尿。

【临床应用】主要用于治疗呼吸道和泌尿道感染。

【制剂、用法与用量】

（1）磺胺甲基异噁唑片　内服，一次量，动物首次用量 0.05~0.1g/kg 体重，维持量 0.025~0.05g/kg 体重，2 次/d，连用 3~5d。

（2）复方磺胺甲基异噁唑片　内服，一次量，动物 0.02~0.025g/kg 体重，2 次/d，连用 3~5d。

磺胺脒（SM）

【理化性质】为白色针状结晶性粉末，无臭，无味，溶于沸水。

【药理作用】最早用于肠道感染的磺胺药，内服后虽有一定量从肠道吸收，但不能达到有效血药浓度，故不用于全身性感染。但肠道中浓度较高，多用于消化道的细菌感染。

【临床应用】主要用于治疗肠炎、腹泻等肠道细菌感染。

【制剂、用法与用量】

磺胺脒片：内服，一次量，动物 0.1~0.2g/kg 体重，2 次/d，连用 3~5d。

磺胺嘧啶银（SD-Ag）

【理化性质】为白色或类白色的结晶性粉末，不溶于水。

【药理作用】对所有致病菌和真菌，包括绿脓杆菌、大肠杆菌等都有抑菌效果。有收敛作用，使创面干燥、结痂等促进创伤愈合。用于预防烧伤后感染，对已发生感染的疗效较差。刺激性小，仅有一过性疼痛。

【临床应用】外用，治疗烧伤。

【制剂、用法与用量】

磺胺嘧啶银：撒于创面或配成2%软膏涂擦。

三、抗菌增效剂

抗菌增效剂是一类新型广谱抗菌药物，不仅能加强磺胺类药的作用，也能增强多种抗生素的疗效。合成的抗菌增效剂多属苄氨嘧啶类化合物，应用于动物临床的如甲氧苄啶（TMP）和二甲氧苄啶（DVD）。

甲氧苄啶（甲氧苄氨嘧啶、三甲氧苄氨嘧啶、TMP）

【理化性质】为白色或类白色结晶性粉末，无臭，味苦，不溶于水。

【药理作用】有很强的抗菌效力，其抗菌谱与磺胺类相似而活性较强。对多种革兰阳性菌及革兰阴性菌有效，主要呈抑菌作用。二者联合后，抗菌作用可增加数倍至数十倍，并可出现强大的杀菌作用，可减少耐药菌株的形成。甲氧苄啶对多种抗生素都有增效作用，甲氧苄啶与四环素按1:4联合对临床分离的金黄色葡萄球菌作用比单用四环素强2~16倍，对大肠杆菌作用增强4~8倍。所以，本品与磺胺药的复方制剂及与抗生素合用对动物的呼吸道、消化道、泌尿道等多种感染和皮肤创伤感染、急性乳腺炎等都有良好的疗效。

抗菌机制是抑制二氢叶酸还原酶，使二氢叶酸不能还原成四氢叶酸，因而切断了叶酸的代谢途径，使菌体不能合成核蛋白，细菌就不能生长繁殖而发挥抗菌作用。本类药物和磺胺药联合使用时，可在叶酸代谢途径中的两个环节上同时起阻断作用（即磺胺药抑制二氢叶酸合成酶，抗菌增效剂抑制二氢叶酸还原酶），使细菌不能合成维持生长繁殖所必需的脱氧核糖核酸和核糖核酸，因而起到协同抑菌至杀菌的作用。本类药物对细菌二氢叶酸还原酶的亲和力比对动物体内二氢叶酸还原酶的亲和力大5~103倍，故治疗量能阻断菌体内的叶酸代谢过程，而不干扰动物体内的叶酸代谢。

内服吸收迅速完全，广泛分布于各组织和体液中，在肾、肝、肺、皮肤中的浓度可超过血中浓度，以非离子形式从肾排出，在酸性尿中排出量增加，少量经胆汁、粪便排出。

【临床应用】常与磺胺药按一定比例（1:4~1:5）配伍用于呼吸道、消化道、泌尿生殖道感染，以及败血症、蜂窝组织炎等。

【注意事项】

（1）毒性低，不良反应小。但大剂量长期应用会引起骨髓造血功能抑制。对老龄、妊娠、幼畜和患慢性消耗性疾病的动物易引起叶酸障碍，应慎重。

（2）易产生耐药性，故不宜单独应用。常与磺胺类及某些抗生素合用增加疗效。

（3）与磺胺钠盐用于肌内注射时，刺激性较强，宜做深部肌内注射。

（4）复方注射液因碱性强，能与多种药物的注射液发生配伍禁忌，应注意。

【制剂、用法与用量】 见磺胺类药物。

二甲氧苄啶（二甲氧苄氨嘧啶、DVD）

【理化性质】 为白色或微黄色结晶性粉末，无臭，不溶于水。

【药理作用】 抗菌机制同甲氧苄啶，但抗菌作用较弱，为动物专用药。对磺胺药和抗生素有明显的增效作用。与抗球虫的磺胺药合用对球虫的抑制作用比甲氧苄啶强。内服吸收较少，其最高血药浓度仅为甲氧苄啶的1/5，但在肠道内的浓度较高，故仅适用于肠道感染。主要由粪便排出，排泄较甲氧苄啶慢。

【临床应用】 与磺胺药按一定比例配合用于肠道细菌感染和球虫病。

【制剂、用法与用量】

（1）复方二甲氧苄啶片（磺胺对甲氧嘧啶30mg、二甲氧苄啶6mg）内服，禽1片/kg体重。

（2）磺胺对甲氧嘧啶、二甲氧苄啶预混剂（1000g含磺胺对甲氧嘧啶200g、二甲氧苄啶40g）混饲，禽1000g/t饲料。

四、喹噁啉类

为合成抗菌药物，均属喹噁啉二氧化物的衍生物，应用于动物的主要有卡巴氧、乙酰甲喹和喹乙醇。卡巴氧主要用作生长促进剂，因已发现致突变作用，现已禁用。

痢菌净（乙酰甲喹）

【理化性质】 为鲜黄色结晶或黄色粉末，无臭味，味微苦，微溶于水。

【药理作用】 为广谱抗菌药，对革兰阴性菌的作用强于革兰阳性菌，对猪痢疾蛇形螺旋体的作用尤为突出。对大肠杆菌、巴氏杆菌、沙门菌、变形杆菌的作用较强，对某些革兰阳性菌如金黄色葡萄球菌、链球菌也有抑制作用。内服和肌内注射均易吸收，分布于全身各组织，体内消除快。在体内破坏少，以原型从尿中排出,故尿中浓度高。

【临床应用】 主要用于猪痢疾蛇形螺旋体性痢疾及细菌性肠炎,如仔猪黄痢和白痢、犊牛副伤寒、鸡白痢、禽大肠杆菌病。

【制剂、用法与用量】

(1) 痢菌净片 内服,一次量,牛、猪、鸡 5~10mg/kg 体重,2 次/d,连用 3d。

(2) 痢菌净注射液 肌内注射,一次量,牛、猪 2.5~5mg/kg 体重,鸡 2.5mg/kg 体重 2 次/d,连用 3d。

喹 乙 醇

【理化性质】 为浅黄色结晶性粉末,无臭,味苦,易溶于热水。

【药理作用】 对革兰阴性菌如巴氏杆菌、大肠杆菌、鸡白痢沙门菌、变形杆菌等有抑制作用;对革兰阳性菌如金黄色葡萄球菌、链球菌等也有一定的抑制作用;对四环素、青霉素等耐药的菌株有效。内服吸收迅速,生物利用度较高。本品为抗菌促生长剂,具有促进蛋白同化作用,能提高饲料转化率,使猪增重加快。

【临床应用】 主要用于促进动物生长,也用于治疗禽霍乱、肠道感染及预防仔猪腹泻等。

【注意事项】 鸡、鸭较敏感,添加剂量过大或混饲不均易引起中毒。猪体重超过 35kg 禁用,禽禁用。

【制剂、用法与用量】

喹乙醇预混剂:混饲,猪 1~2g/kg 饲料。

五、硝基咪唑类

硝基咪唑类是指一组具有抗原虫和抗菌活性的药物,同时也有很强的抗厌氧菌作用。动物临床常用有甲硝唑、奥硝唑和地美硝唑。

甲硝唑(灭滴灵)

【理化性质】 为白色或微黄色的结晶或结晶性粉末,微臭,味苦,微溶于水。

【药理作用】 对多数专性厌氧菌如梭状芽孢杆菌、产气荚膜梭状芽孢杆菌、粪链球菌等具有较强的作用。此外,还有抗滴虫和阿米巴原虫的作用。能迅速被胃肠道吸收,并且在组织中很快达到高浓度,保证了组织内、外的抗虫、抗菌活性。易进入中枢神经系统,为治疗厌氧菌性脑膜炎的首选药物。主要经肾排泄,少量经唾液和乳汁排泄。

【临床应用】 主要用于治疗术后厌氧菌感染、肠道和全身的厌氧菌感染,如口腔炎、脑膜炎、急性结肠炎、蜂窝织炎以及猝死症等，也用于治疗阿米巴痢疾、毛滴虫病等原虫感染。

【注意事项】

（1）毒性虽较小，但剂量过大，可出现舌炎、胃炎、恶心、呕吐、白细胞减少甚至神经症状，但通常均能耐受。

（2）对啮齿动物有致癌作用，不宜用于妊娠动物。

（3）与青霉素合用，可提高治疗效果。

【制剂、用法与用量】

（1）甲硝唑片　内服，一次量，牛 60mg/kg 体重，犬 25mg/kg 体重，1～2 次/d。

（2）甲硝唑注射液　静脉注射，一次量，牛 10mg/kg 体重，1 次/d，连用 3d。

奥 硝 唑

【理化性质】为白色或微黄色结晶性粉末，无臭，味苦。

【药理作用】为甲硝唑、替硝唑之后的第三代硝基咪唑类衍生物，具有良好的抗厌氧菌和抗原虫感染作用，疗效优于甲硝唑。其抗病原微生物机制是通过其分子中硝基在无氧环境中还原成氨基或通过自由基的形成，与细胞成分相互作用，从而导致微生物的死亡。药物总体不良反应发生率明显低于甲硝唑。内服易吸收，也可由阴道吸收，广泛分布于机体组织和体液中，包括脑脊液。在肝脏代谢，主要从尿中排出，小量由粪便排出。

【临床应用】主要用于治疗由厌氧菌、阿米巴原虫、毛滴虫等感染引起的各动物疾病。

【注意事项】

（1）不良反应比较少，但动物在用药期间也可能出现嗜睡、肌肉乏力、呕吐、腹泻等轻微不良反应。

（2）对硝基咪唑类药物过敏的动物禁用，也不可用于妊娠和哺乳期动物。

【制剂、用法与用量】

（1）奥硝唑片　内服，一次量，犬 25mg/kg 体重，2 次/d，连用 3d。

（2）奥硝唑注射液　静脉注射，一次量，犬 10～15mg/kg 体重，2 次/d，连用 3d。

地美硝唑（二甲硝咪唑）

【理化性质】为白色或微黄色粉末，易溶于乙醇，微溶于水。具有广谱抗菌和抗原虫作用。主要用于猪痢蛇形螺旋体性痢疾，禽组织滴虫病，肠道和全身的厌氧菌感染。禽较为敏感，较大剂量可引起平衡失调和肝肾功能不全。

【制剂、用法与用量】

地美硝唑预混剂：混饲，猪 1～2.5g/kg 饲料，鸡 0.4～2.5g/kg 饲料。

任务四　抗真菌药与抗病毒药

一、抗真菌药

具有抑制或杀灭病原真菌的药物称为抗真菌药。病原性真菌种类较多，按感染动物机体部位的不同可分为体表真菌（或皮肤真菌）感染和深部真菌感染两大类。

体表真菌感染是由其中的毛癣菌、表皮癣菌、小孢子菌引起的，主要在表皮角化层、毛囊、毛根鞘及细胞内繁殖，有的穿入毛根内使皮肤产生丘疹、水泡和皮屑；有的毛发区发生脱毛、毛囊炎或有黏液性分泌物或上皮细胞形成痂壳。侵害皮肤，被毛，爪趾等处引起各种癣病，如头癣、体癣、股癣、被毛癣、爪趾癣等，有的为人畜共患病。

深部真菌感染主要侵害深部组织和内脏器官，包括白色念珠菌、新隐球菌、荚膜组织胞浆菌、球孢子菌、皮炎牙生菌、曲霉菌等。本类菌中有的是感染菌，如假皮疽组织胞浆菌；有的是条件性致病菌，如白色念珠菌属动物消化道、呼吸道及泌尿生殖道黏膜的常在菌，一般对正常动物不致病，只有当饲养管理不良、维生素缺乏、大剂量长期使用广谱抗生素或免疫抑制剂，使机体抵抗力下降时，才能引起内源性感染。患念珠菌病的动物多在消化道黏膜形成乳白色假膜斑坏死物。

（一）全身性抗真菌药

两性霉素 B

【理化性质】为链霉菌培养液中的提取物，含 A、B 两种成分，B 作用较强而应用于临床，故称为两性霉素 B。黄色或橙黄色粉末，无臭，无味，不溶于水，低温时稳定。

【药理作用】为广谱抗真菌药，对荚膜组织胞浆菌、隐球菌、白色念珠菌、球孢子菌、黑曲霉菌等均有较强的抑菌作用，为治疗深部真菌感染的首选药。内服、肌内注射均不易吸收。内服时胃肠保持高浓度，是胃肠道真菌感染的有效药物。肌内注射刺激性大，一般以缓慢静脉注射，体内分布广泛。但不易进入脑脊液，大部分经肾缓慢排出。

【临床应用】主要用于敏感菌感染，如犬组织胞浆菌病、芽生菌病、球孢子菌病等，也可预防白色念珠菌感染及各种真菌引起的局部炎症，如爪的真菌感染、雏鸡嗉囊真菌感染等。

【注意事项】

（1）静脉注射时，毒性较大，不良反应较多，所以剂量不宜过大，浓度不宜过高，速度不宜过快，以免引起寒战、高热和呕吐等。

（2）治疗过程中可引起肝肾功能损害、贫血、白细胞减少等，故注意观察，定期检测肾功能及血象等变化，发现异常及时停药。

（3）静脉注射前应用抗组胺药或将其与氟美松合用，可减轻不良反应。

（4）用药期间避免使用氨基糖苷类（肾毒性）、洋地黄类（心脏毒性）、噻嗪类利尿药（低血钾、低血钠）等。

【制剂、用法与用量】

（1）注射用两性霉素B　静脉注射，一次量，犬0.25~0.5mg/kg体重，猫0.25mg，1次/d。

（2）0.5%两性霉素B溶液、3%软膏　外用，涂敷或注入局部皮下。

酮 康 唑

【理化性质】为人工合成的广谱抗真菌药，白色结晶性粉末，无臭，无味，不溶于水。

【药理作用】对皮肤真菌、酵母菌和一些深部真菌有效；还有抑制孢子转变为菌丝体作用，可防止进一步感染。内服吸收良好，吸收后可分布到胆管、唾液、尿液和脑脊液。患脑膜炎时，脑中浓度升高。肝、肾上腺、脑垂体中浓度最高，其次为肾、肺、膀胱、骨髓和心肌。主要经胆管由粪便排出，部分经肾由尿排出。

【临床应用】主要用于治疗动物表皮和深部真菌病，包括皮肤和指甲癣、胃肠道酵母菌感染、局部用药无效的阴道白色念珠菌病，以及白色念珠菌、球孢子菌、组织胞浆菌等引起的全身感染。

【注意事项】

（1）可降低泼尼松龙和甲泼尼松龙的体内消除和代谢，联用时应减少皮质激素的用量。

（2）苯妥英钠、苯巴比妥可使本品血药浓度降低，必要时增加用量。

（3）利福平、异烟肼与本品联用可降低各自的血药浓度，需间隔12h服用。

（4）吸收和胃液的分泌密切相关，因此不宜与抗酸药、抗胆碱药合用。

（5）妊娠动物禁用。

【制剂、用法与用量】

酮康唑片：内服，一次量，动物5~10mg/kg体重，2次/d。

伊 曲 康 唑

【理化性质】为一种高效、广谱、口服的抗真菌药，为白色结晶粉末。

【药理作用】 抗真菌谱与酮康唑相似,作用机制是高选择性地抑制真菌细胞的细胞色素酶,导致真菌细胞膜损伤,从而使真菌细胞死亡。主要对深部真菌与浅表真菌都有抗菌作用。内服吸收良好,因其脂溶性好,在体内某些脏器,如肺、肾及上皮组织中浓度较高。

【临床应用】 主要用于深部真菌所引起的系统感染,如芽生菌病、组织胞浆菌病、球孢子菌病、着色真菌病、孢子丝菌病等;也可用于念珠菌病和曲菌病。

【注意事项】 同酮康唑。

【制剂、用法与用量】

伊曲康唑片:内服,一次量,犬 5mg/kg,猫 5~10mg/kg,1~2 次/d。

（二）局部性抗真菌药

制 霉 菌 素

【理化性质】 为链霉菌或放线菌的培养液中的提取物,为淡黄色粉末,性质不稳定。多聚醛制霉菌素钠是我国独创水溶性较好的制剂。

【药理作用】 抗真菌作用与两性霉素 B 基本相同,对念珠菌属真菌作用显著,对曲霉菌、毛癣菌、表皮癣菌、小孢子菌、组织胞浆菌、皮炎芽生菌球孢子菌也有效。内服不易吸收,几乎全部由粪便排出,而静脉注射、肌内注射毒性大,故一般不用于全身真菌感染的治疗。

【临床应用】 主要用于治疗消化道真菌感染或外用于表面皮肤真菌感染。如牛的真菌性胃炎、鸡和火鸡嗉囊真菌病等,对曲霉菌、毛霉菌引起的乳腺炎,乳管灌注也有效。对烟曲霉菌引起的雏鸡肺炎,喷雾吸入也有效。

【注意事项】

（1）用量过大时,可引起呕吐、腹泻等消化道反应。

（2）制毒菌素片剂、混悬剂应密闭保存于 15~30℃ 环境中。

【制剂、用法与用量】

（1）制霉菌素片　内服,一次量,牛、马 250~500 万 IU,猪、羊 50~100 万 IU,2 次/d。

（2）制霉菌素软膏　外用涂擦,2 次/d。

灰 黄 霉 素

【理化性质】 为灰黄青霉菌培养液中的提取物,为白色或类白色的微细粉末,无臭,味微苦,微溶于水。

【药理作用】 灰黄霉素化学结构与鸟嘌呤相似,能竞争性抑制鸟嘌呤进入 DNA 分子中,干扰真菌核酸合成,抑制真菌的生长,但不能杀菌,只有经过长期治疗,新的毛发或趾甲长出后才能治愈。对其敏感的真菌有毛癣菌、小孢子菌和表皮癣菌等。对细菌和其它深部真菌无效。敏感菌可产生耐药性。

内服主要在小肠吸收,食物中脂肪能促进吸收。吸收后广泛分布于全身各组织,其中以皮肤、毛发、趾甲、脂肪、骨骼肌和肝脏中浓度较高。用药后 4h 内可进入角质层沉积,与皮肤毛囊及趾甲等的角蛋白结合,防止皮肤真菌的继续侵入。由于不能立即杀菌,故对已感染的病灶无控制作用,必须持续用药直到受感染的角质层完全被健康组织代替为止。大部分在肝内被灭活,主要经胆汁由粪便排出,少量经尿和乳排泄。

【临床应用】 主要用于治疗马、牛、犬、猫等动物浅部真菌感染,如毛发、趾甲、爪等的真菌感染。

【注意事项】
(1) 在 15~30℃下密闭避光处保存。
(2) 对动物急性毒性较小,但有肝毒、致畸、致癌作用。
(3) 怀孕动物禁用。

【制剂、用法与用量】
灰黄霉素片:内服,一次量,马、牛 10mg/kg 体重,猪 20mg/kg 体重,犬、猫 40~50mg/kg 体重,1 次/d,连用 4~8 周。

克 霉 唑

【理化性质】 为人工合成的咪唑类广谱抗真菌药,白色或微黄色的结晶性粉末,无臭,无味,不溶于水。

【药理作用】 对表皮癣菌、毛癣菌、曲霉菌、念珠菌有较好的作用,对皮炎芽生菌、组织胞浆菌、球孢子菌也有一定的作用。对浅部真菌感染的疗效与灰黄霉素相似,对深部真菌感染与两性霉素 B 相似。为抑菌剂,毒性小,各种真菌不易产生耐药性。此外对金黄色葡萄球菌、溶血性链球菌、变形杆菌及沙门氏菌也有抗菌活性。内服可吸收,单胃动物可达血浆峰浓度。体内分布广,在肝、脂肪中浓度高。主要在肝内代谢,大部分经胆汁排出,少量经肾脏由尿排出。

【临床应用】 主要用于治疗浅部各种真菌感染,如皮肤癣菌、曲霉菌或念珠菌所致的皮肤黏膜感染,内服治疗各种深部真菌感染如肺、尿道、消化道、子宫等的真菌感染。

【注意事项】
(1) 长期大剂量使用,易引起肝功能不全,停用后可恢复。
(2) 弱碱性环境中抗菌效果好,酸性介质中则缓慢水解失效。
(3) 内服对胃肠道有刺激性。

【制剂、用法与用量】
(1) 克霉唑片 内服,一次量,马、牛 5~10g,驹、犊、猪、羊 0.75~1.5g,犬 12.5~25mg,2 次/d。
(2) 1%~3% 克霉唑软膏 外用、涂擦于患部。

水 杨 酸

【理化性质】 为白色细微的针状结晶或白色结晶性粉末,无臭,味微苦,溶于沸水。

【药理作用】 有中等程度的抑菌作用,在低浓度(1%~2%)时有角质增生作用,能促进表皮的生长,高浓度(10%~20%)时可溶解角质,对局部有刺激性。在体表真菌感染时,可以软化皮肤角质层,角质层脱落的同时也将菌丝随之脱出,而起一定程度的治疗作用。与其它抗真菌药合用则更有效。

【临床应用】 主要用于治疗慢性表层皮肤真菌病。

【注意事项】
(1) 重复涂敷可引起刺激。
(2) 不可大面积涂敷,以免吸收中毒。
(3) 皮肤破损处禁用。

【制剂、用法与用量】
(1) 3%~6%水杨酸醇溶液 外用涂敷。
(2) 5%~10%水杨酸软膏 外用涂敷。
(3) 复方水杨酸软膏(含6%水杨酸、12%苯甲酸) 外用涂敷。

二、抗病毒药

病毒是结构简单、仅含一种核酸DNA或RNA的非细胞型微生物。病毒不能独立代谢,只能寄生在活的宿主细胞内,并在细胞内复制增殖,从而造成细胞病变甚至整个机体的严重危害。目前全球范围内发病率高、危害最严重的传染病正是病毒性传染病。

病毒在宿主细胞内的增殖过程很复杂,其增殖期大致可分吸附、侵入、脱壳并释放出核酸、核酸复制、病毒蛋白质合成及病毒粒子装配和释放等阶段。虽然不少药物能分别作用于病毒增殖的各阶段,但由于药物在抑制病毒繁殖的同时,对宿主细胞也有不同程度的毒性,故临床应用较少,主要靠疫苗预防。

自20世纪60年代以来,以病毒特异性酶作靶点,一直在进行抗病毒药物的研制。1997年,阿昔洛韦(ACV,无环鸟苷)问世后,抗病毒药物才真正起步。它是1981年世界上首次上市的第一个特异性抗疱疹类病毒的开环核苷类药物,该药在病毒感染的细胞中能选择性地阻断疱疹病毒复制,且毒性较小。尽管如此,目前仍然没有一种理想的抗病毒药物。对动物临床治疗中主要采用抗病毒血清的特异中和作用,以及免疫增强剂的非特异性增强机体免疫力的作用,某些中草药制剂及少数化学制剂有一定抗病毒作用,目前主要应用于宠物的临床治疗中。

(一) 免疫血清

精制犬五联血清

【理化性质】 为犬瘟热、副流感、传染性肝炎、细小病毒与冠状病毒五种病毒抗原经强化免疫健康犬提取血清精制而成。溶解后为红黄色透明液体,对上述五种病毒的中和效价均在 1:256 以上。

【药理作用】 对犬瘟热病毒、犬副流感病毒、犬传染性肝炎病毒、犬细小病毒、犬冠状病毒具有特异性的中和作用。

【临床应用】 用于犬瘟热、犬副流感、犬传染性肝炎、犬细小病毒、犬冠状病毒性传染病的治疗,也可用于犬、狐在患上述传染病时在运输途中和流行中的紧急预防。

【注意事项】
(1) 作紧急预防时,须尽早使用,并结合其它隔离、消毒等防疫措施。
(2) 用于治疗时,也须尽早使用,并配合其它对症治疗,方可收到更满意的效果。
(3) 用于运输途中,预防上述传染病时,应于起运前注射,并注意配合应用其他应激药和抗晕车症药。
(4) 贮存须保持 0℃ 以下,并应避免阳光照射及与其它有害物品接触。
(5) 注射部位和器具均应消毒。

【制剂、用法与用量】
精制犬五联血清:皮下或肌内注射,一次量,犬预防量 0.5~1mL/kg 体重,间隔 1~2 周,连续注射 2~3 次;治疗量 1~2mL/kg,1 次/d,连用 3~5d。

犬用六联免疫球蛋白

【理化性质】 用特异犬免疫血清经饱和硫酸盐沉淀后,用阴离子交换柱纯化提取的免疫球蛋白生物制品。呈微带乳光的清亮液体。在冷暗处长久保存后,瓶底可能有微量灰白色沉淀。

【药理作用】 对犬瘟热病毒、犬副流感病毒、犬传染性肝炎病毒、犬细小病毒、犬冠状病毒和幼犬心肌炎病毒具有特异性的中和作用。

【临床应用】 用于犬上述传染病的治疗,也可以用于上述传染病发生时对犬进行紧急预防。

【注意事项】
(1) 长时间保存后,瓶底可能有微量灰白色沉淀,振摇即可自溶,不影响药效。
(2) 无论用于治疗或紧急预防,均须及早使用才能收到显著效果。

【制剂、用法与用量】
犬用六联免疫球蛋白:皮下、肌内注射,一次量,预防量 0.2mL/kg 体重,治疗量0.5mL/kg体重,1~2次/d,连用3~5d。如病情严重,可适当增加用量至1~2倍。

犬瘟热病毒单克隆抗体

【理化性质】 为通过单克隆抗体技术制备的高纯度、能特异杀伤犬瘟热病毒颗粒的抗体,是目前世界上用于治疗和预防犬瘟热效果最好的生物制剂。

【药理作用】 犬瘟热病毒单克隆抗体可通过淋巴和血液循环系统快速到达病毒侵染的组织和细胞,抑制病毒对宿主细胞的侵染及病毒的复制,达到杀灭犬体内病毒的目的;同时又可参与犬体内的其它抗病毒保护机制,如免疫调理,抗体依赖细胞介导的细胞毒作用和抗体依赖补体介导的细胞毒作用,从而进一步激活犬体内的细胞免疫系统,发挥更大的杀灭病毒的作用。由于犬瘟热病毒单克隆抗体分子质量小,特异性极强,可以部分通过血-脑脊液屏障,进入神经细胞,因而对出现神经症状的病犬也有一定的治疗作用。

【临床应用】 主要用于治疗或预防犬瘟热。

【注意事项】 使用本品要注意选择具有资质的科研单位或生产厂家。

【制剂、用法与用量】

犬瘟热病毒单克隆抗体:皮下、肌内注射,一次量,预防量0.4~0.6mL/kg体重,治疗量0.5~1mL/kg体重,1次/d,连用3d。严重者可用倍量。

(二) 免疫增强剂

犬白细胞干扰素

【理化性质】 为正常犬机体细胞在适宜诱导剂作用下产生的一种糖蛋白物质,为纯天然的犬白细胞干扰素制品,应冷冻保存。

【药理作用】 具有广谱抗病毒、抗肿瘤和调节机体免疫功能的作用。

【临床应用】 配合犬高免血清用于犬瘟热、犬副流感、犬疱疹病毒感染、犬腺病毒病、犬细小病毒等各种病毒性疾病的预防和治疗。犬各种肿瘤的治疗,还具有抑制癌细胞生长,白细胞增加和提高机体免疫力的作用。

【注意事项】 个别犬用药后有过敏反应,可用地塞米松解救。

【制剂、用法与用量】

犬白细胞干扰素:皮下注射,一次量,犬(10kg以下)5万IU;犬(10kg以上)10万IU,1次/d,连用3~5d。可用原液直接滴鼻、点眼,1~2滴/次,5~6次/d。

猫白细胞干扰素

【理化性质】 为纯天然的猫白细胞干扰素制品。

【临床应用】 配合猫高免血清用于治疗或预防猫瘟、猫杯状病毒感染、猫病毒性鼻气管炎及各种病毒性疾病。

【制剂、用法与用量】

猫白细胞干扰素：皮下注射，一次量，猫 5 万~10 万 IU，1 次/d，连用 3~5d。

转 移 因 子

【理化性质】从免疫犬脾脏、淋巴细胞中提取的一种多核苷酸和多肽小分子物质，为细胞免疫促进剂。

【药理作用】转移因子携带有致敏淋巴细胞的特异性免疫信息，能够将特异性免疫信息递呈给受体淋巴细胞，使受体无活性的淋巴细胞转变为特异性致敏淋巴细胞，从而激发受体细胞介导的免疫反应。转移因子具有广泛的免疫学调节活性，一方面可诱导免疫细胞活化，增强机体非特异性免疫能力，另一方面能够将特异性免疫能力传递到其它动物，激发动物产生特异性免疫。

【临床应用】配合血清单独用治疗和预防犬瘟热、犬细小病毒病、犬副流感、犬传染性肝炎、犬冠状病毒感染等。

【制剂、用法与用量】

转移因子：肌内注射，一次量，犬 2~10mg，1 次/2d，连用 5 次。

（三）化学制剂类

病毒灵（吗啉胍）

【理化性质】盐酸盐为白色结晶性粉末，无臭，味微苦，易溶于水。

【药理作用】为广谱抗病毒药。对流感病毒、副流感病毒、鼻病毒、呼吸道合胞体病毒等 RNA 型病毒有作用，对 DNA 型的某些腺病毒、鸡马立克病毒也有一定的抑制作用。

【临床应用】主要用于治疗流感、病毒性支气管炎、水痘疱疹等传染病。也用于鸡传染性支气管炎、鸡传染性喉气管炎、鸡痘、禽流感等的防制，与抗菌药物合用，可控制继发细菌感染，提高疗效。

【制剂、用法与用量】

病毒灵片：内服，一次量，犬、猫 5mg/kg 体重，2 次/d，连用 3~5d。

病毒唑（利巴韦林）

【理化性质】为白色结晶性粉末，无臭，无味，易溶于水。

【药理作用】为广谱抗病毒药。对 DNA 病毒及 RNA 病毒均有抑制作用。敏感的病毒包括流感病毒、副流感病毒、腺病毒、疱疹病毒、正黏液病毒、副黏液病毒、痘病毒、细小核糖核酸病毒、棒状病毒、轮状病毒和逆病毒等。

【临床应用】主要用于防制禽流感、鸡传染性支气管炎、鸡传染性喉支气管炎等。

【注意事项】可引起动物畏食、体重下降、骨髓抑制和贫血，以及胃肠功能紊乱。

【制剂、用法与用量】

利巴韦林注射液：肌内、静脉注射，一次量，犬、猫 10~15mg/kg 体重，1 次/d，连用 3~5d。

金 刚 烷 胺

【理化性质】为人工合成的饱和三环癸烷的氨基衍生物，其盐酸盐为白色结晶或结晶性粉末，无臭，味苦，易溶于水。

【药理作用】为窄谱抗病毒药，对亚洲甲型流感病毒选择性高，但对乙型流感病毒、疱疹病毒、麻疹病毒、腮腺炎病毒等无效。

【临床应用】主要用于甲型流感病毒的防制。

【制剂、用法与用量】

金刚烷胺片：内服，一次量，犬 25~100mg，猫 25mg，2 次/d，连用 3~5d。

阿昔洛韦（无环鸟苷）

【理化性质】为第一个特异性抗疱疹类病毒的开环核苷类药物，白色结晶性粉末，微溶于水，其钠盐易溶于水。

【药理作用】在病毒感染的细胞中能选择性地阻断疱疹病毒复制，且毒性较小。

【临床应用】抗动物的疱疹类病毒感染。二代产品更昔洛韦抗猫艾滋病、病毒性视网膜炎等。

【注意事项】

（1）同干扰素、免疫增强剂、糖皮质激素、酮康唑等配伍使用可产生协同作用，但应注意毒性反应。

（2）与氨基糖苷类、两性霉素 B 等药物合用，发生肾功能不全的危险性加大，肾功能不全者，应减量。

（3）静脉注射时应充分水化，给药时间不少于 1h，快速滴入易发生肾小管内药物结晶沉积。

（4）本品溶于浓度超过 10% 的葡萄糖溶液中，溶液会变成蓝色，但不影响药物活性。

【制剂、用法与用量】

（1）阿昔洛韦注射液　静脉注射，一次量，猫 5~10mg/kg 体重，1 次/d，连用 5d。

（2）更昔洛韦注射液　静脉注射，一次量，猫 5~7mg/kg 体重，1 次/d，连用 5d。

（四）中草药

黄 芪 多 糖

【理化性质】从多年生草本豆科植物膜荚黄芪或蒙古黄芪的干燥根中提取的多糖物质，为黄褐色的粉末。

【药理作用】为纯天然中药制成的广谱抗菌抗病毒药物，无毒副作用，调节机体免疫能力，具有极强的增强免疫力作用，诱导机体产生干扰素，促进抗体的形成。

【临床应用】用于抗病毒和调节并增强机体免疫力。

【制剂、用法与用量】

黄芪多糖注射液：皮下、肌内注射，一次量，犬、猫 2~10mL，1~2 次/d，连用 2~3d。

任务五 抗病原微生物药的合理应用

抗病原微生物药，特别是抗生素，是动物临床上使用最广泛和最重要的一类药物，对控制动物的传染性疾病方面起着巨大的作用，解决了不少动物生产中存在的问题。但目前不合理使用尤其是滥用的现象较为严重，不仅造成药品的浪费，而且导致动物不良反应增多、细菌耐药性的产生、药物残留和二重感染等，给动物临床诊治工作、公共卫生及人民健康带来不良的后果。耐药菌株的增加，药物选用不当，剂量与疗程的不足，不恰当的联合用药，以及忽视药物动力学因素对药效学的影响等，往往导致抗菌药物临床治疗的失败。为了充分发挥抗菌药物的疗效，降低药物的不良反应，减少细菌耐药性的产生，提高药物治疗水平，必须切实合理使用抗病原微生物药物。

一、正确诊断、准确选药

正确诊断是准确用药的前提，有了正确的诊断，了解病原体，才能选择对病原菌高度敏感的药物。有条件的可进行细菌分离鉴定及药物敏感（药敏）试验，用来选择敏感药物。一般对革兰阳性菌引起的疾病，如猪丹毒、破伤风、炭疽、马腺疫、气肿疽、牛放线菌病和葡萄球菌性或链球菌性炎症、败血症等可选用青霉素类、头孢菌素类、四环素类和红霉素类等；对革兰阴性菌引起的疾病，如巴氏杆菌病、大肠杆菌病、肠炎、泌尿道炎症等则优先选用氨基糖苷类和喹诺酮类等；对耐青霉素 G 金黄色葡萄球菌所致呼吸道感染、败血症等可选用耐青霉素酶的半合成青霉素如苯唑西林、氯唑西林，也可用庆大霉素、大环内酯类和头孢菌素类抗生素；对绿脓杆菌引起的创面感染、尿路感染、败血症、肺炎等可选用庆大霉素、多黏菌素类和羟苄西林等。而对支原体引起的猪喘气病和鸡慢性呼吸道病则首选喹诺酮类药（恩诺沙星、达诺沙星等）、泰乐菌素、泰妙菌素等。

二、制定合理的给药方案

抗病原微生物药在机体内要发挥杀灭或抑制病原体作用，必须在作用的部位达到有效的浓度，并能维持一定的时间。因此，必须有合适剂量、时间间隔及疗程。一般的感染性疾病可连续用药 3~4d，症状消失后，再巩固 1~2d，以防止复发。动物临床用药通常是以有效血药浓度作为衡量剂量是否适宜的指标，有效血药浓度应至少大于最小抑菌浓度，一般血药浓度是最小抑菌浓度的 3~5 倍，可取得较好的治疗效果。同时，血中有效浓度维持时间受药物在体内的吸收、分布、代谢和排泄的影响。因此，应在考虑各种药物的药物动力学和药效学的基础上，结合动物的病情、体况，制定合理的给药方案，包括药物品种、给药途径、剂量、时间间隔和疗程等。例如，动物的细菌性或支原体性肺炎的治疗，除选择对病原体敏感的药物外，还应考虑选择能在肺组织中达到有效浓度的药物，如恩诺沙星、达氟沙星等喹诺酮类、四环素类及大环内酯类；细菌性的脑部感染首选磺胺嘧啶，因为该药最易通过血-脑脊液屏障，脑脊液中的浓度高。合适的给药途径是药物取得疗效的保证，一般情况，危重病例应以肌内注射或静脉注射给药，消化道感染以内服为主，严重消化道感染与并发败血症、菌血症应内服，并配合注射给药。

三、防止产生耐药性

随着抗病原微生物药物的广泛应用，细菌对多种药物能产生耐药性，其中容易产生耐药性的有金黄色葡萄球菌、痢疾杆菌、绿脓杆菌、大肠杆菌及结核杆菌。某一细菌对某一抗生素所获得的耐药性具有特异性，且常遗传给下一代。细菌对抗生素的耐药性逐年增加，以致某些抗生素的疗效降低，给治疗带来很多困难。为防止耐药性的产生，应注意以下几点：①严格掌握适应证，不滥用抗病原微生物药物，凡属可以不用的尽量不用，单一抗病原微生物药物有效的就不采用联合用药。②严格掌握用药指征，剂量要够，疗程要恰当。③尽可能避免局部用药，并杜绝不必要的预防应用。④病因不明者，不要轻易使用抗病原微生物药物。⑤发现耐药菌株感染，应改用对病原菌敏感的药物或采取联合用药。⑥尽量减少长期用药。

四、减少药物的不良反应

应用抗病原微生物药物治疗动物疾病的过程中，除要密切注意药物疗效外，还要注意可能出现的不良反应。对有肝功能或肾功能不全的病例，易引起肝脏或肾脏的药物蓄积，产生不良反应。对于这样的病畜，应调整给药剂量或延长给药时间间隔，以尽量避免药物的蓄积性中毒。动物机体的功能状态不同，对药物的反应也有差异，营养不良、体质衰弱或孕畜对药物的敏感性较高，容易产生不良反应。新生仔畜或幼龄动物，由于肝脏酶系发育不全，血浆蛋白结合率和肾小球滤过率较低，血-脑脊液屏障功能尚未完全形成，对药物的敏感性较高，故不少药物对幼龄动物可能出现明显的不良反应。此外，随着畜牧业的高度集约化，不可避免地大量使用抗病原微生物药物防治疾病，随之而来的是动物性食品（肉、蛋、奶）中抗病原微生物药物的残留问题日益严重；另一方面，各种饲养场大量粪、尿或排泄物向周围环境排放，抗病原微生物药物又成为环境的污染物，给生态环境带来许多不良影响。

五、正确地联合用药

联合用药的目的在于提高疗效、减少用量、降低或避免不良反应、减少耐药性的产生等。多数细菌性感染只需用一种抗病原微生物药物治疗，联合用药仅适用于少数情况，且一般二联即可，三联、四联并无必要。联合应用抗微生物药要有明确的指征，一般用于以下情况：单一抗病原微生物药物不能控制的严重感染（如败血症等）或数种细菌的混合感染（如肠穿孔所致的腹膜炎及烧伤和复杂创伤感染等）。对后者可先用一种广谱抗生素，无效时再联合使用；较长期用药，细菌容易产生耐药性时，如结核病、慢性尿路感染等；毒性较大药物联合用药可使剂量减少，毒性降低，如两性霉素B、多黏菌素类与四环素联合，可减少前者用量，从而减轻了不良反应；病因不明的严重感染或败血症，应分析病情和感染途径，推测病原菌种类，然后考虑有效的联合应用。如皮肤、口腔或呼吸道感染以金黄葡萄球菌和链球菌的可能性较大，尿路和肠道感染多为大肠杆菌或其它革兰阴性杆菌。对不能确定病原时，则按一般感染的联合用药处理（青霉素加链霉素）。并同时采取病料，经培养和药敏试验，取得结果后再做调整。

根据抗病原微生物药物作用特点，可将抗病原微生物药物分为四大类：第一类是繁殖期杀菌剂，如青霉素类、头孢菌素类等；第二类为静止期杀菌剂或慢效杀菌剂，如氨基糖苷类、多黏菌素类等；第三类为快效抑菌剂，如四环素类、氯霉素类、大环内酯类等；第四类为慢效抑菌剂，如磺胺类。第一类和第二类合用常获得协同作用，如青霉素和链霉素合用，前者破坏细菌细胞壁的完整性，有利于后者易于进入菌体内发挥作用。第一类与第三类使用出现拮抗作用。例如，青霉素与四环素类合用出现拮抗中，在四环素的作用下，细菌蛋白质合成迅速抑制，细菌停止生长繁殖，使青霉素的作用减弱。第一类与第四类合用，可能无明显影响，但在治疗脑膜炎时，合用可提高疗效，如青霉素与磺胺嘧啶合用。其它类合用多出现相加或无关作用。还应注意，用机制相同的同一类药物的疗效并不增强，而可能相互增加毒性，如氨基糖苷类之间合用能增加对第八对脑神经的毒性；大环内酯类、林可霉素类，因作用机制相似，均竞争细菌同一靶位，有可能出现拮抗作用。此外，联合用药时应注意药物之间的理化性质、药物动力学和药效学之间的相互作用与配伍禁忌。

思考与练习

1. 什么是抗菌谱，抗菌活性？有何临床意义？
2. 什么是耐药性？在临床上如何防止耐药性的产生？
3. 抗革兰阳性菌的抗生素有哪些？主要临床应用有哪些？
4. 抗革兰阴性菌的抗生素有哪些？主要临床应用有哪些？
5. 氨基糖苷类药物有哪些共同特点和不良反应？
6. 化学合成抗菌药有哪些？主要临床应用有哪些？
7. 简述磺胺类药物的作用机制？
8. 如何合理应用抗病原微生物药物？

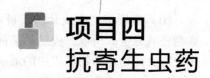

项目四 抗寄生虫药

【知识目标】 理解抗寄生虫药作用机制，了解抗寄生虫药的使用原则，掌握常用抗寄生虫药的理化性质、药理作用、临床应用、注意事项、制剂、用法与用量。

【技能目标】
在临床上对抗寄生虫药能做到正确选择药物治疗动物寄生虫病，同时能选择合理的给药途径，当发生中毒时能正确解救。

任务一 概 述

抗寄生虫药是指用来驱除或杀灭动物体内、外寄生虫的药物，动物患有寄生虫病是一种普遍存在的现象。有些寄生虫病一旦流行可引起大批死亡，慢性者可使幼畜生长发育受阻，肉、蛋、乳、皮等的产量与质量下降。此外，某些寄生虫病属人畜共患病，直接威胁人类的生命和健康。寄生虫病多为群发性疾病，合理选用抗寄生虫药是防治动物寄生虫病综合措施中的一个重要环节，对发展动物生产和保护人类健康具有重要意义。抗寄生虫药除具有抗虫作用外，有些还对机体产生不同程度的毒副作用。

抗寄生虫药的使用原则有：
（1）尽量选择广谱、高效、低毒、便于投药、价格便宜、无残留或少残留、不易产生耐药性的药物。
（2）必要时联合用药。
（3）准确地掌握剂量和给药时间。
（4）混饮投药前应禁饮，混饲前应禁食，药浴前应多饮水等。
（5）大规模用药时必须做安全试验，以确保安全。

（6）应用抗寄生虫药后，可能在动物源食品中残留，威胁人体的健康和影响公共卫生。所以，应熟悉掌握抗寄生虫药物在食品动物体内的分布情况，遵守有关药物在动物组织中的最高残留限量和休药期的规定。

抗寄生虫药作用机制是：

（1）抑制虫体内的某些酶，某些抗蠕虫药能抑制虫体内酶的活力，使虫体的代谢发生障碍。如左旋咪唑、硝硫氰胺等能抑制虫体内延胡索酸还原酶（琥珀酸脱氢酶）的活力，阻断延胡索酸还原为琥珀酸，减少能量的产生；又如有机磷酸酯类能与胆碱酯酶结合，阻碍乙酰胆碱的降解，使虫体内乙酰胆碱蓄积增多，引起虫体兴奋痉挛，最后麻痹死亡。

（2）干扰虫体的代谢，某些抗寄生虫药能直接干扰虫体内的物质代谢过程，如三氮脒等能抑制 DNA 的合成，从而影响原虫的生长繁殖；氯硝柳胺能干扰虫体氧化磷酸化过程，影响 ATP 的合成，使绦虫缺乏能量，头节脱离肠壁而排出体外。

（3）作用于虫体内的受体，某些抗寄生虫药作用于虫体内的受体，影响虫体内受体与递质的正常结合。如噻嘧啶等能与虫体的胆碱受体结合，产生与乙酰胆碱相似的作用，其作用较乙酰胆碱强而持久，引起虫体肌肉剧烈收缩，导致痉挛性麻痹。

（4）影响虫体内离子的平衡或转运，如聚醚类抗球虫药能与 Na^+、K^+、Ca^{2+} 等离子结合形成亲脂性复合物，使其能自由穿过细胞膜，破坏细胞内离子平衡而杀虫；氯苯胍能使线粒体 Ca^{2+}、K^+、H^+ 等离子转运发生障碍，并使蛋白质凝结而发挥抗球虫作用。

抗寄生虫药根据其主要作用特点和寄生虫分类的不同，可分为抗蠕虫药、抗原虫药和杀虫药。

任务二 抗蠕虫药

抗蠕虫药是指能驱除或杀灭动物体内寄生蠕虫的药物，又称驱虫药。根据寄生于动物体内蠕虫的种类不同，又将抗蠕虫药分为抗线虫药、抗绦虫药、抗吸虫药和抗血吸虫药。

一、抗线虫药

（一）阿维菌素类

阿维菌素类药物是由阿维链霉菌产生的一组新型大环内酯类抗寄生虫药，目前应用于动物临床的主要有伊维菌素、阿维菌素、多拉菌素、美贝霉素肟和莫西菌素。因本类药物有优秀的驱虫活性和较高的安全性，为一类新型、广谱、高效、安全和用量小的理想抗体内外寄生虫药。

伊维菌素

【理化性质】为白色结晶性粉末，无味，易溶于乙醇，不溶于水。

【药理作用】对动物体内外寄生虫特别是线虫、昆虫和螨均有良好驱杀作用，主要作用是引起神经－肌肉突触后膜谷氨酸控制的氯离子通道开放，阻断运动神经末梢的冲动传导，使虫体出现麻痹直至死亡。内服吸收后广泛分布于全身组织，并以肝脏和脂肪组织中浓度最高，在肝脏代谢，主要由粪便排泄。

【临床应用】主要用于马、牛、羊、猪的消化道和呼吸道线虫，马胃蝇和羊鼻蝇的各期幼虫，牛和羊的疥螨、痒螨、毛虱、血虱以及猪疥螨、猪血虱等外寄生虫有极好的杀灭作用；犬、猫钩口线虫成虫及幼虫、犬恶丝虫的微丝蚴、狐狸鞭虫、犬弓首蛔虫成虫和幼虫、狮弓蛔虫、猫弓首蛔虫以及犬、猫耳痒螨和疥螨均有良好的驱杀作用，也可用于预防犬心丝虫病（又称犬恶丝虫病）；对兔痒螨、疥螨、禽羽虱都有高效杀灭作用。此外，对传播疾病的节肢动物如蜱、蚊、库蠓等均有杀灭效果并干扰其产卵或蜕化。

【注意事项】

（1）伊维菌素的安全范围较大，应用过程很少出现不良反应，但是超剂量可引起中毒，无特效解毒药。

（2）肌内注射后会产生严重的局部反应（马尤为显著，应慎用），一般采用皮下注射方法给药或内服。

（3）驱虫作用较缓慢，对有些内寄生虫需数天到数周才能彻底杀灭。

（4）泌乳动物及母牛临产前 1 个月禁用。

【制剂、用法与用量】

伊维菌素注射液：皮下注射，一次量，牛、羊 0.2mg/kg 体重，猪 0.3mg/kg 体重，犬、猫 0.1～0.2mg/kg 体重。

阿维菌素（阿灭丁、爱比菌素）

【理化性质】为白色或淡黄色粉末，无味，易溶于乙醇，不溶于水。

【药理作用】药理作用与伊维菌素相同，但性质较不稳定，特别对光线敏感，储存不当易灭活失效。

【临床应用】主要用于动物防治线虫病、螨病及其它寄生性昆虫病。

【注意事项】

（1）毒性较伊维菌素稍强，敏感动物慎用。

（2）其它同伊维菌素。

【制剂、用法与用量】

阿维菌素注射液：同伊维菌素注射液。

多拉菌素

【理化性质】 为白色或类白色结晶性粉末,无臭,极微溶于水。

【药理作用】 为新型、广谱抗寄生虫药,主要作用与伊维菌素相似,但抗虫活性稍强,毒性较小。主要特点是血药浓度及半衰期均比伊维菌素长两倍。

【临床应用】 主要用于防治动物的线虫病和螨病等寄生虫病。

【注意事项】

(1) 性质不太稳定,在阳光照射下迅速分解灭活,其残存药物对鱼类及水生生物有毒,因此应注意水源保护。

(2) 多拉菌素浇泼剂,牛应用后,6h 内不能雨淋。

【制剂、用法与用量】

(1) 多拉菌素注射液 皮下或肌内注射,牛 0.2mg/kg 体重,猪 0.3mg/kg 体重,犬、猫 0.1~0.2mg/kg 体重。

(2) 多拉菌素浇泼液 背部浇泼,牛 0.5mg/kg 体重。

美贝霉素肟

【理化性质】 易溶于有机溶剂,不溶于水。

【药理作用】 对某些节肢动物和线虫具有高度活性,专用于犬的抗寄生虫药。对犬恶丝虫发育中、幼虫均极敏感,主要用于预防微丝蚴和肠道寄生虫(如犬弓首蛔虫、犬鞭虫和钩口线虫等)。对钩口线虫属钩虫有效,但对弯口属钩虫不理想。强有效的杀犬微丝蚴药物,对犬蠕形螨也极有效。

【临床应用】 主要用于防治犬体内寄生虫(线虫)和外寄生虫(犬蠕形螨)。

【注意事项】

(1) 虽对犬毒性不大,安全范围较广,但长毛牧羊犬敏感。

(2) 治疗微丝蚴时,患犬也常出现中枢神经抑制、流涎、咳嗽、呼吸急促和呕吐。必要时可使用 1mg/kg 体重的泼尼松龙以预防。

(3) 不足四周龄幼犬,禁用。

【制剂、用法与用量】

美贝霉素肟:内服,一次量,犬 0.5~1.0mg/kg 体重,1 次/月。

莫西菌素

【理化性质】 为白色或类白色粉末,不溶于水。

【药理作用】 与其它大环内酯类抗寄生虫药的不同之处,在于它是单一成分,抗虫活性维持时间长,具有广谱驱虫作用,对犬线虫和节肢动物寄生虫有高度驱除作用。

【临床应用】 主要用于防治动物体内寄生的线虫。

【注意事项】对动物较安全，但大剂量时，犬可能会出现嗜睡、呕吐、共济失调、畏食、下痢等症状。

【制剂、用法与用量】

真西菌素片：内服，一次量，犬 3μg/kg 体重，1 次/月。

（二）苯并咪唑类

苯并咪唑类主要包括阿苯达唑、芬苯达唑、奥芬达唑、噻苯达唑和氧苯达唑等，特点是驱虫谱广、驱虫效果好、毒性低，还有一定的杀灭幼虫和虫卵作用。

阿苯达唑（丙硫苯咪唑、抗蠕敏）

【理化性质】为白色或类白色粉末，无臭，无味，不溶于水。

【药理作用】为动物临床使用最多，为广谱、高效、低毒的驱虫药。对动物肠道线虫、绦虫、多数吸虫等均有效，可同时驱除混合感染的多种寄生虫。作用机制是能抑制虫体内延胡索酸还原酶的活力，影响虫体对葡萄糖的摄取和利用，导致虫体肌肉麻痹而死亡。内服吸收良好，主要经肾脏排泄。

【临床应用】主要用于驱除牛、羊消化道线虫的成虫及其幼虫，牛、羊的肝片形吸虫及莫尼茨绦虫，猪的蛔虫、后圆线虫、食道口线虫，猪、牛、羊的囊尾蚴及猪肾虫，犬的蛔虫及犬钩虫、绦虫，鸡的赖利绦虫成虫、蛔虫、异刺线虫、毛细线虫，鹅的剑带绦虫、裂口线虫、棘口吸虫等。

【注意事项】

（1）毒性小，治疗量无任何不良反应，但因马较敏感，慎用。

（2）对动物长期毒性试验观察，有胚胎毒和致畸胎，但无致突变和致癌作用，因此，妊娠动物禁用。

【制剂、用法与用量】

阿苯达唑片：内服，一次量，牛、羊 10～15mg/kg 体重，猪 5～10mg/kg 体重，犬、猫 25～50mg/kg 体重，禽 10～20mg/kg 体重。

芬 苯 达 唑

【理化性质】为白色或类白色粉末，无臭，无味，不溶于水。

【药理作用】为广谱、高效、低毒的新型苯并咪唑类驱虫药。它不仅对动物胃肠道线虫成虫、幼虫有高度驱虫活性，而且对网尾线虫、矛形双腔吸虫、片形吸虫和绦虫也有较佳效果。内服时吸收极少，主要经粪便排泄。

【临床应用】主要用于牛、羊的线虫、绦虫和肝片吸虫，猪的猪蛔虫、食道口线虫、猪圆线虫、后圆线虫、猪肾虫，犬、猫的钩虫、蛔虫、毛首线虫，禽的蛔虫、毛细线虫和绦虫，狮、虎、豹的蛔虫、钩口线虫、绦虫等。

【注意事项】

（1）苯并咪唑类虽然毒性较低，且能与其它驱虫药并用，但芬苯达唑

（及奥芬达唑）属例外，与杀片形吸虫药溴胺杀并用时可引起绵羊死亡，牛流产。

（2）瘤胃内给药时（包括内服法）比真胃给药法驱虫效果好，甚至还能增强对耐药虫种的驱除效果。

【制剂、用法与用量】

芬苯达唑片：内服，牛、羊、猪 5~7.5mg/kg 体重，犬、猫 25~50mg/kg 体重，禽 10~50mg/kg 体重。

奥芬达唑

【理化性质】 为白色或类白色粉末，有轻微的特殊气味，不溶于水。

【药理作用】 为芬苯达唑的衍生物，为广谱、高效、低毒的新型抗蠕虫药，其驱虫谱与芬苯达唑相似，但驱虫活性更强。奥芬达唑在苯并咪唑类中，属于内服吸收量较多的驱虫药。但反刍动物吸收量明显低于单胃动物，单胃动物主要经尿排泄，反刍动物主要经粪便排泄。

【临床应用】 主要用于牛、羊线虫、绦虫，猪蛔虫、食道口线虫，犬蛔虫、钩虫成虫及幼虫。

【注意事项】

（1）易产生耐药虫株，甚至产生交叉耐药现象。

（2）适口性较差，混饲，应注意防止因摄食量减少，药量不足而影响驱虫效果。

（3）治疗量对妊娠母羊无胎毒作用，但不易用于妊娠早期的动物。

【制剂、用法与用量】

奥芬达唑片：内服，一次量，牛 5mg/kg 体重，羊 5~7.5mg/kg 体重，猪 4mg/kg 体重，犬 10mg/kg 体重。

噻苯达唑

【理化性质】 为白色或类白色粉末，味微苦，无臭，微溶于水。

【药理作用】 对动物多种胃肠道线虫均有驱除效果，对成虫效果好，对未成熟虫体也有一定作用。噻苯达唑是虫体延胡索酸还原酶的一种抑制剂，对皮炎芽生菌、白色念珠菌、青霉菌和发癣菌等均有抑制作用，也可减少饲料中黄曲霉菌毒素的形成。内服易吸收，广泛分布于机体大部分组织，因而对组织中移行期幼虫和寄生于肠腔和肠壁内的成虫都有驱杀作用。

【临床应用】 主要用于牛、羊的大多数胃肠线虫的成虫和幼虫，猪蛔虫、食道口线虫和毛首线虫，犬蛔虫、钩虫和毛首线虫。对幼虫、虫卵也有一定杀灭作用。

【注意事项】

（1）由于并用免疫抑制剂，有时能诱发内源性感染，因此，在用噻苯达唑驱虫时，禁用免疫抑制剂。

（2）连续长期应用，能使寄生蠕虫产生耐药性，而且有可能对其它苯并咪唑类驱虫药也产生交叉耐药现象。

（3）由于用量较大，对动物的不良反应也较其它苯并咪唑类驱虫药严重，因此，过度衰弱，贫血及妊娠动物以不用为宜。

【制剂、用法与用量】

噻苯达唑片：内服，一次量，牛、羊、猪、犬、禽 50～100mg/kg 体重。

（三）咪唑骈噻唑类

咪唑骈噻唑类是较新的一类驱线虫药，对胃肠寄生线虫及肺线虫均有高效，驱虫范围广，并可通过多种途径给药。临床上常用的左旋咪唑（左噻咪唑）。

左 旋 咪 唑

【理化性质】常用盐酸盐或磷酸盐，为白色或类白色针状结晶或结晶性粉末，无臭，味苦，易溶于水。

【药理作用】为广谱、高效、低毒的驱线虫药，对多种动物的胃肠道线虫和肺线虫的成虫及幼虫均有高效抗虫作用。作用机制是使延胡索酸还原酶失去活力，干扰虫体糖代谢过程，导致虫体麻痹，被动物排出体外。还有明显提高动物的免疫能力，但对正常机体的免疫功能作用并不显著。如能使老龄动物、患慢性病动物的免疫功能低下状态恢复到正常，并能使巨噬细胞数增加，吞噬功能增强；虽无抗微生物作用，但可提高患病动物对细菌及病毒感染的抵抗力；使用剂量为驱虫量的 1/4～1/3。剂量过大，反能引起免疫抑制效应。内服可从胃肠道吸收，皮肤给药也可从皮肤吸收，吸收后可全身分布。大部分在肝和肾中代谢，主要在尿中排泄，少量从粪便中排泄。

【临床应用】主要用于动物的胃肠道线虫、肺线虫和犬心丝虫，猪肾虫。也用于免疫功能低下动物的辅助治疗和提高疫苗的免疫效果。

【注意事项】

（1）对动物的安全范围小，特别是注射给药，有时发生中毒甚至死亡事故。因此，除肺线虫宜选用注射法外，通常宜内服给药。

（2）犬、猫敏感，用时必须精确计算用量。

【制剂、用法与用量】

（1）盐酸左旋咪唑片　内服，一次量，牛、羊、猪 7.5mg/kg 体重，犬、猫 1mg/kg 体重，禽 25mg/kg 体重。

（2）盐酸左旋咪唑注射液　皮下、肌内注射，一次量，牛、羊、猪 7.5mg/kg 体重，犬、猫 1mg/kg 体重，禽 25mg/kg 体重。

（3）磷酸左旋咪唑注射液　同盐酸左旋咪唑注射液。

（四）四氢嘧啶类

四氢嘧啶类主要包括噻嘧啶和甲噻嘧啶，为广谱驱线虫药，现已广泛应用于马、猪、牛、羊、犬、猫等动物胃肠道线虫的驱虫。

噻嘧啶（四咪唑、噻吩嘧啶）

【理化性质】 常用其双羟萘酸盐和酒石酸盐，双羟萘酸噻嘧啶为淡黄色粉末，无臭，无味，不溶于水。

【药理作用】 为广谱、高效、低毒的驱胃肠线虫药，为去极化型神经肌肉传导阻断剂，对虫体和宿主具有同样作用。先引起虫体肌肉痉挛性收缩，继而阻断神经肌肉传导，导致麻痹而死亡。内服酒石酸噻嘧啶吸收良好，体内迅速代谢，主要以原形从尿排泄。双羟萘酸噻嘧啶难溶于水，在肠道极少吸收，能达到大肠末端发挥良好的驱蛲虫作用。

【临床应用】 主要用于治疗动物的胃肠线虫病。

【注意事项】

（1）对宿主具有较强的烟碱样作用，妊娠及虚弱动物禁用。

（2）禁与地西泮药、肌松药以及其它拟胆碱药、抗胆碱酯酶药配伍。

【制剂、用法与用量】

双羟萘酸噻嘧啶片：内服，一次量，犬、猫 5～10mg/kg 体重。

（五）有机磷类

有机磷类主要用于治疗动物的消化道线虫病和体外寄生虫病，主要有敌百虫、哈罗松和蝇毒磷等，其中以敌百虫应用最多。

敌 百 虫

【理化性质】 为白色结晶或结晶性粉末，易溶于水，水溶液易水解，遇碱迅速变质。

【药理作用】 为广谱驱虫药，不仅用于消化道线虫，而且对姜片吸虫、血吸虫也有一定效果，还可用于防治体外寄生虫，如动物体虱、螨病等均有良好杀灭作用。蝇、蚊、蚤、蜱、蟑螂等也较敏感，接触药物后迅速死亡。作用机理是抑制虫体内的胆碱酯酶活力，导致乙酰胆碱大量蓄积而引起虫肌麻痹死亡。内服或注射均能迅速吸收，吸收后药物主要分布于肝、肾、脑和脾脏，主要经尿排泄。

【临床应用】 主要用于蛔虫、血矛线虫、毛首线虫、食道口线虫、仰口线虫、圆形线虫、姜片吸虫等；也用于马胃蝇蛆、羊鼻蝇蛆等；还可用于杀灭动物体表及环境中外寄生虫，如疥螨、蚊、蝇、蚤、虱等。对钉螺、血吸虫卵和尾蚴也有显著的杀灭效果。

【注意事项】

（1）对宿主胆碱酯酶有抑制作用，故在用药前后两周内，动物不宜接触其它有机磷杀虫剂、胆碱酯酶抑制剂和肌松药，否则毒性增强。

(2) 碱性物质能使敌百虫迅速分解成毒性更大的敌敌畏，因此忌用碱性水质配制药液，并禁与碱性药物配伍使用。

(3) 安全范围较窄，治疗量即使动物出现轻度副交感神经兴奋反应，过量使用可出现中毒症状，中毒可用阿托品和碘解磷定解救。

【制剂、用法与用量】

敌百虫片：内服，一次量，牛 20~40mg/kg 体重，极量 15g/头；马 30~50mg/kg 体重，极量 20g/匹；绵羊、猪 80~100mg/kg 体重，极量 5g/只（头）；山羊 50~700mg/kg 体重，极量 5g/只；犬 75mg/kg 体重。羊用 1.5%~2% 敌百虫溶液喷鼻或 2.4% 敌百虫溶液大群喷雾，对羊鼻蝇第一期幼虫均有良好的杀灭作用；马按 40~75mg/kg 体重内服敌百虫，对马胃蝇蚴有良好杀灭作用；牛用 2% 敌百虫溶液涂擦背部，体重较小的牛一次用 300mL，对牛皮蝇第三期幼虫有良好杀灭作用；用 1%~3% 敌百虫溶液涂擦于动物局部体表，不能超过动物体表面积的 1/3，治疗体虱、疥螨；用 0.5%~1% 敌百虫溶液喷洒于环境，杀灭蝇、蚊、虱、蚤等。

(六) 哌嗪类

哌　　嗪

【理化性质】为白色鳞片状结晶或结晶性粉末，无臭，味微酸带涩，略溶于水。

【药理作用】对成熟线虫较敏感，未成熟线虫的幼虫可被部分驱除，宿主组织中的幼虫则不敏感，对猪的蛔虫和结节虫有良好的作用，对犬和猫弓蛔虫、狮弓蛔有作用，对食肉动物鞭虫和绦虫无作用，对鸡蛔虫很敏感，对鸡盲肠线虫不敏感。

【临床应用】主要用于治疗动物蛔虫病和毛首线虫病。

【注意事项】

(1) 与氯丙嗪合用，可诱发癫痫发作；与噻嘧啶或甲噻嘧啶有拮抗作用。

(2) 在治疗剂量时，少见不良反应，但在犬或猫，可见腹泻、呕吐和共济失调。

(3) 肝、肾功能不全及胃肠蠕动减弱的动物，慎用。

【制剂、用法与用量】

磷酸哌嗪片：内服，一次量，马、猪 0.2~0.25g/kg 体重，犬、猫 0.07~0.1g/kg 体重，禽 0.2~0.5g/kg 体重。马间隔 3~4 周，猪间隔 2 个月，犬、猫间隔 2~3 周，禽间隔 10~14d，应再次给药 1 次。

乙胺嗪（海群生）

【理化性质】为白色结晶性粉末，无臭、味酸苦，易溶于水。

【药理作用】 主要对丝虫及微丝蚴有特效,对于牛、羊肺丝虫病的初期效果好,对猪的肺丝虫、犬的恶心丝虫和马、羊脑脊髓丝虫也有一定驱虫作用。

【临床应用】 主要用于治疗牛、羊、猪、马肺线虫病和犬丝虫病的预防。

【注意事项】

(1) 应用微丝蚴阳性犬后,个别犬会引起过敏反应,甚至致死,禁用。

(2) 毒性小,但犬长期服用可引起呕吐;驱蛔虫,大剂量喂服时,宜喂食后服用。

【制剂、用法与用量】

柠檬酸乙胺嗪片:内服,一次量,马、牛、羊、猪 20mg/kg 体重,犬、猫 50mg/kg 体重。

二、抗绦虫药

目前,临床常用抗绦虫药为氯硝柳胺、硫双二氯酚、氢溴酸槟榔碱和丁萘脒等。

氯硝柳胺

【理化性质】 为浅黄色结晶性粉末,无臭,无味,不溶于水。

【药理作用】 为驱绦虫药,对多种绦虫均有杀灭作用。作用机理是抑制绦虫对葡萄糖的吸收,并抑制虫体细胞内氧化磷酸化反应,使三羧酸循环受阻,导致乳酸蓄积而产生杀虫作用。虫体在通过宿主消化道内已被消化,故粪便中不可能发现绦虫的头节和节片。内服极少由消化道吸收,在消化道内保持高浓度,主要由粪便中排出。

【临床应用】 主要用于治疗马、牛、羊、犬、鸡、鲤鱼等的绦虫病。对牛、羊的前后盘吸虫也有效,还可杀灭血吸虫的中间宿主钉螺。

【注意事项】

(1) 安全范围大,多数动物使用安全,但犬、猫较敏感,2 倍治疗量可使犬、猫出现暂时性下痢,但能耐过,鱼类毒性较强。

(2) 动物在给药前,应禁食 12h。

【制剂、用法与用量】

氯硝柳胺片:内服,一次量,牛 40~60mg/kg 体重,羊 60~70mg/kg 体重,犬、猫 80~100mg/kg 体重,禽 50~60mg/kg 体重。

硫双二氯酚(别丁)

【理化性质】 为白色或类白色粉末,无臭或微带酚臭,不溶于水。

【药理作用】 为广谱驱虫药,主要对吸虫成虫及囊蚴均有明显杀灭作用,对绦虫也有效,能使绦虫头节破坏溶解,但对华枝睾吸虫病疗效差。作用机理是降低寄生虫体内葡萄糖分解和氧化代谢过程，特别是抑制琥珀酸的氧化，导致虫体能量不足而死亡。内服仅有少量从消化道吸收，主要由胆汁排泄。

【临床应用】主要用于治疗动物多种绦虫病和肺吸虫病。

【注意事项】多数动物耐受性良好，但治疗量常使犬呕吐，牛、马暂时性腹泻，虽多能耐过，但衰弱，下痢动物仍以不用为宜。为减轻不良反应，可减少剂量，连用2~3次。

【制剂、用法与用量】

硫双二氯酚片：内服，一次量，马10~20mg/kg体重，牛40~60mg/kg体重，羊、猪70~100mg/kg体重，犬、猫200mg/kg体重，鸡100~200mg/kg体重。

氢溴酸槟榔碱

【理化性质】为白色或淡黄色结晶性粉末，无臭，味苦，易溶于水。

【药理作用】为犬细粒棘球绦虫和带绦虫的驱虫药，也用于禽的绦虫。作用机制是对绦虫肌肉有较强的麻痹作用，使虫体失去攀附于肠壁的能力。给犬灌服能迅速吸收，主要在肝脏中灭活。

【临床应用】主要用于犬细粒棘球绦虫、豆状带绦虫、泡状带绦虫、绵羊带绦虫和多头绦虫和鸡赖利绦虫、鸭、鹅剑带绦虫。

【注意事项】

（1）治疗量，个别犬产生呕吐及腹泻症状，但多数能自行耐过，若遇有严重中毒病例，可用阿托品解救。

（2）溶液剂投服时，必须用带导管的注射器，直接注药液于舌根处，以保证迅速吞咽，否则，由于广泛地接触口腔黏膜，吸收加速，而使毒性反应增强。

（3）用药前，犬应禁食12h，用药后2h若仍不排便，即用盐水灌服，以加速麻痹虫体的排除。

（4）鸡耐受性强，鸭、鹅次之，马较敏感，猫最敏感，以不用为宜。

【制剂、用法与用量】

氢溴酸槟榔碱片：内服，一次量，犬2mg/kg体重，禽3mg/kg体重，鸭、鹅1~2mg/kg体重，马10~20mg/kg体重，牛40~60mg/kg体重，羊、猪70~100mg/kg体重，鸡100~200mg/kg体重。

丁 萘 脒

【理化性质】盐酸丁萘脒为白色结晶性粉末，无臭，溶于热水；羟萘酸丁萘脒为淡黄色结晶性粉末，不溶于水。

【药理作用】对犬、猫绦虫具有杀灭作用。盐酸盐丁萘脒片剂给犬内服后，在胃内，迅速崩解，药物立即对寄生于十二指肠处的绦虫产生作用。肠道吸收少量药物，极少进入全身循环。

【临床应用】盐酸盐丁萘脒是犬、猫专用驱绦虫药，主要用于细粒棘球绦虫、犬带绦虫成虫、未成熟细粒棘球绦虫。

【注意事项】

（1）适口性差，饱食后影响驱虫效果，用药前应禁食3~4h。

（2）不可捣碎或溶于液体中，因为药物对口腔有刺激性，还因广泛接触口腔黏膜吸收加速，甚至中毒。

（3）对犬毒性较大，肝功能不全的犬禁用。

（4）心室纤维性颤动是应用盐酸丁萘脒致死的主要原因，用药后的军犬和牧羊犬应避免剧烈运动。

【制剂、用法与用量】

盐酸盐丁萘脒片：内服，一次用量，犬、猫25~50mg/kg体重。

三、抗吸虫药

除前介绍的硫双二氯酚和苯并咪唑类药物具有驱吸虫作用外，还有吡喹酮和硝氯酚。

吡 喹 酮

【理化性质】为白色或类白色结晶性粉末，味苦，不溶于水。

【药理作用】为较理想的新型广谱抗吸虫和抗绦虫药。对各种绦虫成虫及未成熟虫体均有良效，对血吸虫有很好的效果。内服后几乎全部迅速由消化道吸收，肌内或皮下注射，血浆中药物浓度维持时间更长。主要在肝脏中迅速代谢灭活，由肾脏排泄。

【临床应用】主要用于治疗动物吸虫病，也用于绦虫病和囊虫病。

【注意事项】

（1）毒性虽极低，但大剂量偶尔可使动物血清谷丙转氨酶轻度升高，部分牛会出现体温升高、肌肉震颤、臌气等反应。

（2）大剂量皮下注射时，可出现局部刺激反应。犬、猫出现的全身反应，如疼痛、呕吐、下痢、流涎、无力、昏睡等现象，但多能耐过。

【制剂、用法与用量】

（1）吡喹酮片 内服，一次量，牛、羊、猪10~35mg/kg体重，犬、猫2.5~5mg/kg体重，禽10~20mg/kg体重。

（2）吡喹酮注射液 皮下、肌内注射，一次量，犬、猫1mL/kg体重。

硝氯酚（拜耳9015）

【理化性质】为黄色结晶性粉末，无臭，无味，不溶于水，钠盐易溶于水。

【药理作用】为国内外广泛应用的抗牛、羊肝片吸虫药，具高效、低毒特点。硝氯酚能抑制虫体琥珀酸脱氢酶，从而影响肝片吸虫能量代谢而发挥作用。内服后可经肠道吸收，但在瘤胃内可逐渐降解灭活，主要经肾脏由尿排泄。

【临床应用】主要用于治疗牛、羊肝片吸虫病，对前后盘吸虫移行期幼虫也有较好效果。

【注意事项】

（1）治疗量对动物比较安全，过量引起中毒，可用安钠咖、毒毛花苷 K 和维生素 C 等治疗。

（2）给牛、羊注射时，虽然用药方便、剂量小，但易中毒，所以必须精确计算剂量，以防中毒。

【制剂、用法与用量】

（1）硝氯酚片　内服，一次量，黄牛 3～7mg/kg 体重，水牛 1～3mg/kg 体重，乳牛 5～8mg/kg 体重，牦牛 3～5mg/kg 体重，羊 3～4mg/kg 体重。

（2）硝氯酚注射液　皮下、肌内注射，一次量，牛、羊 0.5～1mg/kg 体重。

四、抗血吸虫药

对人和动物危害严重的血吸虫有日本分体吸虫、曼氏分体吸虫和埃及分体吸虫。吡喹酮具有高效、低毒、疗程短、口服有效等特点，是抗血吸虫的首选药，其它的还有硝硫氰酯、硝硫氰醚、敌百虫等。

硝 硫 氰 酯

【理化性质】为浅黄色结晶或结晶性粉末，微臭，不溶于水。

【药理作用】硝硫氰酯为硝硫氰胺的衍生物，具有广谱抗吸虫作用。作用机制是抑制虫体的琥珀酸脱氢酶和三磷酸腺苷酶，影响三羧酸循环所致。内服吸收进入血液，与红细胞和血浆蛋白结合，半衰期长，有明显肝肠循环现象，吸收后药物主要经尿液排泄。

【临床应用】主要用于治疗耕牛血吸虫病和肝片形吸虫病，也用于犬、猫的寄生虫病。

【注意事项】

（1）对胃肠道有刺激性，犬、猫反应较严重，因此，国外有专用的糖衣丸剂。猪偶有呕吐，个别牛表现畏食，瘤胃臌气或反刍停止，但均能耐过。

（2）反刍动物内服驱效果较差，多配成 3% 油性溶液，瓣胃注射，效果好。

【制剂、用法与用量】

硝硫氰酯：内服，一次量，牛 30~40mg/kg 体重，猪 15~20mg/kg 体重，犬、猫 50mg/kg 体重；瓣胃注射，一次量，牛 15~20mg/kg 体重。

任务三 抗原虫药

动物的原虫病是由单细胞原生动物如球虫、锥虫、血孢子虫、滴虫、梨形虫、弓形虫、利什曼原虫和阿米巴等引起的一类寄生虫病。抗原虫药分为抗球虫药、抗锥虫药、抗梨形虫药和抗滴虫药。

一、抗球虫药

球虫病为寄生于胆管及肠上皮细胞内的一种原虫病，以消瘦、贫血、下痢、血便为主要临床特征，严重危害雏鸡、犊牛、羔羊、幼兔的生长发育，甚至造成大批死亡，因而威胁养鸡和养兔业的发展。目前，动物的球虫病还是以药物预防为主，常用的药物有 20 多种，一般为广谱抗球虫药。一类是聚醚类离子载体抗生素，另一类是化学合成的抗球虫药。以化学合成药为主，因抗球虫药作用的峰期不同和易产生耐药性，所以在防治球虫病时应注意轮换、穿梭和联合用药。

（一）聚醚类离子载体抗生素

莫能菌素（莫能星、莫能霉素、瘤胃素）

【理化性质】钠盐为白色结晶性粉末，性质稳定，不溶于水，为第一个专用于动物聚醚类离子载体抗生素类抗球虫药。

【药理作用】为广谱抗球虫药，作用峰期为感染后第 2 天。对鸡柔嫩、毒害、堆型、巨型、布氏、变位等艾美尔球虫均有高效杀灭作用；对羔羊雅氏、阿撒地艾美尔球虫也有效。

【临床应用】主要用于防治鸡、犊牛、羔羊和兔的球虫病。

【注意事项】

（1）不宜与其它抗球虫药合用，因合用会使毒性增强。

（2）泰妙菌素可明显影响代谢，因此在使用该药前后 7d 内不能用莫能菌素。

（3）超过 16 周龄产蛋鸡禁用，10 周龄以上火鸡、珍珠鸡及鸟类敏感，不宜应用。

【制剂、用法与用量】

莫能菌素钠预混剂：混饲，鸡 90~110g/t 饲料，犊牛 17~30g/t 饲料，羔羊 10~30g/t 饲料，兔 20~40g/t 饲料，均以莫能菌素计。

盐霉素（沙得利霉素、优素精）

【理化性质】从白色链霉菌的发酵产物中分离而得，钠盐为白色或淡黄色结晶性粉末，微有特异臭味，不溶于水。

【药理作用】抗球虫作用与莫能菌素相似，对鸡的多种艾美尔球虫均有防治效果，作用峰期在第一代的裂殖体阶段，产生耐药性慢，与其它非离子载体抗生素类抗球虫药无交叉耐药性。

【临床应用】主要用于防治动物球虫病和牛、猪的促生长。

【注意事项】安全范围较窄，应严格掌握剂量，超过 75mg/kg 时可引起鸡的增重和饲料转化率降低。

【制剂、用法与用量】

盐霉素钠预混剂：混饲，鸡 50~70g/t 饲料，牛 10~30g/t 饲料，猪 25~75g/t 饲料，均以盐霉素计。

拉沙洛菌素（球安）

【理化性质】由拉沙链霉菌培养液中提取而得，钠盐为白色或类白色粉末，不溶于水。

【药理作用】为高效广谱抗球虫药，对球虫子孢子以及第一、二代无性周期的子孢子、裂殖子均有抑杀作用，除对堆型美尔球虫作用稍差外，对其它型艾美尔球虫的抗球虫效应超过莫能菌素和盐霉素。

【临床应用】主要用于预防鸡球虫病，也可用于犊牛和羔羊的球虫病。

【注意事项】

（1）较莫能菌素、盐霉素安全，马属动物与产蛋鸡禁用。

（2）突然停药常暴发更严重的球虫病。

【制剂、用法与用量】

拉沙洛菌素钠预混剂：混饲，鸡 75~125g/t 饲料，犊牛 32.5g/t 饲料，羔羊 100g/t 饲料，均以拉沙洛菌素计。

马杜霉素（加福、抗球王）

【理化性质】由放线菌培养液中提取而得，为离子载体抗生素类作用最强、用药浓度最低的抗球虫药；铵盐为白色结晶性粉末，有特臭，不溶于水。

【药理作用】不仅能抑制球虫生长而且能杀灭球虫，对球虫早期子孢子、滋养体以及第一代裂殖体均有抑杀作用，抗球虫效果优于莫能菌素、盐毒素等抗球虫药；也能有效控制对其它离子载体抗生素抗球虫药具有耐药性的虫体。

【临床应用】主要用于鸡球虫病。

【注意事项】

（1）毒性大，除鸡外，禁用于其它动物。

(2) 喂马杜霉素的鸡粪，不可再加工做动物饲料，否则会引起动物中毒。

【制剂、用法与用量】

马杜霉素铵预混剂：混饲，鸡 5g/t 饲料，均以马杜霉素计。

(二) 化学合成抗球虫药

地克珠利（三嗪苯乙氰、杀球灵）

【理化性质】 为微黄色至灰棕色粉末，无臭，目前抗球虫药中用药浓度最低的一种，不溶于水。

【药理作用】 为新型、高效、低毒抗球虫药，活性峰期在子孢子和第一代裂殖体早期阶段。对鸡的柔嫩、堆型艾美尔球虫和鸭球虫的防治效果明显优于莫能菌素、氨丙啉、拉沙洛菌素、尼卡巴嗪、氯羟吡啶等。对火鸡艾美尔球虫、孔雀艾美尔球虫和分散艾美尔球虫也有作用，可有效防治感染。

【临床应用】 主要用于预防鸡球虫病。

【注意事项】

(1) 在消化道持续药效时间短，必须连续用药以防止球虫病再度暴发。

(2) 用药浓度极低，混入饲料中必须充分拌匀。

【制剂、用法与用量】

(1) 地克珠利预混剂　混饲，鸡 1g/t 饲料，均以地克珠利计。

(2) 地克珠利溶液　混饮，鸡 0.5~1g/L 水，均以地克珠利计。

氯羟吡啶（克球粉、球定、可爱丹）

【理化性质】 为白色粉末，无臭，不溶于水。

【药理作用】 对鸡多种艾美尔球虫均有良好效果，尤其对柔嫩艾美尔球虫作用最强。其活性峰期是感染第 1 天，因此可在感染前给药，作预防药或早期治疗药较为合适。对兔球虫也有一定的防治效果，能使宿主对球虫的免疫力明显降低，停药过早，往往导致球虫病暴发。

【临床应用】 主要用于治疗鸡、兔的球虫病。

【注意事项】

(1) 因有抑制鸡对球虫的免疫力，所以肉鸡用于全育雏期，后备鸡群可连续喂至 16 周龄。蛋鸡和种用肉鸡不宜使用。

(2) 由于较易产生耐药性，必须按计划轮换用药。

【制剂、用法与用量】

氯羟吡啶预混剂：混饲，鸡 125g/t 饲料，兔 125g/t 饲料，以氯羟吡啶计。

盐酸氨丙啉（安宝乐）

【理化性质】 为白色粉末，无臭，易溶于水，使用于产蛋鸡的一种抗球虫药。

【药理作用】对鸡、火鸡、羔羊、犬和犊牛的球虫病有效,作用峰期在感染后第3天即第一代裂殖体。对球虫有性周期和子孢形成的卵囊也有抑杀作用,对鸡柔嫩、堆型艾美尔球虫抗虫作用最强。

【临床应用】主要用于防治鸡、火鸡、羔羊、犬和犊牛的球虫病。

【注意事项】

(1) 抗球虫范围不广,常与其它抗球虫药合用,如乙氧酰胺苯甲酯、磺胺喹沙啉等,增加抗球虫作用。

(2) 为硫胺素拮抗剂,氨丙啉过高比例混入饲料中,可引起宿主产生硫胺素缺乏症,应在饲料中适量添加硫胺素,浓度超过10mg/kg,可明显拮抗氨丙啉的抗球虫作用。

【制剂、用法与用量】

(1) 盐酸氨丙啉、乙氧酰胺苯甲酯预混剂(100g含25g盐酸氨丙啉、1.6g乙氧酰胺苯甲酯) 混饲,鸡500g/t饲料。

(2) 盐酸氨丙啉、乙氧酰胺苯甲酯、磺胺喹沙啉预混剂(100g含20g盐酸氨丙啉、1g乙氧酰胺苯甲酯、12g磺胺喹沙啉) 混饲,鸡500g/t饲料,兔125g/t饲料。

盐酸氯苯胍

【理化性质】为白色或浅黄色结晶性粉末,有氯臭,味苦,几乎不溶于水。

【药理作用】对鸡的多种球虫和鸭、兔的大多数球虫病均有良好的防治效果,作用峰期是第一代裂殖体,即感染第2天,对第二代裂殖体和卵囊也有作用,对毒害型和缓型艾美尔球虫的效果与氯羟吡啶相似,对柔嫩、布氏、堆型、巨型艾美尔球虫预效果优于氯羟吡啶,对兔的肠艾美尔球虫作用稍差。

【临床应用】主要用于治疗动物的球虫病。

【注意事项】

(1) 超过治疗剂量长期服用,可使鸡肉、鸡肝、鸡蛋带异臭味,但饲料浓度在30mg/kg时,不会发生上述现象。

(2) 停药过早,常致球虫病复发。蛋鸡产蛋期禁用。

【制剂、用法与用量】

盐酸氯苯胍预混剂:混饲,鸡30~60g/t饲料,兔100~125g/t饲料,以盐酸氯苯胍计。

常山酮(卤山酮、速丹)

【理化性质】为白色或灰白色结晶粉末,无臭,无味,为中药常山中的一种生物碱,现为人工合成的广谱抗球虫药。

【药理作用】对鸡的柔嫩、毒害、堆型、布氏和巨型艾美耳球虫均有效,为一种用量小、抗球虫作用强的广谱抗球虫药。作用峰期是球虫的子孢子、第一代裂殖体、第二代裂殖体均有很强的抑制作用，并且对球虫卵囊有强大的杀灭作用。球虫对常山酮不易产生耐药性，与其它抗球虫药不产生交叉耐药性，当使用其他抗球虫药无效时，改用常山酮效果良好。

【临床应用】主要用于治疗鸡的球虫病。

【注意事项】

（1）适口性较差，饲料中添加剂量大时，会影响鸡的采食量，而影响生长发育。

（2）对鱼类、水禽及其它水生动物毒性较大，禁止使用。

（3）蛋鸡产蛋期禁用。

【制剂、用法与用量】

氢溴酸常山酮预混剂：混饲，鸡3g/t饲料，以氢溴酸常山酮计。

磺胺喹噁啉（磺胺喹沙啉）

【理化性质】为黄色粉末，无臭，不溶于水，为动物专用抗球虫药。

【药理作用】主要抑制球虫第二代裂殖体的发育，作用峰期在感染后的第4天。对鸡的巨型、布氏和堆型艾美尔球虫的作用较强，对柔嫩艾美尔球虫的作用较弱，仅在高浓度时有效。与氨丙啉或抗菌增效剂配伍，可增强抗球虫作用，对巴氏杆菌和大肠杆菌等有抗菌作用。

【临床应用】主要用于防治鸡、火鸡的球虫病，兔、犊牛、羔羊及水貂的球虫病，也用于禽霍乱、大肠杆菌病等动物的细菌性感染。

【注意事项】

（1）对雏鸡有一定毒性，连续喂饲不能超过5d，否则，引起维生素K缺乏症，也可引起鸡红细胞和淋巴细胞减少。

（2）可单独用于兔、犊牛、羔羊及水貂的球虫病治疗，但对鸡一般不单独使用，多与氨丙啉、磺胺二甲嘧啶等药物配伍使用增强疗效。

【制剂、用法与用量】

磺胺喹噁啉预混剂：混饮，鸡3~5g/L水，连用2~3d，停药2d，再用3d，连用不能超过5d，以磺胺喹噁啉计。

二、抗锥虫药

动物的主要锥虫病有伊氏锥虫病（危害马、牛、骆驼、猪等）和马媾疫（危害马），主要介绍喹嘧啶、萘磺苯酰脲和锥灭定，三氮脒及双脒苯脲的抗锥虫作用，将在抗梨形虫药中介绍。

喹嘧胺（安锥赛）

【理化性质】喹嘧胺为喹嘧氯胺4份与甲硫喹嘧胺3份混合而成的灭菌粉

末。喹嘧氯胺为白色或微黄色结晶性粉末，无臭，味苦，微溶于水。甲硫喹嘧胺为白色或微黄色结晶性粉末，无臭，味苦，易溶于水。

【药理作用】喹嘧胺是传统使用的抗锥虫药，其毒性略强于萘磺苯酰脲，对锥虫无直接溶解作用，而是影响虫体的代谢过程，使其生长繁殖抑制。喹嘧氯胺难溶于水，注射后吸收缓慢；甲硫喹嘧胺易溶于水，注射后迅速吸收。吸收后药物迅速由血液进入组织，尤以肝、肾脏分布较多。因此喹嘧氯胺多用于预防锥虫病，甲硫喹嘧胺多用于治疗锥虫病。

【临床应用】主要用于防治马、牛、骆驼伊氏锥虫病和马媾疫。

【注意事项】

（1）应用时常出现毒性反应，尤以马属动物最敏感，通常注射后15min到2h，动物出现兴奋不安、呼吸急促、肌肉震颤、心率增数、频排粪尿、腹痛、全身出汗等，但通常能自行耐过，严重者可致死。因此，用药后必须注意观察，必要时可注射阿托品及其它支持、对症药物。

（2）严禁静脉注射，皮下或肌内注射时，通常出现肿胀，甚至引起硬结，经3~7d消退，宜分点注射。

【制剂、用法与用量】

注射用喹嘧胺（500mg含286mg喹嘧氯胺、214mg甲硫喹嘧胺）：肌内、皮下注射，一次量，马、牛、骆驼4~5mg/kg体重。

萘磺苯酰脲（苏挂明、那加诺、那加宁）

【理化性质】其钠盐为白色、微粉红色或带乳酪色粉末，味涩，微苦，易溶于水。

【药理作用】对马、牛、骆驼的伊氏锥虫和马媾疫锥虫均有效。静注9~14h，血液中虫体消失，24h患病动物体温下降，血红蛋白尿消失，食欲逐渐恢复。作用机理是萘磺苯酰脲与蛋白质结合，抑制锥虫的多种酶系，阻止虫体代谢，导致分裂受阻最后使虫体溶解死亡。

【临床应用】主要用于治疗马、牛、骆驼和犬的伊氏锥虫病，但预防性给药时效果稍差。

【注意事项】

（1）对牛、骆驼的毒性反应轻微，用药后仅出现肌肉震颤，步态异常，精神委顿等轻微反应。但对严重感染马属动物，有时出现发热，跛行，水肿，重者卧地不起。为防止上述反应的发生，对恶病质的马除加强管理外，可将治疗量分两次注射，间隔24h。

（2）治疗时，应用药两次，间隔7d。疫区预防，在发病季节，每2个月用一次。

【制剂、用法与用量】

注射用萘磺苯酰脲：静脉注射，治疗，一次量，马7~10mg/kg体重（极量4g），牛12mg/kg体重，骆驼8~12mg/kg体重；预防，一次量，马、牛、骆驼1~2g。

盐酸氯化氮氨菲啶（沙莫林）

【理化性质】为深棕色粉末，无臭，易溶于水。

【药理作用】为长效抗锥虫药，主用于牛、羊的锥虫病。作用机理是能抑制锥虫RNA和DNA聚合酶，阻碍核酸合成。动物静脉注射12周后，肝、肾组织仍能测出药物；肌内注射12周后除注射局部外，肌肉、脂肪不再出现残留药物。由于在注射部吸收缓慢，动物体内残效期极长，一次用药，可维持预防作用达6个月之久。

【临床应用】主要用于治疗牛、羊的锥虫病。

【注意事项】

（1）用药后，至少有半数牛出现兴奋不安，流涎，腹痛，呼吸加速，继则出现食欲减退，精神沉郁等全身症状，但通常自行消失。为此，在用药后，应加强对动物护理，以减少不良反应发生。

（2）对组织的刺激性较强，通常在注射局部形成的硬结，需2~3周才消失，严重者还伴发局部水肿，甚至延伸至机体下垂部位。为此，必须深层肌内注射，并防止药液漏入皮下。

【制剂、用法与用量】

注射用盐酸氯化氮氨菲啶：肌内注射，一次量，牛1mg/kg体重，临用前加灭菌注射用水配成2%溶液。

三、抗梨形虫药

梨形虫曾命名为焦虫、血孢子虫，主要包括巴贝斯虫和泰勒虫，由蜱通过吸血而传播的一种寄生虫病，特征为发热、贫血、黄疸、神经症状、血尿，严重者可致死。巴贝斯虫主要寄生在脊椎动物红细胞内，而泰勒虫则在淋巴细胞和红细胞中进行无性生殖。因此，在治疗动物梨形虫病时，必须进行综合性灭蜱（中间宿主）措施。

目前比较常用的抗梨形虫药主要有三氮脒、硫酸喹啉脲等，但必须强调的是四环素类抗生素，特别是土霉素和金霉素，不仅对牛、马巴贝斯虫，牛泰勒虫有效，而且对牛无浆体也能彻底消除带虫状态，属于比较理想的抗梨形虫药。

三氮脒（贝尼尔、血虫净）

【理化性质】为黄色或橙色结晶性粉末，无臭，溶于水。

【药理作用】三氮脒属于芳香双脒类，为传统使用的广谱抗血液原虫药，如对动物梨形虫、锥虫和无浆体均有治疗作用，但预防效果较差。作用机制是干扰虫体的需氧糖酵解和 DNA 合成。

【临床应用】主要用于治疗动物梨形虫、锥虫和无浆体感染。

【注意事项】

（1）毒性较大，安全范围较窄，治疗量有时也会出现不良反应，但通常能自行耐过。注射液对局部组织刺激性较强，而且马的反应较牛更为严重，故应分点深部肌内注射。

（2）骆驼敏感，以不用为宜；马较敏感，慎用；水牛较黄牛敏感，特别是连续应用时，易出现毒性反应。

【制剂、用法与用量】

注射用三氮脒：肌内注射，一次量，马 3~4mg/kg 体重，牛、羊 3~5mg/kg 体重，犬 3.5mg/kg 体重。

硫酸喹啉脲（阿卡普林）

【理化性质】为淡绿黄色或黄色粉末，易溶于水。

【药理作用】对动物的巴贝斯虫有特效。对马巴贝斯虫、弩巴贝斯虫、牛双芽巴贝斯虫以及牛、羊、犬巴贝斯虫等均有良好效果；对牛早期的泰勒虫病有一些效果，对无浆体效果较差。

【临床应用】主要用于治疗动物巴贝斯虫病。

【注意事项】

（1）毒性较大，大剂量应用可发生血压骤降，导致休克死亡。

（2）治疗剂量可出现胆碱能神经兴奋症状。为减轻或防止不良反应，可将总剂量分成 2 或 3 份，间隔几个小时应用，也可在用药前注射小剂量硫酸阿托品或肾上腺素。

（3）一般于用药后 6~12h 出现药效，12~36h 体温下降，动物症状改善，外周血液内虫体消失。

【制剂、用法与用量】

硫酸喹啉脲注射液：肌内、皮下注射，一次量，牛 1mg/kg 体重，马 0.6~1mg/kg 体重，羊、猪 2mg/kg 体重，犬 0.253~5mg/kg 体重。

双脒苯脲（咪唑苯脲、双脒唑苯基脲）

【理化性质】常用其二盐酸盐或三丙酸盐，均为无色粉末，易溶于水。

【药理作用】有预防和治疗作用的新型抗梨形虫药，其疗效和安全范围都优于三氮脒，且毒性较三氮脒和其它药小。对多种动物（如牛、马、犬、小鼠、大鼠）的多种巴贝斯焦虫病和泰勒梨形虫病，不但有治疗作用，而且还有预防效果，甚至不影响动物机体对虫体产生免疫力。注射给药吸收较好，能分布于全身各组织，主要在肝脏中灭活解毒，经尿排泄。

【临床应用】主要用于治疗或预防牛、马、犬的巴贝斯虫病。

【注意事项】

(1) 禁止静脉注射,较大剂量肌内或皮下注射时,有一定刺激性。

(2) 马属动物敏感,尤其是驴、骡,大剂量使用时应慎重。

(3) 毒性较低,但较大剂量可能会导致动物咳嗽、肌肉震颤、流泪、流涎、腹痛、腹泻等症状,一般能自行恢复,症状严重者可用小剂量的阿托品解救。

(4) 首次用药间隔2周后,再用药1次,以彻底根治梨形虫病。

【制剂、用法与用量】

二丙酸双脒苯脲注射液:肌内、皮下注射,一次量,马 2.2~5mg/kg 体重,犬 6mg/kg 体重,牛 1~2mg(锥虫病 3mg)/kg 体重。

任务四 杀 虫 药

具有杀灭体外寄生虫作用的药物称为杀虫药。由螨、蜱、虱、蚤、蝇、蚊等节肢动物引起的动物体外寄生虫病,不仅能直接危害动物机体,还能夺取营养、损坏毛皮、影响增重,给畜牧业造成巨大经济损失,而且传播许多人畜共患病,严重影响人体健康。为此,选用高效、安全、经济、方便的杀虫药具有极其重要的意义。

一般说来,所有杀虫药对动物机体都有一定的毒性,甚至在规定剂量范围内也会出现程度不等的不良反应。因此,在选用杀虫药时,除严格掌握剂量、浓度和使用方法,还需要加强动物的饲养管理,如遇有中毒现象,应立即采取解救措施。杀虫药可分为有机磷类、有机氯类、拟除虫菊酯类及其它类杀虫药。

一、有机磷类杀虫药

有机磷类杀虫药具有杀虫效力强、杀虫谱广、易降解,对环境污染小等特点,敌百虫外遇碱易水解失活,但对动物毒性一般较大。常用的有机磷杀虫药有敌百虫、二嗪农、辛硫磷、甲基吡啶磷等。

二嗪农(螨净)

【理化性质】为无色油状液体,有淡酯香味,微溶于水。

【药理作用】为广谱有机磷杀虫剂、杀螨剂,具有触杀、胃毒、熏蒸等作用,但内服作用较弱。对蝇、蜱、虱以及各种螨均有良好的杀灭效果,喷洒后在皮肤、被毛上的附着力很强,能维持6~8周的杀虫作用。

【临床应用】主要用于驱杀动物体表寄生的疥螨、痒螨及蜱、虱等,二嗪衣项圈用于驱杀犬、猫体表蚤和虱。

【注意事项】

（1）为中等毒性，但禽、蜜蜂敏感，易中毒，慎用。

（2）药浴时必须精确计量药液浓度，动物全身浸泡为宜。为提高对猪疥螨病的治疗效果，可选用软刷助洗。

【制剂、用法与用量】

二嗪农溶液：药浴，羊 0.02% 溶液，牛 0.06% 溶液；喷淋，猪 0.025% 溶液，牛、羊 0.06% 溶液。

辛 硫 磷

【理化性质】为无色或浅黄色油状液体，微溶于水。

【药理作用】为合成的有机磷杀虫药，具有高效，低毒，广谱，杀虫残效期长等特点，对害虫有强触杀及胃毒作用，对蚊、蝇、虱、螨的速杀作用仅次于敌敌畏和胺菊脂。对人、畜的毒性较低，属低毒类物质。辛硫磷室内滞留喷洒残效较长，一般可达 3 个月左右。

【临床应用】主要用于治疗动物体表寄生虫病，如羊螨病、猪疥螨病；还用于杀灭周围环境的蚊、蝇、臭虫、蟑螂等。

【注意事项】对光敏感，应避光密封保存，室外使用残效期较短。

【制剂、用法与用量】

（1）辛硫磷乳油　药浴，配成 0.05% 乳液；喷洒，配成 0.1% 乳液。

（2）复方辛硫磷胺菊酯乳油（含 40% 辛硫磷、8% 胺菊酯、24% 八氯二丙酯）　喷雾，加煤油按 1∶80 稀释灭蚊蝇。

甲基吡啶磷

【理化性质】为白色或类白色结晶性粉末，有异臭，微溶于水。

【药理作用】为高效、低毒的有机磷杀虫剂，主要通过胃毒，兼有触杀作用，杀灭苍蝇、蟑螂、蚂蚁及部分昆虫的成虫。昆虫成虫具有不停地舔食的生活习性，通过胃毒起作用的药物效果更好，如与诱致剂配合，能增加诱致苍蝇能力 2~3 倍。

【临床应用】主要用于杀灭厩舍、鸡舍等处的成蝇，对蟑螂、蚂蚁、跳蚤、臭虫等也有良好杀灭作用。

【注意事项】

（1）毒性低，对眼有轻微刺激性，喷雾时动物虽可留于厩舍，但不能向动物直接喷射，饲料也应转移它处。

（2）药物加水稀释后应当天用完，停放后，应重新搅拌均匀再用。

【制剂、用法与用量】

（1）甲基吡啶磷颗粒剂　撒布于成蝇、蟑螂聚集处 $2g/m^2$。

（2）甲基吡啶磷可湿性粉剂（含甲基吡啶磷10%、诱致剂0.05%） 喷洒，用水配成10%混悬液，地面、墙壁、天花板等处喷洒50mL/m²；涂抹，选用甲基吡啶磷可湿性粉剂100g，加水80mL制成糊状物，涂抹于地面、墙壁、天花板等处，每2m²涂一个点，每个点大小约13cm×10cm。

二、有机氯化合物

有机氯类杀虫剂是发现和应用最早的人工合成杀虫剂，主要有滴滴涕、六六六等，现已禁用。目前，只有氯芬新系列制剂，用于犬、猫等宠物体表的跳蚤幼虫的驱杀。

氯 芬 新

【理化性质】 为昆虫生长调节剂。
【药理作用】 进入蚤的血液后转至卵，影响幼虫壳质形成而使蚤生长繁殖受阻。能抑制犬、猫体表跳蚤幼虫的发育。
【临床应用】 主要用于犬、猫等宠物体表的跳蚤幼虫的驱杀。
【注意事项】 仅限用于宠物。
【制剂、用法与用量】
（1）氯芬新片剂 内服，一次量，犬10mg/kg体重，1次/月。
（2）氯芬新混悬液 内服，一次量，猫30mg/kg体重，1次/月。

三、拟除虫菊酯类杀虫药

除虫菊酯为菊科植物除虫菊的有效成分，具有杀灭各种昆虫的作用，特别是击倒力甚强。天然除虫菊酯化学性质不稳定，残效期短，有些昆虫被击倒后可复苏；现已人工合成了一系列的除虫菊酯类杀虫药，这类药物具有高效、速效，对动物毒性低，性质稳定等特点，但长期应用易产生耐药性。常用的有氰戊菊酯、溴氰菊酯、氟氰胺菊酯和氟氯苯氰菊酯等。

氰 戊 菊 酯

【理化性质】 为淡黄色黏稠液体，难溶于水。
【药理作用】 对动物的多种外寄生虫及吸血昆虫，如螨、虱、蚤、蜱、蚊、蝇、虻等有良好的杀灭作用，杀虫力强，效果确切。以触杀为主，兼有胃毒和驱避作用，有害昆虫接触后，药物迅速进入虫体的神经系统，表现强烈兴奋、抖动，很快进入全身麻痹、瘫痪，最后击倒而杀灭。
【临床应用】 主要用于驱杀动物体表寄生虫，如螨、蜱、虱、虻等。还可用于杀灭环境、厩舍的昆虫，如蚊、蝇等。

【注意事项】

（1）配制溶液时，水温以12℃为宜，如水温超过25℃将会降低药效，超过50℃则失效。应避免使用碱性水，并忌与碱性物质合用。

（2）治疗动物外寄生虫病时，无论是喷淋、喷洒还是药浴，都应保证动物的被毛、羽毛被药液充分浸透。

（3）对蜜蜂、鱼虾、家蚕毒性较高，使用时不要污染河流、池塘、桑园、养蜂场所。

【制剂、用法与用量】

氰戊菊酯乳油：药浴、喷淋，马、牛螨20mg/L水；猪、羊、犬、兔、鸡螨80~200mg/L水；牛、猪、兔、犬虱80~200mg/L水；鸡虱及刺皮螨40~50mg/L水。杀灭蚤、蚊、蝇、虻40~80mg/L水。喷雾，配成0.2%浓度，鸡舍按3~5mL/m²，喷雾后密闭4h，能杀灭鸡羽虱、蚊、蝇、蠓等害虫。

溴 氰 菊 酯

【理化性质】 为白色结晶粉末，难溶于水。

【药理作用】 具有杀虫范围广，对多种有害昆虫有杀灭作用，具有杀虫效力强、速效、低毒、低残留等优点。比有机磷酸酯有更大的脂溶性，且杀虫效力比有机磷酸酯强数倍。可杀死蚊、蝇、牛皮蝇、牛、羊、猪体表寄生的各种虱类，对蜱、螨也有良效。

【临床应用】 主要用于防治动物体外寄生虫以及杀灭环境、仓库等地点的昆虫。

【注意事项】

（1）对动物毒性虽小，但对皮肤、黏膜、眼睛、呼吸道有较强的刺激性，特别对大面积皮肤病或有组织损伤者，影响更为严重，用时注意防护。

（2）急性中毒无特殊解毒药，阿托品能阻止中毒时的流涎症状。主要以对症治疗为主，镇静剂能拮抗中枢兴奋性。误服中毒时可用4%碳酸氢钠溶液洗胃。

（3）对鱼有剧毒，使用时切勿将残液倒入鱼塘。蜜蜂、家禽也较敏感。

【制剂、用法与用量】

溴氰菊酯乳油：药浴、喷淋；预防：5~15g/1000L水，治疗：30~50g/1000L水，必要时隔7~10d重复1次。

四、其它类化合物

双 甲 脒

【理化性质】 为白色或淡黄色结晶性粉末，无臭，不溶于水。

【药理作用】 为接触性广谱杀虫剂，兼有胃毒和内吸作用，对各种螨、蜱、蝇、虱等均有效。其杀虫作用可能与干扰神经系统功能有关，同时还能影响昆虫产卵功能及虫卵的发育能力。

【临床应用】 主要用于防治动物的体外寄生虫病，如疥螨、痒螨、蜂螨、蜱、虱等。

【注意事项】
（1）对严重病例用药 7d 后重复使用一次，可彻底治愈。
（2）对皮肤有刺激作用，防止药液接触皮肤和眼睛。

【制剂、用法与用量】
（1）双甲脒乳油　动物药浴、喷洒、涂擦，配成 0.025%～0.05% 溶液（以双甲脒计）。
（2）双甲脒项圈　犬 1 条/只，使用期 4 个月（驱蜱）或 1 个月（驱毛囊虫）。

升 华 硫

【理化性质】 为黄色结晶性粉末，微臭，不溶于水。应密闭在阴凉处保存。

【药理作用】 为硫磺的一种，有灭螨和杀菌（真菌）作用。硫磺本身并无此作用，但与皮肤组织有机物接触后，逐渐生成硫化氢、五硫磺酸等，能溶解皮肤角质，使表皮软化并呈现灭螨和杀菌作用。

【临床应用】 主要用于治疗动物疥螨、痒螨病。

【注意事项】 对人的皮肤和眼睛具有刺激性，使用时注意防护。

【制剂、用法与用量】
（1）升华硫软膏　外用，涂擦患部，1 次/d，连用 3d。
（2）升华硫　药浴，以 2% 硫磺、1% 石灰配成灭螨浴剂，1 次/周，连用 2d。

思考与练习

1. 简述抗寄生虫药作用机制？
2. 抗寄生虫药的使用原则有哪些？
3. 抗蠕虫药有哪些？主要临床应用？
4. 抗原虫药有哪些？临床上如何选用？

项目五
作用于内脏系统的药物

【知识目标】

了解消化系统、呼吸系统、血液循环系统及泌尿生殖系统常用药物的作用机制,掌握消化系统、呼吸系统、血液循环系统及泌尿生殖系统常用药物的理化性质、药理作用、临床应用、注意事项、制剂、用法与用量。

【技能目标】

在临床上能根据诊断结果,准确选用消化系统、呼吸系统、血液循环系统及泌尿生殖系统药物,不发生药物配伍禁忌,能正确选择给药途径,并能正确给药。

任务一 消化系统药物

消化系统疾病是动物常发的一类疾病,由于动物种类不同,其消化系统的结构和功能也各有不同,因此发病种类和发病率也各有差异,通常情况下草食动物比杂食动物发病种类多,发病率也较高。引起消化系统疾病的原因很多,如饲料品质不佳、突然更换饲料、毒物中毒、病原微生物感染等原因都能引起的消化功能紊乱,主要表现为胃肠的分泌、蠕动、吸收和排泄等消化功能障碍,从而产生消化不良、积食、臌气、腹泻或便秘等一系列症状。作用于消化系统的药物可以在消除病因的基础上,通过纠正胃肠消化功能紊乱,改善消化功能,使消化系统由异常恢复到正常的生理水平,进而促进营养成分的吸收,增强机体抗病力。用于消化系统的药物种类很多,根据其药理作用和临床应用可分为健胃药与助消化药、瘤胃兴奋药、制酵与消沫药、泻药与止泻药、催吐药与止吐药、抗酸药等。

一、健胃药与助消化药

（一）健胃药

凡能促进动物唾液和胃液分泌，调节胃肠功能活动，提高食欲和加强消化的药物称为健胃药。健胃药的作用通过刺激动物味觉感受器和胃黏膜，进而兴奋迷走神经，使胃肠平滑肌蠕动加强，消化液分泌增加，加强对食物的消化及营养物质的吸收功能。根据药物的性质及作用特点可分为苦味健胃药、芳辛健胃药和盐类健胃药三类。

1. 苦味健胃药

苦味健胃药多来源于植物，如龙胆、马钱子、大黄等，主要利用它们强烈的苦味，内服时刺激舌的味觉感受器，通过迷走神经反射性地兴奋食物中枢，加强唾液和胃液的分泌，从而提高食欲，促进消化。苦味健胃药主要用于大动物的食欲缺乏、消化不良，需在饲喂前 5~30min 经口投服或混料中，多次反复应用苦味健胃药，味觉感受器可能会产生适应性，而使药效逐渐降低，可与其它健胃药配合使用，用量不宜过大，中小动物多厌苦味，较少使用。家禽没有牙齿，舌头缺少味蕾，食物在口腔中停留时间较短，因此家禽在消化不良时应用苦味健胃药是无效的。

苦味健胃药应用注意事项：①应用时要制成合适的剂型及选用合适的给药方式，最好使用散剂、酊剂或舔剂并经口投服，使其与口腔味觉感受器充分接触以便发挥作用，不可直接投入胃中，否则影响药效。②宜在动物饲喂前给药。③使用量不宜过大，以免抑制胃酸的分泌。④不宜长期或反复多次使用，否则因产生适应性而影响药效。

龙　　胆

【理化性质】 为龙胆科植物龙胆或三花龙胆干燥根茎和根，其主要有效成分为龙胆苦苷、龙胆糖、龙胆碱等，粉末为淡黄棕色，味甚苦，应密闭干燥保存。

【药理作用】 龙胆性寒味苦，具有清热燥湿功效。内服后，其强烈的苦味刺激口腔味觉感受器，反射性地兴奋食物中枢，使唾液、胃液分泌增多，从而增强胃肠消化功能、提高食欲。常与其它药物配成复方制剂，经口灌服。对胃肠黏膜无直接刺激作用，也无明显的吸收作用。

【临床应用】 主要用于治疗动物的食欲缺乏，消化不良及用于某些热性病的恢复期。

【注意事项】 脾胃虚寒动物不宜使用，阴虚津伤动物慎用。

【制剂、用法与用量】

（1）龙胆末　内服，一次量，马、牛 15~45g，羊、猪 6~15g，犬 1~

5g,猫 0.5~1g。

(2) 龙胆酊（由龙胆末 100g,加 40% 乙醇 1000mL 浸制而成） 内服，一次量，马、牛 50~100mL,羊 5~20mL,猪 3~8mL,犬、猫 1~3mL。

(3) 复方龙胆酊（苦味酊，龙胆 100g,陈皮 40g,豆蔻末 10g,加 60% 乙醇浸制成 1000mL） 内服，一次量，马、牛 50~100mL,羊、猪 5~20mL,犬、猫 1~4mL。

大　黄

【理化性质】 为蓼科植物掌叶大黄或唐古特大黄的干燥根或根茎，主要有效成分为大黄素、大黄酚等，粉末气清香，味苦而微涩。

【药理作用】 大黄性寒微苦，具有泻下、清热、止血、解毒之功效。其药理作用与其剂量密切相关，内服小剂量大黄主要发挥健胃作用，因味苦刺激口腔味觉感受器，通过迷走神经的反射，使唾液和胃液分泌增加，从而提高食欲，加强消化；中剂量大黄主要发挥收敛作用，因分解出的大黄鞣酸而呈收敛止泻作用；大剂量大黄主要发挥泻下作用，因分解出的大黄素和大黄酸能刺激肠黏膜和大肠壁，使肠道蠕动增强而引起泻下。大黄素和大黄酸具有明显的抗菌作用，对胃肠道内某些细菌如大肠杆菌、痢疾杆菌等都有抑制作用。

【临床应用】 主要用于健胃和泻下，如食欲缺乏、消化不良、大肠便秘、胃肠积滞。

【注意事项】 性寒，脾胃虚弱动物慎用，妊娠、泌乳动物禁用。

【制剂、用法与用量】

(1) 大黄末　内服，一次量，健胃，马 10~25g,牛 20~40g,羊 2~4g,猪 1~5g,犬 0.5~2g。泻下，马、牛 100g~150g,驹、犊 10~30g,仔猪 2~5g,犬 2~4g。

(2) 复方大黄酊（由大黄 100g,草豆蔻 20g,陈皮 20g,加 60% 乙醇浸制成 1000mL） 内服，一次量，牛 30~100mL,羊、猪 10~20mL,犬、猫 1~4mL。

马　钱　子

【理化性质】 为马钱科植物云南马钱的干燥成熟种子，其主要有效成分为士的宁、马钱子碱等，粉末为灰黄色，尤臭，味苦。

【药理作用】 小剂量经口内服时，主要发挥其苦味健胃作用，加强消化和提高食欲，对胃肠平滑肌也有一定的兴奋作用。其中所含士的宁成分在小肠中很容易被吸收，当用量稍大时可出现吸收作用，引起中枢兴奋，表现为兴奋脊髓，加强骨骼肌的收缩，中毒时引起骨骼肌的强直痉挛。

【临床应用】 主要用于治疗动物的食欲缺乏，消化不良，前胃弛缓，瘤胃积食等。

【注意事项】

（1）所含士的宁成分易被吸收，引起中枢兴奋，毒性较大，应用时严格控制剂量，连续用药不得超过1周，以免发生积蓄中毒。

（2）孕畜禁用。

【制剂、用法与用量】

马钱子酊（马钱子流浸膏83.4mL，加45%乙醇稀释至1000mL制成）：内服，一次量，马、牛10～30mL，羊、猪1～2.5mL，犬、猫0.1～0.6mL。

2. 芳辛性健胃药

芳辛性健胃药为含有挥发油的植物，如陈皮、桂皮、茴香等。经口内服后，其香味刺激能够反射性的促进消化液分泌，增加食欲；同时还对消化道黏膜有温和的刺激作用，可直接促进胃肠蠕动，促进胃肠道中气体的排出，减少臌气的发生；此外，还有轻度的抑菌和制止发酵，减少气体产生，发挥防腐、止酵、驱风的作用；其所含挥发油被吸收后，一部分经呼吸道排出，能增加气管腺体分泌，稀释痰液，有轻度的祛痰作用。临床上常将本类药物配成复方制剂，用于治疗消化不良、胃肠轻度臌气、积食等。

陈皮（橙皮）

【理化性质】 为芸香科植物柑橘成熟果实的干燥果皮，未成熟的果皮称青皮，含挥发油、川皮酮、橙皮苷、维生素 B_1 及肌醇等。

【药理作用】 陈皮性温味辛、苦，能够理气和中、燥湿化痰。内服具有健胃、驱风等作用，刺激消化道黏膜，增强消化液分泌及肠蠕动。

【临床应用】 主要用于治疗消化不良、胃肠积食、胃肠臌气等。

【注意事项】 气虚体燥、阴虚燥咳及内有实热者慎用。

【制剂、用法与用量】

（1）陈皮粉 内服，一次量，马、牛30～60g，羊、猪6～12g。

（2）陈皮酊 内服，一次量，马、牛30～100mL，羊、猪10～20mL。

肉　桂

【理化性质】 为樟科植物肉桂的树皮，主要有效成分为桂皮醛，其粉末为红棕色，气味浓烈，味甜、辣。

【药理作用】 桂皮性温味辛、甘，所含桂皮油对胃肠有缓和的刺激作用，能增强消化功能，排除消化道积气，缓解胃肠痉挛疼痛，此外，还具有中枢性及末梢性扩张血管的作用，能改善血液循环。

【临床应用】 主要用于治疗风寒感冒、消化不良、胃肠臌气。

【注意事项】 有出血性疾病和妊娠动物慎用。

【制剂、用法与用量】

（1）桂皮粉 内服，一次量，马、牛15～45g，羊、猪3～9g。

(2) 桂皮酊（由桂皮 200g、60% 酒精 1000mL 制成） 内服，一次量，马、牛 30～100mL，羊、猪 10～20mL，犬、猫 5～10mL。

姜

【理化性质】 为姜科植物姜根茎的干燥品，含挥发油、姜辣素、姜酮、姜烯酮等，性热，气味特异，味辛辣。

【药理作用】 姜内服后能明显刺激消化道黏膜，促进消化液分泌，使食欲增加，并能抑制胃肠道异常发酵和促进气体排出，因此具有健胃、驱风作用；能反射地兴奋中枢神经，促进血液循环，升高血压，增加发汗，促进和改善血液循环；姜的有效成分吸收后经肾脏排出，对肾脏有一定的刺激性。

【临床应用】 主要用于治疗消化不良、食欲缺乏、胃肠臌气。

【注意事项】
(1) 妊娠动物禁用，以免引起流产。
(2) 对消化道黏膜有较强刺激性，应加水稀释后服用。

【制剂、用法与用量】
(1) 姜粉 内服，一次量，马、牛 15～30g，羊、猪 3～10g。
(2) 姜酊 内服，一次量，马、牛 40～60mL，羊、猪 15～30mL，犬 2～5mL。

大 蒜

【理化性质】 为百合科植物大蒜的鳞茎，含挥发油及大蒜素，对热不稳定，在室温下 2d 即失效，其干燥粉的抗菌性能可长期保持。

【药理作用】 大蒜性温味辛，内服后能促进胃肠蠕动，并有明显的抑菌作用。对多种革兰阳性菌及革兰阴性菌均有不同程度的抑制作用，对结核杆菌、某些真菌、原虫等也有作用。

【临床应用】 主要用于治疗消化不良、食欲缺乏、胃肠臌气，也可内服治疗肠炎、下痢等及外用治疗创伤感染和癣病。

【注意事项】
(1) 性温，阴虚火旺动物慎用。
(2) 对胃肠黏膜有刺激，消化道溃疡动物慎用。

【制剂、用法与用量】
大蒜酊：内服，一次量，马、牛 40～60mL，羊、猪 15～30mL，犬 2～5mL。

小 茴 香

【理化性质】 为伞形科植物茴香的干燥成熟果实，其中主要成分为茴香醚、茴香酮等。

【药理作用】性温味辛,内服对胃肠黏膜有温和的刺激作用,能增强消化液的分泌,促进胃肠蠕动,减轻胃肠臌气。

【临床应用】主要用于治疗消化不良、胃肠积食、胃肠臌气。

【注意事项】热证及阴虚火旺动物忌用。

【制剂、用法与用量】

小茴香酊:内服,一次量,马、牛 40~100mL,羊、猪 15~30mL,犬、猫 5~10mL。

辣椒(番椒、海椒)

【理化性质】为茄科植物辣椒的干燥成熟果实,含辣椒碱、辣椒红素、龙葵苷、维生素 C 等。

【药理作用】性热味辛,具有温中散寒,健胃消食的功效,内服可以健胃驱风。

【临床应用】主要用于治疗消化不良、食欲缺乏、胃肠弛缓、胃肠臌气。

【注意事项】局部刺激作用较强,用量不宜过大,否则易引起胃肠发炎。

【制剂、用法与用量】

(1) 辣椒粉 内服,一次量,马、牛 1~4g,羊 0.2~1g。

(2) 辣椒酊 内服,一次量,马、牛 8~15mL,羊、猪 2~5mL。

3. 盐类健胃药

盐类健胃药主要通过盐类药物在胃肠道中的渗透压作用,温和地刺激胃肠道黏膜,反射性地引起消化液增加。常用的盐类健胃药有氯化钠、碳酸氢钠和人工盐等。

氯 化 钠

【理化性质】为无色透明结晶或白色结晶性粉末,无臭,味咸,易溶于水,水溶液呈中性。

【药理作用】内服小量时,首先以其咸味刺激味觉感受器,同时温和地刺激口腔黏膜,反射地增加唾液和胃液分泌,促进食欲,并能激活唾液淀粉酶的活力,促进消化。当到达胃肠时,能继续刺激胃肠黏膜,增加消化液分泌,加强胃肠蠕动,促进消化和吸收;内服大量的氯化钠,因其容积性和渗透压性刺激而产生泻下作用;用 1%~3% 氯化钠溶液洗涤创伤,有轻度刺激和防腐作用,并有引流和促进肉芽生长的功效;等渗溶液可以洗眼、冲洗子宫和补充体液等;10% 氯化钠溶液静脉注射,能兴奋胃肠。

【临床应用】主要用于治疗消化不良、食欲缺乏、大肠便秘。

【制剂、用法与用量】

氯化钠:内服,一次量,马 10~25g,牛 20~25g,羊 5~10g。0.9% 氯化钠溶液冲洗眼睛;1%~3% 氯化钠溶液洗涤创伤;5%~10% 氯化钠溶液洗涤化脓性创伤。

碳酸氢钠（小苏打、重曹）

【理化性质】为白色结晶性粉末，无臭，味微咸，易溶于水，水溶液呈弱碱性。

【药理作用】为弱碱性盐，其主要作用是中和胃酸，同时还是血液中的主要缓冲物质。内服后，能迅速中和胃酸，作用时间短。由于中和胃酸时产生的二氧化碳能刺激胃壁，可反射性地促进胃液的分泌，从而产生健胃作用。还可以缓解因胃酸过多所引起的幽门括约肌痉挛，有利于胃的排空。可使尿液碱化，预防某些药物如磺胺类药物在尿中析出结晶引起血尿。

【临床应用】主要用于治疗消化不良、酸中毒。

【注意事项】为弱碱性药物，禁止与酸性药物混合使用。

【制剂、用法与用量】

碳酸氢钠片：内服，一次量，马 15~60g，牛 30~100g，羊 5~10g，猪 2~5g，犬 0.5~2g。

人 工 盐

【理化性质】由干燥硫酸钠 44%，碳酸氢钠 36%，氯化钠 18% 和硫酸钾 2% 混合而成，为白色粉末，易溶于水，水溶液呈弱碱性。

【药理作用】具有多种盐类的综合作用。内服小剂量能增强胃肠蠕动，增加消化液分泌，促进消化吸收。内服大剂量，其作用同盐类泻药。

【临床应用】主要用于治疗消化不良、胃肠弛缓、肠便秘。

【制剂、用法与用量】

人工盐：内服，一次量，健胃，马 50~100g，牛 50~150g，羊、猪 10~30g，犬 1~5g。缓泻，马、牛 200~400g，羊、猪 50~100g，犬 4~20g。

（二）助消化药

凡能促进胃肠消化功能，补充消化液或某些消化液所含成分，帮助消化食物的药物均称为助消化药。当消化功能减弱、消化液分泌不足时，必然会引起消化功能障碍，引起消化不良、胃肠弛缓等，这时应选用助消化药。助消化药一般为消化液的有效成分，如稀盐酸、胰蛋白酶、淀粉酶等，它们可以补充消化液分泌不足，常与健胃药配合使用，提高食欲，恢复消化功能。

稀 盐 酸

【理化性质】为无色澄清液体，无臭，味酸，含盐酸约 10%，置玻璃塞瓶内，密封保存。

【药理作用】盐酸是胃液主要成分之一，由胃底腺的壁细胞分泌，在消化过程中起着重要作用。能激活胃蛋白酶原，使其转变为胃蛋白酶，并保持胃蛋白酶发挥作用时所需要的酸性环境；能使蛋白质膨胀变性，以利于蛋白质的消化；酸性食糜刺激十二指肠黏膜，可反射地引起幽门括约肌收缩，使十二指肠黏膜产生胰泌素，反射地引起胰液、胆汁和胃液的分泌，有利于蛋白质和脂肪等的进一步消化；使小肠上部食糜呈酸性，有利于钙、铁等盐类的溶解和吸收；抑制细菌繁殖，制止胃内发酵等。

【临床应用】主要用于治疗因胃酸不足或缺乏所引起的消化不良、胃内异常发酵、食欲缺乏、胃肠弛缓、急性胃扩张。

【注意事项】
(1) 禁与碱类药物、盐类健胃药、洋地黄及其制剂配伍。
(2) 用量不宜过大，否则因食糜酸度过高，会反射地引起幽门括约肌痉挛，影响胃排空，并产生腹痛。
(3) 用前加50倍水稀释成0.2%的溶液使用。

【制剂、用法与用量】
稀盐酸：内服，一次量，马10~20mL，牛15~30mL，羊2~5mL，猪1~2mL，犬0.1~0.2mL。

稀醋酸（乙酸）

【理化性质】为5.5%~6.5%的醋酸水溶液，为无色的澄清液体，味酸。应置玻璃塞瓶内，密封保存。

【药理作用】内服具有健胃、助消化、防腐止酵的作用；外用还具有防腐和刺激作用。

【临床应用】主要用于治疗食欲缺乏、消化不良、瘤胃臌气。

【制剂、用法与用量】
稀醋酸：内服，一次量，马、牛10~40mL，羊5~10mL，猪2~5mL，犬1~2mL。

胃蛋白酶

【理化性质】为白色或淡黄色粉末，味微酸，溶于水，水溶液呈酸性反应，应密闭干燥保存。

【药理作用】内服后可使蛋白质初步分解为蛋白胨，有利于动物的进一步消化吸收，但不能进一步分解为氨基酸。当胃液不足，消化不良时，胃内盐酸也常不足，为充分发挥胃蛋白酶的消化作用，在用药时应灌服稀盐酸。

【临床应用】主要用于治疗因胃液分泌不足或幼畜胃蛋白酶缺乏引起的消化不良。

【注意事项】
(1) 使用时注意温度，超过70℃迅速失效。
(2) 禁止与碱性药物配合使用，遇鞣酸、重金属盐产生沉淀。

【制剂、用法与用量】

胃蛋白酶片：内服，一次量，马、牛 4 000 ~ 8 000IU，羊、猪 800 ~ 1 600IU，驹、犊 1 600 ~ 4 000IU，犬 80 ~ 800IU，猫 80 ~ 240IU。

胰　　酶

【理化性质】为类白色或淡黄色粉末，微臭，溶于水，遇热、酸、碱和重金属盐时易失效。

【药理作用】胰酶是从猪、牛、羊等动物胰腺中提取的含有胰蛋白酶、胰淀粉酶及胰脂肪酶等多种酶的混合物，内服后胰蛋白酶能使蛋白质转化为蛋白胨，胰淀粉酶能使淀粉转化为糖，胰脂肪酶则能使脂肪分解为甘油及脂肪酸，从而促进消化、增进食欲。其助消化作用在中性或弱碱性环境中作用最强，为减少酸性胃液对它的破坏作用，常与碳酸氢钠配伍应用。

【临床应用】主要用于治疗消化不良、食欲缺乏及肝、胰腺疾病或胰液分泌不足所引起的消化障碍。

【注意事项】

(1) 遇热、酸、强碱、重金属盐等易失效。

(2) 在酸性条件下易被破坏，服用时不可粉碎。

(3) 与等量碳酸氢钠同服，可增加疗效。

【制剂、用法与用量】

胰酶片：内服，一次量，马 2.5 ~ 5g，猪 0.5 ~ 1g，犬 0.2 ~ 0.5g，猫 0.1 ~ 0.2g；混饲：每吨饲料，猪、禽 200 ~ 400g。

乳酶生（表飞鸣）

【理化性质】为白色或淡黄色干燥粉末，微臭，无味，难溶于水。

【药理作用】为活乳酸菌的干燥制剂，内服进入肠内后，能分解糖类产生乳酸，使肠内酸度增高，从而抑制腐败性细菌的繁殖，并可防止蛋白质发酵，减少肠内产气，因此能够促进消化及止泻。

【临床应用】主要用于防治消化不良、肠臌气和幼畜腹泻。

【注意事项】为活乳酸菌，不宜与抗菌药物、吸附剂、酊剂、鞣酸等配合使用，以防失效或药效降低。

【制剂、用法与用量】

乳酶生片：内服，一次量，驹、犊 10 ~ 30g，羊、猪 2 ~ 4g，犬 0.3 ~ 0.5g，禽 0.5 ~ 1g。

干酵母（食母生）

【理化性质】为淡黄色至淡黄棕色的颗粒或粉末，味微苦，有酵母的特殊臭。应密封干燥保存。

【药理作用】为酵母科酵母菌干燥菌体，含维生素 B_6、维生素 B_{12}、叶酸、肌醇以及转化酶、麦芽糖酶等，参与体内糖、蛋白质、脂肪等代谢过程和生物氧化过程。

【临床应用】主要用于治疗动物的食欲缺乏、消化不良。

【注意事项】

（1）用量过大会产生轻度腹泻。

（2）因含有大量对氨基苯甲酸，不能与磺胺类药物合用。

【制剂、用法与用量】

干酵母片：内服，一次量，马、牛 120~150g，羊、猪 30~60g，犬 8~12g，禽 0.1~0.3g。

二、瘤胃兴奋药

瘤胃兴奋药是指能加强瘤胃收缩、促进蠕动、兴奋反刍、消除瘤胃积食和臌气的药物。临床上常用的瘤胃兴奋药有拟胆碱药和抗胆碱酯酶药，如氨甲酰甲胆碱、新斯的明及浓氯化钠注射液、甲氧氯普胺等。

浓氯化钠注射液

【理化性质】为无色的澄清液体，味咸。

【药理作用】静脉注射后能短暂抑制胆碱酯酶活力，出现胆碱能神经兴奋的效应，增强瘤胃的运动性。血中高氯离子和高钠离子能反射性兴奋迷走神经，使胃肠平滑肌兴奋，蠕动加强，消化液分泌增多，尤其在瘤胃功能衰竭时，作用更加显著，一般用药后 2~4h 作用最强。

【临床应用】主要用于治疗反刍动物前胃弛缓、瘤胃积食，马属动物胃扩张和便秘。

【注意事项】

（1）静脉注射时不能稀释，速度宜慢，不可漏至血管外。

（2）心力衰竭及肾功能不全动物慎用。

【制剂、用法与用量】

浓氯化钠注射液：静脉注射，一次量，动物 1mL/kg 体重。

甲氧氯普胺（灭吐灵、胃复安）

【理化性质】为白色至淡黄色结晶或结晶性粉末，味苦，溶于水，应密封遮光保存。

【药理作用】内服后，能增加反刍动物的反刍次数，增强瘤胃收缩和肠蠕动，增加排粪次数，反刍持续期延长，嗳气数增多。对酸性消化不良和原发性内源性中毒的急性病例特别有效，对牛的结肠膨胀疗效较好。还可抑制延脑催吐化学感受区而发挥止吐作用。

【临床应用】主要用于治疗反刍动物前胃弛缓、酸性消化不良、肠臌气及犬、猫止吐等。

【注意事项】
（1）犊牛用药后出现轻度抑制、嗜睡等症状，一般可自愈。
（2）可减弱抗胆碱药物药效，合用时需注意。

【制剂、用法与用量】
甲氧氯普胺注射液：兴奋瘤胃，肌内、静脉注射，一次量，犊牛 0.1 ~ 0.3mg/kg 体重；止吐，内服、肌内注射，一次量，犬、猫 10 ~ 20mg/kg 体重。

三、制酵药与消沫药

（一）制酵药

凡能制止胃肠内容物异常发酵的药物称为制酵药。抗生素、磺胺药、消毒防腐药等都有一定程度的制酵作用。治疗胃肠臌气时除放气和排除病因外，还应用制酵药抑制微生物的生长繁殖，减弱气体产生，同时通过刺激使胃肠蠕动加强，促进气体排出。临床常用的制酵药有鱼石脂、芳香氨醑、乳酸、大蒜酊、甲醛等。

鱼石脂（依克度）

【理化性质】为棕黑色的黏稠性液体，有特臭，不溶于水，易溶乙醇。

【药理作用】为含磺酸铵盐的矿物油，具有较弱的抑菌作用及温和的刺激作用，内服能制止发酵、驱风和防腐，促进胃肠蠕动。外用时具有局部消炎、刺激肉芽组织生长作用。

【临床应用】主要用于治疗瘤胃臌气、前胃弛缓、肠臌气、急性胃扩张及大肠便秘；外用于慢性皮肤炎症、腱鞘炎等。

【注意事项】
（1）内服时先用倍量 60% 的乙醇溶解后，再用水稀释成 3% ~ 5% 的溶液灌服。
（2）禁与酸、碱、生物碱和铁盐等药物配伍。

【制剂、用法与用量】
（1）鱼石脂 内服，一次量，马、牛 10 ~ 30g，羊、猪 1 ~ 5g。
（2）鱼石脂软膏 外用，涂敷患处。

芳 香 氨 醑

【理化性质】由碳酸铵 30g、浓氨溶液 60mL、柠檬油 5mL、八角茴香油

3mL、90%乙醇750mL，加水至1000mL混合而成，新配制时为无色澄清液体，久置后变黄，具芳香及氨臭味。

【药理作用】 氨、乙醇、茴香油等均有抑菌作用，对局部组织也有刺激作用，内服后可制止发酵和促进胃肠蠕动，有利于气体的排出，同时由于刺激胃肠道，增加消化液的分泌，可改善消化功能。

【临床应用】 主要用于治疗消化不良、瘤胃臌气、肠臌气。

【制剂、用法与用量】
芳香氨醑：内服，一次量，马、牛 30~60mL，羊、猪 3~8mL，犬 0.6~4mL。

（二）消沫药

消沫药是指能降低泡沫液膜的局部表面张力，使泡沫破裂的药物。如松节油、二甲硅油、植物油等，主要用于治疗泡沫性瘤胃臌气。

二甲基硅油

【理化性质】 为无色澄清油状液体，无臭，无味，不溶水和乙醇，易溶于氯仿、乙醚等。

【药理作用】 内服后能迅速降低胃内气泡液膜的局部表面张力，使小气泡破裂融合，形成大气泡，随嗳气排出，产生消沫作用，用药后15~30min作用最强。

【临床应用】 主要用于治疗泡沫性瘤胃臌气。

【注意事项】 用时配成2%~5%乙醇溶液，胃管灌服，应用前后应给予少量温水，减少刺激性。

【制剂、用法与用量】
二甲基硅油：内服，一次量，牛 3~5g，羊 1~2g。

松 节 油

【理化性质】 为无色至微黄色的澄清液体，有特殊芳香味，不溶于水，易溶于乙醇。

【药理作用】 内服后在胃中比胃内液体表面张力低，能有效地降低泡沫性气泡的表面张力，可使泡沫破裂，进一步融合成大气泡使游离气体随嗳气排出体外，而起消沫作用。此外，还可轻度刺激消化道黏膜和抑菌作用，能促进胃肠蠕动和分泌，具有驱风和制酵作用。

【临床应用】 主要用于治疗泡沫性瘤胃臌气、瘤胃积食，肠臌气。

【注意事项】
（1）刺激性强，禁用于急性胃肠炎、肾炎等动物。
（2）宰前动物、泌乳动物禁用。
（3）马、犬对松节油极敏感，慎用。

【制剂、用法与用量】
松节油：内服，一次量，牛 20~60mL，猪、羊 3~10mL。

四、泻药与止泻药

（一）泻药

泻药是指能促进肠道蠕动，增加肠内容积或润滑肠腔，软化粪便，加速粪便排出的药物。临床上主要用于治疗便秘、排除胃肠内毒物及腐败分解物，还可与驱虫药物合用以驱除肠道寄生虫。根据作用方式和特点可分三类，容积性泻药、刺激性泻药和润滑性泻药。

1. 容积性泻药

溶积性泻药又称盐类泻药，指内服后其盐离子不易被肠壁吸收，在肠内可形成高渗盐溶液，利用其渗透特性，致使大量水分及电解质在肠腔内滞留，从而能扩张肠道容积，软化粪便，对肠壁产生机械性刺激，促使肠道蠕动加快而产生致泻作用的药物。容积性泻药多为盐类药物如硫酸钠、硫酸镁等。一般来说容积性泻药致泻作用的强弱与其离子被肠壁吸收的难易程度有一定的比例关系，即难吸收的产生致泻作用就强。常见离子被肠壁吸收的难易如下：K^+ > Na^+ > Ca^{2+} > Mg^{2+}，Cl^- > Br^- > NO_3^- > SO_4^-。致泻作用的强弱还与其溶液的浓度有密切关系，以稍高于等渗浓度时效果较好，硫酸钠的等渗浓度为 3.2%，硫酸镁的等渗浓度为 4%。导泻时常配成 4%~6% 的溶液灌服。如果浓度过大，需由体内渗出水分来稀释溶液、增加容积而促进泻下。若体内水分不足或脱水时，则会影响泻下作用。在用盐类泻药前后，多饮水或进行补液，可提高致泻效果。应当注意，盐类溶液浓度过高（10%以上）会延长致泻时间，影响致泻效果，还会反射地引起幽门括约肌痉挛，从而妨碍胃的排空，有时甚至能引起肠炎。

硫酸钠（芒硝）

【理化性质】 为白色粉末，无臭，味苦、咸，应密封保存，易溶于水。

【药理作用】 小剂量内服可轻度刺激消化道黏膜，促进胃肠分泌和蠕动，产生健胃作用。大剂量内服时在肠道中解离出 Na^+ 和 SO_4^{2-}，不易被肠壁吸收，由于渗透压作用，可使肠管中保持大量水分，增加肠内容积，软化粪便，并刺激肠壁增强蠕动，而产生泻下作用。外用其高渗溶液冲洗创伤，利用高渗透压的特点夺取组织水分，引起组织液外流，因此具有抗菌、排除毒素、清洁创面和消退炎症的作用。

【临床应用】 小剂量内服可健胃，用于消化不良，常配合其它健胃药使用；大剂量用于大肠便秘、瓣胃阻塞，排除肠内毒物、毒素及驱虫药的辅助用药；外用治疗化脓创、瘘管等。

【注意事项】
（1）肠炎动物不宜使用。
（2）易继发胃扩张，不用于小肠便秘的治疗。
（3）使用浓度不宜过大，易导致幽门括约肌痉挛。
【制剂、用法与用量】
硫酸钠：内服，一次量，马 100~300g，牛 200~500g，羊 20~50g，猪 10~25g，犬 5~10g。

硫酸镁（泻盐）

【理化性质】为无色结晶，无臭，味苦、咸，易溶于水。

【药理作用】大量内服时致泻，其致泻作用与硫酸钠相似；另外，镁离子具有抑制中枢神经系统、抗惊厥、镇静等作用，参见抗惊厥药；镁离子对平滑肌也有松弛作用，呈现利胆作用；20%~25%硫酸镁溶液外敷，能夺取组织中的水分，故具有消肿、消炎、排毒、止痛等功效，可治疗慢性炎性肿胀等。

【临床应用】小剂量内服可健胃，用于消化不良，常配合其它健胃药使用；大剂量用于大肠便秘，排除肠内毒物、毒素或驱虫药的辅助用药；注射液用于抗惊厥，治疗破伤风等；高渗溶液外用治疗化脓创、瘘管等。

【注意事项】
（1）用作泻剂时浓度不宜过大，多加水稀释成6%~8%溶液。
（2）在机体脱水、肠炎时，镁离子吸收增多会产生毒副作用。
（3）其它同硫酸钠。

【制剂、用法与用量】
硫酸镁：内服，一次量，马 200~500g，牛 300~800g，羊 50~100g，猪 25~50g，犬 10~20g，猫 2~5g。

2. 刺激性泻药

刺激性泻药又称植物性泻药，指内服后在胃中一般不发挥作用，进入肠道内分解出具有刺激性的有效成分，刺激局部肠黏膜及肠壁神经，反射性地引起蠕动增加而产生泻下作用的药物。常用的刺激性泻药有大黄、蓖麻油、酚酞等。

蓖 麻 油

【理化性质】为大戟科植物蓖麻的成熟种子经加热压榨精制而得的脂肪油，无色或微带黄色的澄清黏稠液体，有微臭，味淡微辛，易溶于乙醇。

【药理作用】内服到达十二指肠后，部分经胰脂肪酶作用分解为蓖麻油酸和甘油，蓖麻油酸在小肠内很快变成蓖麻油酸钠，刺激小肠黏膜，促进小肠蠕动而致泻。其它未被分解的蓖麻油对肠道起润滑作用，有助于粪便的排泻。

【临床应用】主要用于治疗小动物的小肠便秘。

【注意事项】
（1）有刺激性，不宜用于孕畜、患肠炎动物。
（2）可促进脂溶性药物、毒物的吸收，不宜在驱虫时及脂溶性毒物中毒时使用。
（3）内服后易黏附于肠黏膜表面，影响消化功能，故不可长期使用。
【制剂、用法与用量】
蓖麻油：内服，一次量，马 250~400mL，牛 300~600mL，驹、犊 30~80mL，羊、猪 50~150mL，犬 10~30mL，猫 4~10mL，兔 5~10mL。

酚酞（非诺夫他林、果导）

【理化性质】为白色或微带黄色结晶或粉末，无味，无臭，不溶于水，溶于乙醇。
【药理作用】内服后在胃内不溶解，到达肠道内遇胆汁或碱性肠液才缓慢分解，形成可溶性钠盐，刺激结肠黏膜，促进蠕动而起缓泻作用，作用性质温和。
【临床应用】主要用于犬的通便，对习惯性便秘疗效较好。
【注意事项】
（1）可使尿液及粪便变色。
（2）妊娠动物慎用，泌乳动物禁用。
（3）长期使用时可造成电解质紊乱，诱发心律失常、肌肉痉挛以及倦怠无力等症状。
【制剂、用法与用量】
酚酞片：内服，一次量，犬 0.2~0.5g。

3. 润滑性泻药
润滑性泻药又称油类泻药，是指能润滑肠壁，软化粪便，阻止肠内水分吸收，使粪便易于排出的药物。多数为无刺激性的植物油、矿物油及动物油等。本类泻药在孕畜和患有肠炎的动物均可应用，但禁用于排除毒物及配合驱虫药使用，因为毒物、驱虫药多具有脂溶性，吸收后致使动物中毒。

液体石蜡（白油、矿物油）

【理化性质】为石油提炼过程中制得的由多种液状烃组成的混合物，为无色透明的油状液体，无臭，无味，不溶于水和乙醇。
【药理作用】内服后在肠道内不被代谢吸收，大部分以原形通过全部肠管，对肠壁及粪便具有滑润作用，还能保护肠黏膜，并能阻碍肠内水分的吸收，因此还有软化粪便的作用，其作用缓和而安全。
【临床应用】主要用于治疗小肠便秘、瘤胃积食。
【注意事项】
（1）肠炎动物、孕畜可以应用。

（2）能阻碍脂溶性维生素及钙、磷的吸收，不宜多次服用。

【制剂、用法与用量】

液体石蜡：内服，一次量，马、牛 500～1 500mL，驹、犊 60～120mL，羊 100～300mL，猪 50～100mL，犬 10～30mL，猫 5～10mL。

植 物 油

【理化性质】为各种食用的动植物油，如豆油、菜籽油、花生油、棉籽油、麻油、猪油、酥油等，多为淡黄色透明油液体，不溶于水。

【药理作用】大量灌服后，只有少量在肠内被消化分解，大部分以原形通过肠道，润滑肠道，软化粪便，促进粪便排出。

【临床应用】主要用于治疗小肠便秘、瘤胃积食、瓣胃阻塞。

【注意事项】同液体石蜡。

【制剂、用法与用量】

植物油：内服，一次量，马、牛 500～1000mL，羊 100～300mL，猪 50～100mL，犬 10～30mL，鸡 5～10mL。

（二）止泻药

止泻药是指能制止腹泻，保护肠黏膜，吸附有毒物质及收敛消炎的药物。止泻药的种类很多，常分为保护性止泻药、抑制肠蠕动性止泻药、吸附性止泻药等。

腹泻是临床上常见的一种症状或疾病，为动物机体的保护性防御功能，但过度腹泻不仅会影响营养成分的吸收和利用，而且易造成机体内水和钠、钾、氯等离子的缺失，导致体内脱水和电解质平衡失调以及酸中毒，因此需要适时止泻。腹泻时应根据原因和病情，采用综合治疗措施。首先，应消除原因如排除毒物、抑制病原微生物、改善饲养管理等，其次是应用止泻药物和对症治疗，如补液、纠正酸中毒等。消除病因是主要的，若由于细菌感染引起的腹泻，首先应使用抗菌药物以控制感染。

1. 保护收敛性止泻药

保护收敛性止泻药物具有收敛作用，内服后不被吸收，对胃肠道中微生物、肠道的运动和分泌均不起作用，而是附着在胃肠黏膜的表面呈机械性保护作用，保护肠道黏膜减少刺激而止泻。常用的有鞣酸、鞣酸蛋白、碱式硝酸铋、碱式碳酸铋等。

鞣酸蛋白（单那尔宾）

【理化性质】为淡黄色或淡棕色粉末，无臭，味微涩，不溶于水。

【药理作用】鞣酸蛋白本身无活性，内服后在胃内不发生变化，也不起收敛作用，进入小肠遇碱性肠液，则渐渐分解为鞣酸及蛋白生成薄膜产生收敛而呈止泻、消炎、止血等作用。

【临床应用】主要用于治疗急性肠炎、非细菌性腹泻。
【注意事项】
(1) 在细菌性肠炎时，应先用抗菌药物控制感染后再用。
(2) 猫较敏感，慎用。
【制剂、用法与用量】
鞣酸蛋白片：内服，一次量，马、牛 10~20g，猪、羊 2~5g，犬 0.2~2g。

碱式碳酸铋（次碳酸铋）

【理化性质】为白色粉末，无臭，不溶于水和乙醇，易溶于盐酸或硝酸。
【药理作用】内服难吸收，大部分在肠黏膜上与蛋白质结合成难溶的蛋白盐，形成一层薄膜以保护肠壁，减少有害物质的刺激。在肠道中还可以与硫化氢结合，形成不溶性的硫化铋，覆盖在肠黏膜表面也呈现机械性保护作用，减少了硫化氢对肠道的刺激反应，使肠道蠕动减慢，出现止泻作用。此外，还能少量缓慢地释放出铋离子，铋离子与细菌或组织表面的蛋白质结合，故具有抑制细菌的生长繁殖和防腐消炎作用。
【临床应用】主要用于治疗非细菌性肠炎和腹泻。
【注意事项】对由病原菌引起的腹泻，应先用抗菌药物控制感染后再用。
【制剂、用法与用量】
碱式碳酸铋片：内服，一次量，马、牛 15~30g，羊、猪、驹、犊 2~4g，犬 0.3~2g。

2. 吸附性止泻药

吸附性止泻药性质稳定，无刺激性，一般不溶于水，内服后不吸收，但吸附性能很强，能吸附胃肠道内毒素、腐败发酵产物及炎症产物等，并能覆盖胃肠道黏膜，使胃肠黏膜免受刺激，从而减少肠管蠕动，达到止泻效果。吸附性止泻药的吸附作用属物理性质，吸附是可逆的，因此当吸附毒物时，必须用盐类泻药促使其迅速排出。常用的吸附性止泻药有药用炭、白陶土等。

药用炭（活性炭）

【理化性质】为黑色微细粉末，无臭，无味，无刺激性，不溶于水。
【药理作用】颗粒细小，分子间空隙多，表面积大，其吸附作用很强，因而具有广泛而强的吸附力，可吸附大量气体、化学物质和毒素。内服到达肠道后，能与肠道中有害物质结合，如细菌、毒物、发酵产物等，阻止其吸收，从而能减轻肠道内容物对肠壁的刺激，使蠕动减弱，呈现止泻作用。其吸附作用是可逆的，因此灌服药用炭后随即应用泻药使其排出。外用于炎症或损伤的组织表面具有机械性保护作用及止血作用。
【临床应用】主要用于治疗腹泻、肠炎、毒物中毒及创伤。

【注意事项】

（1）在用于吸附生物碱和重金属等毒物时必须以盐类泻药促其迅速排出。

（2）对于同一病例不宜反复使用，以免影响动物的食欲、消化及营养物质的吸收等。

【制剂、用法与用量】

药用炭末：内服，一次量，马 20~150g，牛 20~200g，羊 5~50g，猪 3~10g，犬 0.3~2g。

白陶土（高岭土）

【理化性质】 为白色或类白色粉末，加水湿润后，有类似黏土的气味，颜色加深，不溶于水。

【药理作用】 内服后能吸附肠内气体和细菌毒素，阻止毒物在胃肠道中吸收，并对肠黏膜有保护作用。外用为撒布剂，有保护皮肤的作用，能吸收创面渗出物，防止细菌侵入。

【临床应用】 主要用于治疗腹泻和中毒。

【注意事项】 同药用炭。

【制剂、用法与用量】

白陶土：内服，一次量，马、牛 50~150g，羊、猪 10~30g，犬 1~5g。

五、催吐药与止吐药

（一）催吐药

呕吐是保护性反射，可以排出胃内有害物质，通过刺激咽、食道及胃黏膜或兴奋呕吐化学感受器，可反射性地兴奋呕吐中枢引起呕吐。催吐药主要用于猫、犬、猪及灵长类等中小动物，用于中毒时的急救，借以排出胃内未吸收的毒物，减少毒物的吸收。牛、马等大动物多采用洗胃代替药物催吐。常用药物有阿扑吗啡、硫酸铜、硫酸锌。

阿扑吗啡（去水吗啡）

【理化性质】 为吗啡脱水后形成的产物，常用其盐酸盐，为白色或浅灰色的有光泽结晶或结晶性粉末，溶于水，水溶液呈中性。

【药理作用】 抑制中枢作用较吗啡弱，而催吐作用较强。主要通过刺激催吐化学感受区而引起呕吐，作用快而强。但剂量过大可引起中枢神经抑制，甚至使动物死亡。

【临床应用】 主要用于排除胃内毒物和异物。

【注意事项】

（1）猫敏感，不宜使用。

（2）不可与中枢神经抑制药物合用。

【制剂、用法与用量】

阿扑吗啡注射液：皮下注射，一次量，犬 2～3mg，猫 1～2mg，猪 10～20mg。

硫酸铜（胆矾）

【理化性质】 为蓝色结晶性颗粒或粉末，易溶于水，微溶于乙醇，应密闭保存。

【药理作用】 低浓度具有收敛和刺激作用，1%硫酸铜溶液具有催吐的作用，2%硫酸铜溶液反复应用，可导致胃肠炎；10%～30%硫酸铜溶液有腐蚀作用。

【临床应用】 主要用于猪、犬、猫的催吐。

【注意事项】 量大可引起中毒，可灌服牛奶、蛋清或内服氧化镁等解救。

【制剂、用法与用量】

硫酸铜：内服，一次量，猪 0.8g，犬 0.1～0.5g，猫 0.05～0.1g。

硫 酸 锌

【理化性质】 为无色透明的颗粒性结晶性粉末，无臭，味涩，极易溶于水，应密封保存。

【药理作用】 局部作用因浓度不同而各异，0.1%～0.5%溶液对黏膜有收敛作用；20%～50%溶液有腐蚀作用；1%溶液内服可刺激胃黏膜反射性地引起呕吐，为中小动物的催吐药；0.1%～0.5%溶液外用作为黏膜的收敛和消炎药。

【临床应用】 主要用于治疗中小动物的催吐和锌缺乏症。

【制剂、用法与用量】

硫酸锌：内服，一次量，猪 0.5～0.8g，犬 0.2～0.4g，配成 1%溶液使用。

（二）止吐药

止吐药是指通过抑制呕吐反射弧的不同环节，抑制病理性呕吐或通过保护及局部麻醉胃黏膜，使胃黏膜免受刺激而发挥止吐作用的药物。剧烈和持久的呕吐，可使机体水分和电解质丢失，造成水和电解质平衡紊乱，此时必须用止吐药止吐。常用的止吐药有甲氧氯普胺、舒必利和氯苯甲嗪。

舒必利（止吐灵）

【理化性质】 为白色或类白色结晶性粉末，无臭，味微苦，不溶于水。

【药理作用】 为中枢神经性止吐药，止吐作用强大，效果强于胃复安。

【临床应用】 主要用于犬的止吐。

【制剂、用法与用量】

舒必利片：内服，一次量，犬 0.3～0.5mg。

氯苯甲嗪（敏可静、美克洛嗪）

【理化性质】其盐酸盐为白色或淡黄色结晶粉末，无臭，无味，溶于水。

【药理作用】为组胺受体的拮抗剂，作用机制为抑制前庭神经而止吐，还有中枢抑制作用和抗胆碱作用，晕动病及变态反应性呕吐的主要治疗药物。

【临床应用】主要用于犬、猫等动物止吐。

【注意事项】

（1）用药后可能出现嗜睡、视力模糊、乏力等反应。

（2）过量用药会出现抽搐、震颤、呼吸困难、低血压等症状，需对症治疗。

【制剂、用法与用量】

盐酸氯苯甲嗪片：内服，一次量，犬 25mg，猫 12.5mg。

任务二　呼吸系统药物

呼吸系统疾病是动物常发病，尤其当环境条件骤变，如寒冷、多风季节或吸入烟尘及病原微生物入侵等时均可诱发呼吸器官炎症，如支气管肺炎、支气管炎、肺炎等。痰、咳、喘往往同时存在，并互为因果，临床上常将祛痰、镇咳、平喘药合并应用。根据药物的特点及临床应用分为祛痰药、镇咳药和平喘药。

一、祛痰药

祛痰药是指能使痰液变稀，黏稠度降低，并能加速呼吸道黏膜纤毛运动，易于痰液排出的药物。痰液是由气管、支气管腺体的杯状细胞分泌，在正常情况下，呼吸道内不断有少量分泌物，它们覆盖于气管及支气管黏膜表面，起保护作用。这些分泌物不断地被上皮上的纤毛定向运动送向喉头，然后被吞咽。另一方面吸入的尘埃等微粒可被黏液黏附，同时被纤毛定向运动所排出，起清洁呼吸道的作用。在呼吸道炎症等病理状况下，分泌物可发生量和质的改变，加之有大量炎性渗出物及纤毛细胞病变，纤毛运动减弱，使痰液显著增加并滞留于呼吸道内，不能及时排出，可阻塞呼吸道，致使呼吸促迫，严重时可引起动物窒息。此外，呼吸道内大量痰液有利于病原体的繁殖，易引起继发性感染，从而进一步损害呼吸道组织，加重痰、咳、喘等症状，形成恶性循环。因此，祛痰后间接起到镇咳、平喘作用，也有利于控制感染，是重要的对症治疗措施之一。

氯 化 铵

【理化性质】为无色结晶或白色结晶性粉末，无臭、味咸，易溶于水，微溶于乙醇，应密封干燥保存。

【药理作用】内服氯化铵后，可刺激胃黏膜迷走神经末梢，反射性引起支气管腺体分泌增加，使稠痰变稀，易于咳出，因而对支气管黏膜的刺激减少，咳嗽也随之减轻。此外，氯化铵被吸收至体内后，分解为氨离子和氯离子两部分，铵离子到肝脏内被合成尿素，由肾脏排出时要带走一部分水分，有利尿作用。

【临床应用】主要用于治疗支气管炎初期；用做利尿药，主要用于心性水肿和肝性水肿。

【注意事项】

（1）遇碱或重金属盐类即分解，禁与碱性药物如碳酸氢钠或重金属配伍。

（2）禁与磺胺类药物配伍，可促进磺胺药析出结晶，发生泌尿道损害如血尿。

（3）对于肝、肾功能不全的动物，内服氯化铵易引起血氯过高性酸中毒和使血氨增高，应慎用或禁用。

【制剂、用法与用量】

氯化铵片：内服，一次量，马 8～15g，牛 10～25g，羊 2～5g，猪 1～2g，犬、猫 0.2～1g，2～3 次/d。

碘 化 钾

【理化性质】为无色结晶或白色结晶性粉末，无臭，味咸苦，易溶于水，水溶液呈中性。

【药理作用】内服后，由于对胃黏膜的刺激作用，可反射地增加支气管腺的分泌；被吸收的部分经呼吸道腺体排出，也可直接作用于支气管腺体，使痰液变稀，易于咳出。此外，还可用于马流行性淋巴管炎、角膜炎、牛放线菌病等的治疗。吸收后的碘化钾可被阻留于体内病变组织，如各种炎性病灶和放线菌肿中，在病变组织的酸性环境下游离出碘，而呈现碘的溶解病变组织、消散炎性产物等作用。

【临床应用】主要用于治疗痰液黏稠而不宜咳出的亚急性支气管炎的后期和慢性支气管炎；静脉注射用于治疗牛的放线菌病。

【注意事项】

（1）刺激性较强，不适于治疗急性支气管炎，仅适用于慢性支气管炎初期。

（2）肝、肾功能不全的动物慎用。

【制剂、用法与用量】

碘化钾片：内服，一次量，马、牛 5～10g，羊、猪 1～3g，犬 0.2～1g，猫 0.1~0.2g，鸡 0.05~0.1g，2~3 次/d。

乙酰半胱氨酸（痰易净）

【理化性质】 为白色结晶性粉末，有类似蒜的臭味，易溶于水或乙醇。

【药理作用】 为黏液溶解剂，其化学结构中含有大量巯基可使黏蛋白的双硫键断裂，降低痰黏度，使痰液容易咳出。

【临床应用】 主要用于治疗术后排痰困难的急、慢性支气管炎；肺结核、肺气肿等引起痰液黏稠和排痰困难。

【注意事项】

（1）可减低青霉素、头孢菌素、四环素等的药效，不宜混合或并用，必要时间隔 4h 交替使用。

（2）应用时应新鲜配制，剩余溶液需保存在冰箱内，48h 内用完。

（3）小动物于喷雾后宜运动，以促进痰液咳出，或叩击动物的两侧胸腔，以诱导咳嗽，将痰排出。

【制剂、用法与用量】

乙酰半胱氨酸：喷雾，一次量，配成 10%~20% 溶液喷雾，中等动物 2~5mL，2~3 次/d，连用 2~3d。气管内滴入，一次量，配成 5% 溶液滴入，马、牛 3~5mL，2~4 次/d，连用 2~3d。

溴己新（必消痰）

【理化性质】 为白色结晶性粉末，微溶于水。

【药理作用】 为半合成的鸭嘴花碱衍生物，有较强的溶解黏痰作用，可使痰中的黏多糖纤维素或黏蛋白裂解，降低痰液黏稠度；还作用于气管、支气管腺体细胞分泌黏滞性较低的小分子黏蛋白，改善分泌物的流变特性和抑制黏多糖合成，使黏痰减少，从而稀释痰液，易于咳出；还可促进呼吸道黏膜的纤毛运动，并刺激胃黏膜，引起反射性的恶心性祛痰作用。还能增加四环素类抗生素在支气管中分布的浓度，合并用药时可提高疗效。

【临床应用】 主要用于治疗支气管肺炎、重剧持续咳嗽与干咳等黏稠痰液不易排出病症。

【注意事项】 对胃黏膜具有化学刺激，内服后可引起胃不适，胃病动物慎用。

【制剂、用法与用量】

（1）盐酸溴己新片 内服，一次量，马 0.1~0.25mg/kg 体重，牛、猪 0.2~0.5mg/kg 体重，犬 1.6~2.5mg/kg 体重，猫 1mg/kg 体重。

（2）盐酸溴己新注射液 肌内注射，一次量，马 0.1~0.25mg/kg 体重，牛、猪 0.2~0.5mg/kg 体重。

二、镇咳药

镇咳药是能抑制咳嗽中枢或抑制咳嗽反射弧中某一环节，从而能减轻或制止咳嗽的药物。咳嗽是当呼吸道受到异物或炎症产物刺激时，引起的防御性反射。通过咳嗽，能使异物或炎症产物排出，轻度咳嗽有助于祛痰，对机体有利，不应用镇咳药制止，尤其当有大量痰液存在时，更应如此。但是，剧烈的咳嗽或由呼吸道以外的器官疾病引起的无痰的频繁干咳，常易导致肺气肿或心脏功能障碍等不良后果，故应使用镇咳药。镇咳药按其作用部位分为中枢性镇咳药和末梢性镇咳药。能直接抑制延脑咳嗽中枢者称为中枢性镇咳药；能抑制咳嗽反射弧中的某一环节者称为末梢性镇咳药。临床上治疗急性或慢性支气管炎时，常配合应用祛痰药，对无痰干咳常单用镇咳药。

可待因（甲基吗啡）

【理化性质】常用磷酸盐，为白色细微的针状结晶性粉末，无臭，易溶于水，水溶液呈酸性反应。

【药理作用】对延髓的咳嗽中枢有选择性的抑制作用，镇咳作用强而迅速；作用中枢神经系统，兼有镇痛、镇静作用，能抑制支气管腺体的分泌，可使黏稠痰液难以咳出，故不宜用于有黏稠痰液的动物。

【临床应用】主要用于治疗中、小动物剧痛性干咳、剧烈性频咳。

【注意事项】
(1) 禁与抗胆碱药合用，可加重便秘或尿潴留的不良反应。
(2) 禁与吗啡类药合用，可加重中枢性呼吸抑制作用。
(3) 禁与肌肉松弛药合用，可使呼吸抑制更为显著。

【制剂、用法与用量】

磷酸可待因片：内服，一次量，马、牛 0.2~2g，猪、羊 0.1~0.5g，犬 15~60mg，狐 10~50mg，2~3 次/d。

喷托维林（咳必清、维静宁）

【理化性质】常用柠檬酸盐，为白色或类白色的结晶性或颗粒性粉末，无臭，味苦，易溶于水。

【药理作用】为非成瘾性中枢性镇咳药，镇咳作用比可待因弱。内服吸收后，部分从呼吸道排出，可轻度抑制支气管内感受器及传入神经末梢的敏感性，对呼吸道黏膜有轻度局部麻醉（局麻）作用，减弱咳嗽反应。大剂量时具有阿托品样作用，松弛支气管平滑肌，具有末梢性镇咳作用。

【临床应用】主要用于治疗急性呼吸道炎症引起的干咳。

【注意事项】
（1）对多痰性咳嗽，不宜单独应用本品止咳。
（2）具有阿托品样作用，大剂量应用易产生腹胀和便秘。
（3）心功能不全并伴有肺淤血的动物禁用。

【制剂、用法与用量】
喷托维林片：内服，一次量，马、牛 0.5~1g，猪、羊 0.05~0.1g。

甘　草

【理化性质】为双子叶植物豆科甘草的根及根茎，常用流浸膏剂，为深棕色黏稠液体。

【药理作用】甘草是一种补气中药，还具有镇咳、祛痰、解毒等作用，内服后所含有的甘草次酸能覆盖于发炎的咽部黏膜表面，保护黏膜少受刺激，减轻咽炎刺激引起的咳嗽。

【临床应用】主要用于治疗动物咳嗽。

【注意事项】应密封存放于30℃以下遮光保存。

【制剂、用法与用量】
复方甘草片：内服，一次量，马、牛 10~20 片，羊、猪 2~4 片，犬、猫 1~2 片。

三、平喘药

平喘药是指能解除支气管平滑肌痉挛，扩张支气管的药物。有些镇咳性祛痰药因能减少咳嗽或促进痰液的排出，减轻咳嗽引起的喘息而有良好的平喘作用。对单纯性支气管哮喘或喘息型慢性支气管炎的病例，临床上常用平喘药治疗。平喘药按其作用特点分为支气管扩张药和抗过敏药物。支气管扩张药常用有氨茶碱、麻黄碱和异丙肾上腺素等；抗过敏性平喘药，目前在动物临床很少应用。

氨　茶　碱

【理化性质】为白色或微黄色的颗粒或粉末，微有氨臭，味苦，溶于水，水溶液呈碱性。

【药理作用】为茶碱与乙二胺的复合物，乙二胺可增强茶碱的水溶性、生物利用度和作用强度，其作用是抑制磷酸二酯酶，使 cAMP 的水解速度减慢，升高组织中 cAMP 含量，并能调节平滑肌细胞内 Ca^{2+} 浓度，抑制组胺、前列腺素等过敏介质的释放和作用，促进儿茶酚胺释放，起间接激动 β 受体的作用，故可直接松弛支气管平滑肌，解除支气管平滑肌痉挛，缓解支气管黏膜的充血水肿，发挥相应的平喘功效。

【临床应用】 主要用于治疗支气管哮喘、急性或慢性支气管炎等出现的喘息症状，以减弱支气管痉挛和咳嗽。

【注意事项】

（1）碱性较强，局部刺激性较大，内服可引起恶心、呕吐等反应，肌内注射会引起局部红肿疼痛。

（2）肝功能不全，心衰动物慎用。

（3）禁与克林霉素、红霉素、四环素、林可霉素合用，可降低在肝脏的清除率，使血药浓度升高，甚至出现毒性反应。

【制剂、用法与用量】

（1）氨茶碱注射液 肌内、静脉注射，一次量，马、牛 1～2g，羊、猪 0.25～0.5g，犬 0.05～0.1g。

（2）氨茶碱片 内服，一次量，马 5～10mg/kg 体重，犬、猫 10～15mg/kg 体重。

麻黄碱（麻黄素）

【理化性质】 常用盐酸盐，为白色棱柱形结晶，无臭，味苦，易溶于水，水溶液稳定。

【药理作用】 具有松弛支气管平滑肌作用，但较温和，可舒张支气管并收缩局部血管，其作用时间较长；还可加强心肌收缩力，增加心输出量，使静脉回心血量充分。

【临床应用】 主要用于治疗和预防支气管哮喘。

【注意事项】 禁与全麻药如氯仿、氟烷、异氟烷等同用，有发生室性心率失常危险。

【制剂、用法与用量】

（1）麻黄碱注射液 皮下注射，一次量，猪、羊 20～50mg，马、牛 50～300mg，犬 10～30mg。

（2）麻黄碱片 内服，一次量，马、牛 50～500mg，猪 20～50mg，羊 20～100mg，2～3 次/d。

异丙肾上腺素

【理化性质】 为白色结晶性粉末，味苦，易溶于水，水溶液放置空气中逐渐分解而呈粉红色。

【药理作用】 为 β-肾上腺素能受体兴奋剂，对支气管扩张作用较肾上腺素强。但由于不能收缩支气管黏膜的血管，因而消除黏膜水肿的效果不如肾上腺素。由于对 β 受体的选择性很低，因而在缓解喘息的同时，往往可出现明显的心血管不良反应，如心动过速、心律不齐等。

【临床应用】 主要用于治疗支气管喘息。

【注意事项】
（1）对其它肾上腺素类药物过敏者，也有交叉过敏。
（2）可引起口干、心悸等不良反应。
（3）禁与氟烷等卤烷类麻醉药同用，否则可致严重心律失常。

【制剂、用法与用量】
异丙肾上腺素片：内服，一次量，马、牛 0.05～0.1mg，羊、猪 0.02～0.03mg。

任务三　血液循环系统的药物

一、强心药

凡是能提高心肌兴奋性，增强心肌收缩力，改善心脏功能，在临床上用于治疗急、慢性心功能不全的药物，均可称为强心药。心肌收缩输出足够量的血液以保证全身组织器官生命活动的需要，心输出量与全身血量处于相对平衡状态，如果心脏功能不良，心肌收缩减弱，心输出量减少，会出现心脏排血功能不能适应心脏负荷的病理变化，即心功能不全，表现为心脏衰弱或心力衰竭，严重者促使心脏停跳。对本病的治疗除治疗原发病外，主要是使用能改善心脏功能，增强心肌收缩力的药物。

作用于心脏的药物很多，有直接兴奋心肌（强心苷），也有通过神经的调节影响心脏的功能活动（拟肾上腺素药），还有通过影响 cAMP 的代谢而起强心作用（咖啡因）。临床上常用的有强心苷、咖啡因、樟脑及肾上腺素。强心苷适用于慢性心功能不全，如毒物毒素、过劳、重症贫血、维生素 B_1 缺乏、心肌炎症等引起充血性心力衰竭，临床表现为呼吸困难，水肿，发绀。咖啡因、樟脑为中枢兴奋药，强心迅速，但持续时间短，适用于过劳、中暑、中毒等疾病过程中的急性心脏衰竭，并改善循环。肾上腺素强心作用快而有力，能提高心肌兴奋性，扩张冠状动脉，改善心肌缺血、缺氧状态，但大剂量诱发心律不齐或心室颤动，适用于心力衰竭和心跳骤停的复跳治疗。

强心苷类药物主要来自于洋地黄、羊角拗、夹竹桃、福寿草、铃兰、万年青、蟾酥等经分离、提取而制得。一般将强心苷分为两类：①慢作用类：作用开始慢，持续时间长，蓄积性大，适用于慢性心力衰竭，如洋地黄毒苷；②快作用类：作用开始快，持续时间短，蓄积性小，适用于急性心力衰竭或慢性心力衰竭的急性发作，如毒毛花苷 K 等。

洋地黄毒苷

【理化性质】 为白色和类白色的结晶性粉末，无臭，不溶于水，属慢作用类强心药。

【药理作用】对心脏有加强心肌收缩力、减慢心率和房室传导速率等作用。用药后可使心输出量增加，淤血症状减轻，水肿消失，尿量增加。尤其是在加强心肌收缩力的同时，可使舒张期延长，心室充盈完全。还能消除因心功能不全引起的代偿性心率过快，并使扩张的心脏体积减小，张力降低，使心肌总的耗氧量降低，工作效率提高。可使得流经肾脏的血流量和肾小球滤过功能加强，产生利尿作用。

【临床应用】主要用于治疗慢性心功能不全，心房纤颤和室性阵发性心动过速。

【注意事项】

（1）安全范围窄，有蓄积性，剂量过大可引起毒性反应，出现精神抑郁、运动失调、畏食、呕吐、腹泻、脱水、心律不齐等中毒症状。

（2）禁与两性霉素 B、糖皮质激素或失钾利尿药等同时使用，易引起低钾血症。

（3）心内膜炎、急性心肌炎、创伤性心包炎及主动脉瓣闭锁不全等动物慎用。

（4）禁与肾上腺素、麻黄碱及钙剂同时应用。

【制剂、用法与用量】

洋地黄毒苷注射液：静脉注射，全效量，马、牛 0.006～0.012mg/kg 体重，犬 0.001～0.01mg/kg 体重，维持量为全效量 1/10。

毒毛花苷 K（毒毛旋花子苷 K、毒毛苷）

【理化性质】为白色或微黄色结晶性粉末，溶于水与乙醇，遇光易变质，应遮光密封保存。

【药理作用】作用与洋地黄相似，但比洋地黄快而强，维持时间短。口服吸收不规则，只宜静脉注射。静脉注射后 3～10min 可显效，1～2h 达最大效应，维持 10～20h，排泄快，蓄积作用小。

【临床应用】主要用于急性心力衰竭和慢性心力衰竭急性发作。

【注意事项】

（1）禁与硫酸卡那霉素、磺胺嘧啶钠、硫苯妥钠、辅酶 A、能量合剂及碱性溶液配伍。

（2）其它如洋地黄毒苷。

【制剂、用法与用量】

毒毛花苷 K 注射液：静脉注射，一次量，马、牛 1.25～3.75mg，犬 0.25～0.5mg，临用前用 5% 葡萄糖注射液稀释 10～20 倍缓慢注射。

地高辛（狄戈辛）

【理化性质】 为白色结晶或结晶性粉末，无臭，味苦，不溶于水。

【药理作用】 作用机制同洋地黄毒苷，内服吸收迅速但不完全，肝脏代谢，肾脏排泄，反刍动物内服易被破坏，吸收不规则。

【临床应用】 主要用于治疗各种原因引起的慢性心功能不全、阵发性室上性心动过速和心房颤动。

【注意事项】 同洋地黄毒苷。

【制剂、用法与用量】

（1）地高辛片　内服，首次量，马、牛 0.06~0.08mg/kg 体重，犬 0.02mg/kg 体重，维持量，马 0.01~0.02mg/kg 体重，犬 0.01mg/kg 体重。

（2）地高辛注射液　静脉注射，首次量，马 0.014mg/kg 体重，犬 0.01mg/kg 体重，维持量，马 0.007mg/kg 体重，犬 0.005mg/kg 体重。

二、止血药

止血药是能够促进血液凝固和制止出血的药物，临床常分为局部和全身止血药两类。全身止血药按其作用的方式又可分为三类，一是作用于血管的止血药，如安络血；二是作用于凝血过程的止血药，如维生素 K、止血敏；三是作用于纤维蛋白溶解系统的止血药，如 6-氨基己酸。

维生素 K_3（亚硫酸氢钠甲萘醌）

【理化性质】 为白色结晶性粉末，无臭易溶于水，应遮光密封保存。

【药理作用】 主要参与肝脏合成凝血酶原，并促进肝脏合成血浆凝血因子 Ⅶ、Ⅸ、Ⅹ。当维生素 K 缺乏时或肝功能障碍时，凝血酶原和凝血因子合成受阻，导致凝血时间延长并出血。维生素 K 在食物中广泛分布，动物体肠道内的大肠杆菌又能合成，并为机体吸收利用。所以一般不会引起维生素 K 缺乏症，但肠道内胆汁缺乏及新生幼畜肠内无菌或长期使用广谱抗生素，均可发生缺乏症。

【临床应用】 主要用于治疗维生素 K 缺乏所引起的出血性疾病、各种原因引起的维生素 K 缺乏症及解救毒鼠钠中毒。

【注意事项】

（1）维生素 K_3 可损害肝脏，肝功能不全动物应改用维生素 K_1。

（2）临产母畜不宜大剂量应用，否则引起新生仔畜出现溶血、黄疸和胆红素血症。

（3）禁与巴比妥类药物、维生素 C、庆大霉素、磺胺类药物配伍。

【制剂、用法与用量】

维生素 K_3 注射液：肌内注射，一次量，马、牛 0.1~0.3g，猪、羊

0.03~0.05g，犬 10~30mg，2~3 次/d。

酚磺乙胺（止血敏）

【理化性质】为白色结晶性粉末，易溶于水，应密闭在凉暗处保存。

【药理作用】能促进血小板生成，增加循环血液中的血小板数量，促使凝血活性物质及血小板释放，增强血小板凝集和黏附力，缩短凝血时间，加速凝血块形成；还可以增强毛细血管的抵抗力，减少毛细血管壁的通透性，防止血液渗出，从而发挥止血效果。

【临床应用】主要用于防治各种出血性疾病，如手术前后预防出血、鼻出血、消化道出血、膀胱出血、肺出血、产后出血、紫癜等。

【注意事项】
（1）预防手术出血应在术前 15~30min 前使用。
（2）禁与碱性药物配伍。

【制剂、用法与用量】
酚磺乙胺注射液：肌内、静脉注射，一次量，马、牛 1.25~2.5g，羊、猪、犬 0.25~0.5g。

安络血（肾上腺色腙）

【理化性质】为橙红色粉末，易溶于水，应避光密闭保存。

【药理作用】主要作用于毛细血管，增加毛细血管壁对损伤的抵抗力，增强毛细血管壁的弹力，降低毛细血管的脆性及通透性，减少血液渗出；还能增强断裂的毛细血管断端的回缩。

【临床应用】主要用于治疗毛细血管损伤或通透性增加的出血，如鼻出血、紫癜等；也用于产后出血、手术后出血、内脏出血及血尿等。

【注意事项】
（1）抗组胺药物能抑制本品作用，用药前 48h 应停止给予抗组胺药。
（2）含有水杨酸，长期应用可产生水杨酸样反应，动物出现头痛，呕吐，视听减退，重者出现皮疹、出血等症状。

【制剂、用法与用量】
安络血注射液：肌内注射，一次量，马、牛 50~100mg，猪、羊 10~20mg，犬 2.5~5mg，2~3 次/d。

明胶海绵（止血明胶、吸收性明胶海绵）

【理化性质】为白色或微黄色，质轻软而多孔的海绵状物，由纯明胶配成 6%~10% 溶液，加入甲醛硬化，冰冻，干燥，切块，干热灭菌制成，吸水性强，不溶于水，在胃蛋白酶溶液中能完全被消化。

【药理作用】具有多孔性和表面粗糙的特点，敷于出血部位，可形成良好的凝血环境，血液流入其中，血小板被破坏，可促进血浆凝血因子的激活，加速血液凝固；另外对创伤面渗血有机械性压迫止血作用。在止血部位经 2~4 周即可完全被吸收。

【临床应用】 主要用于外伤出血、手术出血、毛细血管渗血、鼻出血等。

【注意事项】
（1）为灭菌制品，使用过程中应注意无菌操作，以防污染。
（2）部分产品来源于动物蛋白，可能引起过敏。

【制剂、用法与用量】
明胶海绵：外用，根据创口大小裁剪合适大小贴于出血处，再用干纱布压迫。

三、抗凝血药

抗凝血药是能够制止或延缓血液凝固的药物。在输血或血样检验时，为了防止血液在体外凝固，需加入抗凝血药，称为体外抗凝。当手术后或患有形成血栓倾向的疾病时，为防止血栓形成和扩大，向体内注射抗凝血药，称为体内抗凝。

柠檬酸钠（枸橼酸钠）

【理化性质】 为无色结晶或白色结晶性粉末，无臭，易溶于水，应密封保存。

【药理作用】 含有的柠檬酸根离子与钙离子能形成难于解离的可溶性络合物，使血液中钙离子浓度降低，阻滞了血液凝固过程而发挥抗凝血作用，使血液凝固受阻。一般配制成 2.5%~4% 灭菌溶液，在每 100mL 全血中加 10mL，即可避免血液凝固。采用静脉滴注输血时，其中所含柠檬酸钠并不引起血钙过低反应，因为柠檬酸钠在体内易氧化，机体氧化速度已接近于其输入速度。

【临床应用】 用于体外抗凝血，如输血及化验室血样抗凝。

【注意事项】
（1）若输入过快或量过大，机体来不及氧化，可能导致中毒，出现血钙过低。大量输血时应给予适宜钙制剂，防止发生低钙血症。
（2）碱性较强，不适合做血液生化检查血样的抗凝。

【制剂、用法与用量】
柠檬酸钠：配成 2.5%~4% 灭菌溶液，每 100mL 血液加入 2.5%~4% 柠檬酸钠溶液 10mL。

草酸钠（乙二酸钠）

【理化性质】 为白色无臭结晶性粉末，溶于水，水溶液中性。

【药理作用】含草酸根离子能与血液中钙离子结合成不溶性的草酸钙,从而降低血液中钙离子浓度,阻止血液凝固。

【临床应用】用作实验室血样的抗凝。

【注意事项】严禁用于输血或体内抗凝。

【制剂、用法与用量】

草酸钠:配成2%灭菌溶液,每100mL血液中加入2%草酸钠溶液10mL。

肝　　素

【理化性质】肝素首先在动物肝脏中发现而得名,广泛存在于动物体各种组织中,以肺、肝含量最多,医用肝素多从动物肺中提取,为白色或淡黄色粉末,易溶于水。

【药理作用】在体外、体内均有迅速的抗凝血作用。肝素能影响凝血过程的许多环节,可以阻滞凝血酶原转变为凝血酶;抑制凝血酶,以致不能发挥促进纤维蛋白原转变为纤维蛋白;阻止血小板的凝集和崩解等作用。肝素内服无效,只能注射给药。皮下注射效果很差,只能用于静脉注射。肌内注射对局部有刺激性,可形成血肿,应做深部肌内注射。

【临床应用】临床作为体外抗凝剂,用于输血和血样保存;作为体内抗凝剂,防治血栓栓塞性疾病、弥散性血管内凝血症等。

【注意事项】

(1)禁用于肝、肾功能不全,消化性溃疡,出血性体质,脑出血,妊娠及产后等伴有血液凝固延缓的各种疾病。

(2)连续用药3~6月,可引起骨质疏松,产生自发性骨折。

【制剂、用法与用量】

肝素钠注射液:肌内、静脉注射,一次量,马、牛、羊、猪100~130IU/kg体重,犬、猫120~150IU/kg体重;体外抗凝,血样,每1mL血液加肝素钠10IU。

四、抗贫血药

抗贫血药是指能补充造血必需物质,促进机体造血功能,改善贫血状态,治疗贫血的药物。贫血是指循环血液单位容积中红细胞数和血红蛋白量低于正常值的病理状态。临床上常按其病因和发病原理,分为出血性贫血、溶血性贫血、营养性贫血及再生障碍性贫血。

铁制剂(硫酸低铁)

铁制剂是指临床上用于治疗动物缺铁性贫血的一类药物,包括硫酸亚铁、柠檬亚铁、柠檬酸铁胺、右旋糖酐铁、葡聚糖铁钴等,现以硫酸亚铁为例介绍如下。

【理化性质】为透明淡蓝绿色柱状结晶或颗粒，无臭，味咸，易溶于水，须密封保存。

【药理作用】铁是血红蛋白、肌红蛋白、细胞染色质及组织某些酶的组成部分，血红蛋白铁占全身含铁量的60%。每天都有相当数量的红细胞被破坏，红细胞破坏所释放的铁，几乎均可被骨髓利用来合成血红蛋白，故每天若能补偿因排泄而失去的少量铁，即可维持体内铁的平衡。饲料中含有丰富的铁，一般情况下动物不会缺铁。但在下述情况下，则可能发生缺铁，如生长期幼畜、妊娠或泌乳期母畜、慢性腹泻、慢性失血等，造血原料需要量增加时，此时应当给动物补充铁。

【临床应用】主要用于治疗或预防缺铁性贫血。

【注意事项】

（1）内服铁剂对肠道有刺激性，可引起恶心、腹痛、腹泻等症状，大剂量内服可引起肠坏死、出血，严重者可导致休克，禁止用于消化道溃疡、肠炎动物。

（2）内服铁制剂可与肠腔内硫化氢结合，减少硫化氢对肠壁的刺激，导致便秘，并排出黑便。

（3）与稀盐酸或维生素C合用可促进吸收，提高效果。

（4）不宜与钙剂、磷酸盐制剂、抗酸药、四环素类抗生素、新霉素、喹诺酮类抗生素合用，影响吸收。

【制剂、用法与用量】

硫酸亚铁：内服，一次量，马、牛 2～10g，猪、羊 0.5～3g，犬 0.05～0.5g，猫 0.05～0.1g。

维生素 B_{12}（氰钴胺）

【理化性质】为深红色结晶或结晶性粉末，无臭，无味，略溶于水，应遮光密封保存。

【药理作用】参与机体的蛋白质、脂肪和糖类代谢，帮助叶酸循环利用，促进核酸的合成，为动物生长发育、造血功能、上皮细胞生长及维持神经髓鞘完整性所必需维生素。缺乏维生素 B_{12} 时，常可导致猪的巨幼红细胞性贫血，猪、犬、鸡等生长发育障碍，鸡蛋孵化率降低等。

【临床应用】主要用于治疗维生素 B_{12} 缺乏所致的贫血，也可用于神经炎、神经萎缩、再生障碍性贫血、放射病、肝炎等的辅助治疗。

【注意事项】

（1）与叶酸合用可提高治疗贫血的效果。

（2）不宜与氨基水杨酸、多黏菌素B、维生素C等药物合用。

【制剂、用法与用量】

维生素 B_{12} 注射液：肌内注射，一次量，马、牛 1～2mg，羊、猪 0.3～

0.4mg,犬、猫0.1mg,禽2~4ug;混饲,仔猪5mg/t饲料,禽类10mg/t饲料。

叶 酸

【理化性质】为黄橙色结晶性粉末,无臭,无味,不溶于水,应遮光保存。

【药理作用】叶酸在体内与某些氨基酸的互变及嘌呤、嘧啶的合成密切相关。当叶酸缺乏时,血细胞的成熟、分裂停滞,造成巨幼红细胞性贫血和白细胞减少。雏鸡出现羽毛生长不良和羽毛脱色。动物由于肠道微生物能合成叶酸,因此,一般不易发生缺乏症。只有雏鸡、猪、狐、貂等必须从饲料中摄取补充。长期使用磺胺类等肠道抑菌药时,动物也可能发生叶酸缺乏症。

【临床应用】主要用于防治叶酸缺乏所致的贫血。

【注意事项】
(1) 长期服用可出现畏食、恶心、呕吐等胃肠道反应。
(2) 禁与磺胺嘧啶钠、苯巴比妥钠、葡萄糖酸钙、维生素 C 等配伍。

【制剂、用法与用量】
叶酸片:内服,一次量,犬、猫 2.5~5mg。

任务四 泌尿生殖系统药物

一、利尿药与脱水药

(一) 利尿药

利尿药是作用于肾脏,增加电解质及水的排泄,增加尿量,从而减轻或消除水肿的药物。水肿是动物疾病状态下的一种症状,主要表现为细胞间液 Na^+ 及水的明显增加,而 Na^+ 潴留是细胞间液增加的主要因素。水肿主要有心性水肿、肝性水肿、肾性水肿和内分泌性水肿。利尿作用则是通过影响肾小球的滤过、肾小管的重吸收和分泌等功能而实现的,但主要是影响肾小管的重吸收。

临床上常用的利尿药根据作用强度和部位可分为高效利尿药,如呋塞米;中效利尿药,如氢氯噻嗪;低效利尿药,如螺内酯。

呋塞米(速尿、呋喃苯胺酸)

【理化性质】为白色或类白色的结晶性粉末,无臭,无味,不溶于水,其钠盐溶于水。

【药理作用】主要作用于肾小管髓袢升支粗段及皮质部,抑制对 Cl^- 和 Na^+ 的重吸收,促进 Na^+、Cl^-、K^+ 的排出和影响肾髓质,形成高渗透压,从而干扰尿的浓缩过程。还有降低肾血管阻力,增加肾血流量和降压等作用。作用迅速,内服后 30min 开始排尿,1~2h 达到高峰,维持 6~8h。静脉注射后 2~5min 开始排尿,30~90min 作用达到高峰,持续 4~6h。

【临床应用】 主要用于治疗各种原因引起的全身水肿及其它利尿药无效的严重病例;还用于治疗肺水肿、脑水肿及腹水、胸腔积液等非炎性体液的病理性积聚及药物中毒时加速药物的排出;可促进尿道上部结石的排出,预防急性肾衰竭等症。

【注意事项】
(1) 严重肝、肾功能不全及电解质紊乱、痛风、幼小动物、妊娠动物禁用。
(2) 禁与氨基糖苷类、头孢菌素类药物合用。
(3) 长期大量用药可出现低血钾、低血氯及脱水,应补钾或与保钾性利尿药配伍或交替使用。

【制剂、用法与用量】
(1) 呋塞米片　内服,一次量,马、牛、羊、猪 2mg/kg 体重,犬、猫 2.5~5mg/kg 体重。
(2) 呋塞米注射液　肌内、静脉注射,一次量,马、牛、羊、猪 0.5~1mg/kg 体重,犬、猫 1~5mg/kg 体重。

氢氯噻嗪(双氢克尿塞)

【理化性质】 为白色结晶性粉末,无臭,味微苦,不溶于水,溶于氢氧化钠溶液。

【药理作用】 主要通过抑制髓袢升支粗段皮质部对 Cl^- 和 Na^+ 的重吸收,从而增加肾脏对氯化钠的排泄而产生利尿作用。由于 $Na^+ - K^+$ 交换,使 K^+ 排出增加,长期应用可致低血钠、低血钾和低血氯。内服后 1h 开始利尿,2h 达到高峰,一次剂量可维持 12~18h,疗效快,作用持久而安全。

【临床应用】 主要用于肝性水肿、心性水肿及肾性水肿等;对乳房浮肿,胸、腹部炎性肿胀及创伤性肿胀等局部水肿,可作为辅助治疗药;还可用于急性中毒时促进毒物由肾脏排出。

【注意事项】
(1) 利尿时宜与氯化钾合用,以免产生低血钾。
(2) 与强心药合用时,也应补充氯化钾。
(3) 禁用于严重肝、肾功能不全和电解质紊乱的动物。
(4) 内服可引起恶心、呕吐、腹胀等不良反应。

【制剂、用法与用量】
(1) 氢氯噻嗪片　内服,一次量,马、牛 1~2mg/kg 体重,羊、猪 2~3mg/kg 体重,犬、猫 3~4mg/kg 体重。

（2）氢氯噻嗪注射液　静脉、肌内注射，一次量，马 50～150mg，牛 100～250mg，羊、猪 50～75mg，犬、猫 10～25mg。

螺内酯（安体舒通）

【理化性质】为白色或类白色细微结晶性粉末，有轻微硫醇臭，不溶于水。

【药理作用】其结构与醛固酮相近，与醛固酮竞争性对抗，在远曲小管与集合管上皮细胞膜的受体上与醛固酮产生竞争性拮抗，从而产生保钾排钠的利尿作用，使尿中钠、氯离子增多而利尿，但钾的排泄减少，为保钾利尿药。其利尿作用较弱，显效缓慢，口服 3～4d 才出现最大的利尿作用，但作用持久。

【临床应用】一般不作首选利尿药，但可与呋塞咪、氢氯噻嗪等其它利尿药合用加强其利尿效果，纠正其低血钾，临床主要用于配合其它药治疗肝性水肿。

【注意事项】肾功能不全及高血钾动物禁用。

【制剂、用法与用量】

螺内酯片：内服，一次量，牛、猪、羊 0.5～1.5mg/kg 体重，犬、猫 2～4mg/kg 体重。

（二）脱水药

脱水药是一类性质稳定，进入体内不易被代谢，能通过渗透压作用，引起组织脱水和增加尿量的药物。静脉注射后能迅速提高血液的渗透压，从而引起组织脱水。药物从肾小球滤过后，不被或很少被肾小管重吸收，使管腔内尿液渗透压升高，从而增加尿量，故又称渗透性利尿药。主要利用其脱水作用以降低颅内压、眼内压、脑水肿等，也用于脊髓外伤性水肿及其它组织水肿。

甘 露 醇

【理化性质】为白色结晶性粉末，无臭，味甜，易溶于水。

【药理作用】为高渗性组织脱水药，内服不易吸收，需静脉注射给药。静脉注射高渗溶液后，不能由毛细血管透入组织，迅速提高血液的渗透压，以致组织间液水分向血液转移，使组织脱水、颅内压和眼内压迅速下降。另一方面通过增加血容量及扩张肾小球小动脉而增加血流量，经肾小球滤过后，在肾小管不被重吸收，形成高渗，影响水及电解质的再吸收，产生利尿作用。脱水利尿作用较强而迅速，静脉注射后 20～30min 出现作用，2～3h 达到高峰，持效时间为 6～8h。

【临床应用】治疗脑水肿的首选药，也可用于脊髓外伤性水肿、其它组织水肿；预防休克、手术或创伤及出血后急性肾衰竭后的无尿、少尿症。

【注意事项】

（1）大剂量长期应用可引起水和电解质平衡紊乱。静脉注射过快可产生心血管反应，如肺水肿、心动过速等。

（2）严重脱水、肺充血及肺水肿、充血性心力不全和进行性肾衰竭动物禁用。

（3）禁与生理盐水、复方氯化钠、氯化钾、氯化钙头孢菌素类药物配伍。

【制剂、用法与用量】

甘露醇注射液：静脉注射，一次量，马、牛1000~2000mL，羊、猪100~250mL，犬、猫10~30mL。

山梨醇

【理化性质】为白色结晶性粉末，无臭，味甜，易溶于水。

【药理作用】为甘露醇的异构体，作用及临床应用同甘露醇，因进入体内后可在肝内部分转化为果糖，故药效持续时间稍短，作用略弱于甘露醇。

【临床应用】同甘露醇。

【注意事项】同甘露醇。

【制剂、用法与用量】

山梨醇注射液：静脉注射，一次量，马、牛1000~2000mL，羊、猪100~250mL，犬、猫10~30mL。

二、生殖系统药物

生殖系统药物是提高或抑制动物的繁殖力，调节繁殖过程，增强抗病能力，促进胎儿娩出及辅助治疗生殖系统疾病的药物。主要包括性激素、促性腺激素、子宫收缩药等。

（一）性激素

性激素为动物性腺所分泌的甾体类激素，其分泌受性腺激素的调节，腺垂体促性腺激素的分泌又受下丘脑促性腺激素释放激素的调节。由于促性腺激素释放因子、促性腺激素和性激素相互促进，相互制约，协调统一地调节着生殖生理，故将这些激素统称为生殖激素。

甲基睾丸素（甲基睾酮、甲基睾丸酮）

【理化性质】为白色或类白色结晶性粉末，无臭、无味，不溶于水。

【药理作用】

（1）对生殖系统的作用　促进雄性生殖器官的发育，维持雄性生殖系统功能和第二性征，促进及维持精子的发生和成熟过程及精囊腺和前列腺分泌功能；同时兴奋中枢神经系统，引起性欲和性兴奋。大剂量雄激素抑制垂体分泌促性腺激素，从而抑制精子的生成。此外，还能对抗雌激素的作用，抑制母畜发情。

(2) 同化作用 有较强的促进蛋白质合成代谢作用，能使肌肉和体重增加，促进钙磷在骨组织中沉积，加速骨钙化和骨生长。

(3) 兴奋骨髓造血机能 骨髓功能低下时，大剂量的雄激素可以刺激骨髓造血功能，促进红细胞生成素产生，使红细胞和血红蛋白增加。

(4) 其它 雄激素能促进免疫球蛋白的合成，增强机体的免疫功能和抗感染的能力。

【临床应用】用于治疗种公畜睾丸发育不全、睾丸功能减退及公畜性欲缺乏；辅助治疗创伤、骨折、再生障碍性或其他原因引起的贫血；治疗乳腺囊肿、母犬假孕及终止母畜发情。

【注意事项】
(1) 有一定的肝脏毒性，肝功能不全动物慎用。
(2) 可损害雌性胎儿，妊娠动物禁用，前列腺肿大的患犬及泌乳动物禁用。

【制剂、用法与用量】
甲基睾丸素片：内服，一次量，动物 10~40mg，犬 10mg，猫 5mg。

苯丙酸诺龙（苯丙酸去甲睾酮）

【理化性质】为人工合成的激素，白色或乳白色结晶性粉末，不溶于水。

【药理作用】具有促进蛋白质合成代谢的作用，能促进肌肉生长，增加体重；增加体内的氮潴留；增加肾小管对钠、钙离子的重吸收，使体内的钙、钠增多；加速钙盐在骨骼中的沉积，促进骨骼的形成；还能直接刺激骨髓形成红细胞，促进肾脏分泌促红细胞生成素，增加红细胞的生成。

【临床应用】主要用于治疗各种热性疾病和慢性消耗性疾病引起的体质衰弱、严重的营养不良、贫血和发育迟缓，还可用于手术后、骨折及创伤，促进创口愈合。

【注意事项】长期应用可引起动物水电解质代谢平衡紊乱，引起水肿及繁殖功能异常。

【制剂、用法与用量】
苯丙酸诺龙注射液：肌内、皮下注射，一次量，马、牛、羊、猪 80~400mg，犬 20~50mg，猫 10~20mg。

苯甲酸雌二醇（苯甲酸求偶二醇）

【理化性质】为白色结晶性粉末，无臭，不溶于水。

【药理作用】
(1) 对生殖系统作用 可促进雌性未成年动物的性器官的形成和第二性征的发育，如子宫、输卵管、阴道和乳腺发育与生长；维持成年动物第二性征，使阴道上皮组织、子宫平滑肌、子宫内膜增生和子宫收缩力增强，提高生殖道防御功能。能使子宫体收缩，子宫颈松弛，可促进炎症产物、脓肿、胎衣及死胎排出。

（2）催情　能促进母畜发情。牛最为敏感，可使卵巢功能正常而发情不明显的母畜催情，但大剂量长期应用可抑制发情与排卵。

（3）对乳腺的作用　可促进乳房发育和泌乳，大剂量使用时则抑制泌乳。

（4）对代谢的影响　可增加食欲，促进蛋白质合成，加速骨化，促进水钠潴留，促进凝血作用。

（5）抗雄激素作用　能抑制雄性动物雄性激素的释放而发挥抗雄激素作用。

【临床应用】主要用于治疗子宫内膜炎、子宫蓄脓，并配合缩宫素用于催产，治疗胎衣不下、排出死胎，小剂量用于发情不明显动物的催情。

【注意事项】肝肾功能不全的动物慎用。

【制剂、用法与用量】

苯甲酸雌二醇注射液：肌内注射，一次量，马 10～20mg，牛 5～20mg，羊 1～3mg，猪 3～10mg，犬 0.2～0.5mg。

黄体酮（孕酮）

【理化性质】为白色或微黄色结晶性粉末，不溶于水，应避光密封保存。

【药理作用】主要作用于子宫内膜，能使雌激素所引起的增殖期转化为分泌期，为孕卵着床做好准备；并抑制子宫收缩，降低子宫对缩宫素的敏感性，有安胎作用；与雌激素共同作用，可促使乳腺发育，为产后泌乳做准备。

【临床应用】主要用于治疗孕激素不足引起的早期流产、习惯性流产、先兆性流产，也可控制母畜周期发情，进行人工受精、同期分娩；也用于治疗牛卵巢囊肿。

【注意事项】

（1）易析出结晶，可置于热水中溶解使用。

（2）长期使用可使妊娠期延长。

（3）奶牛泌乳期禁用。

【制剂、用法与用量】

黄体酮注射液：肌内注射，一次量，马、牛 50～100mg，羊、猪 5～25mg，犬 2～5mg。

（二）促性腺激素

促性腺激素是在其释放因子的作用下由垂体分泌的糖蛋白。主要包括两种，促卵泡素和黄体生成素，它们随血液进入性腺，调节性腺功能。

卵泡刺激素（促卵泡素）

【理化性质】为白色或类白色的冻干块状物或粉末，易溶于水，应密封冷暗处保存。

【药理作用】主要作用是刺激卵泡的生长和发育。与少量促黄体素合用，可促使卵泡分泌雌激素，使母畜发情；与大剂量促黄体素合用，能促进卵泡成熟和排卵；能促进公畜精原细胞增生，在促黄体素的协同下，可促进精子的生成和成熟。

【临床应用】主要用于治疗母畜卵巢停止发育、卵泡停止发育或两侧交替发育、多卵泡症及持久黄体等疾病；还可用于增强发情同期化及提高公畜的精子密度；母畜发情前大剂量使用可引起超数排卵。

【制剂、用法与用量】

注射用卵泡刺激素：静脉、肌内、皮下注射，一次量，马、牛 10～50mg，猪、羊 5～25mg，犬 5～15mg。

黄体生成素（促黄体素）

【理化性质】为白色或类白色的冻干块状物或粉末，易溶于水，应密封冷暗处保存。

【药理作用】在促卵泡素作用的基础上，可促进母畜卵泡成熟和排卵，卵泡在排卵后形成黄体，分泌黄体酮，具有早期安胎作用；促进雌激素分泌引起正常发情；还可作用于公畜睾丸间质细胞，促进睾丸酮的分泌，提高性欲，促进精子的形成。

【临床应用】主要用于治疗成熟卵泡排卵障碍、卵巢囊肿、早期胚胎死亡、习惯性流产、不孕及公畜性欲减退，幼畜生殖器官发育不全的精子形成障碍，性兴奋缺乏及产后泌乳不足，精液量少及隐睾症等。

【注意事项】

（1）禁与抗肾上腺素药、抗胆碱药、抗惊厥药、麻醉药及安定药等配伍。

（2）具有抗原性，反复使用可引起过敏反应及疗效下降。

【制剂、用法与用量】

注射用促黄体素：静脉、皮下注射，一次量，马、牛 25mg，猪 5mg，羊 2.5mg，犬 1mg，可在 1～4 周内重复使用。

马促性素（血促性素、孕马血清促性腺激素）

【理化性质】取自妊娠母马血液经分离制得的灭菌血清，为白色或类白色粉末，易溶于水。

【药理作用】兼有促卵泡素和黄体生成素的作用，能促进卵巢卵泡的生长发育和雌激素的分泌而引起发情，较大剂量也能诱发成熟卵泡排卵；对公畜主要表现促进雄激素分泌而提高性欲。

【临床应用】主要用于促使久不发情及发情不明显母畜的催情、排卵和受孕；治疗各种卵巢功能障碍引起的不孕症；提高公畜性欲及母畜同期发情。

【制剂、用法与用量】

注射用马促性腺素：皮下、肌内注射，一次量，马、牛 1000～2000IU，羊 100～500IU，猪 200～800IU，犬 25～200IU，猫 25～100IU。

绒促性素（绒毛膜促性腺激素）

【理化性质】从孕妇尿中提取的一种糖蛋白激素，为白色粉末，溶于水。

【药理作用】作用与黄体生成素相似，具有促进性腺活动的作用。促进成熟卵泡排卵和黄体生成，延缓黄体的存在，对未成熟卵泡无作用；它还能刺激卵巢分泌雌激素而引起发情；对公畜可促进睾丸间质细胞分泌雄激素。

【临床应用】用于促进排卵，提高受胎率；促进同期发情与同期排卵；还用于治疗排卵延迟和不排卵、卵巢囊肿、习惯性流产及公牛性欲减退等。

【注意事项】

（1）为糖蛋白，具有抗原性，多次应用可引起过敏反应和疗效下降。

（2）水溶液不稳定，应在短时间内用完。

【制剂、用法与用量】

注射用绒促性素：肌内注射，一次量，马、牛 1000～5000IU，羊 100～500IU，猪 500～1000IU，犬 25～300IU。

（三）前列腺素

前列腺素是一类具有生物活性的不饱和脂肪酸衍生物的总称。最早是在动物精液中发现，被认为是前列腺产生的，因此而得名。现代研究表明其在动物机体中分布非常广泛，对多种生理功能和代谢过程都具有重要的影响，为重要的生物活性物质。动物临床使用的是前列腺素 $F_{2\alpha}$。

前列腺素 $F_{2\alpha}$（地诺前列素）

【理化性质】为难溶于水的无色结晶。

【药理作用】对多种器官系统都具有广泛的药理作用。对于生殖系统可以溶解黄体，促进排卵，加速卵子运行，阻止受精，刺激子宫平滑肌收缩，常用于中止妊娠；对于心血管系统具有提高心率、心肌收缩力、收缩血管、升高血压的作用；对于呼吸系统能使气管、支气管平滑肌收缩，扩张支气管；对于消化系统能抑制胃酸分泌，促进肠道蠕动，导致腹泻；对于神经系统能兴奋脊髓，升高体温。

【临床应用】主要用于控制分娩、产后加速子宫复旧，促进恶露排出及诱导流产；用于马、牛、羊等动物治疗持久黄体、排卵延迟、卵巢囊肿、子宫内膜炎、子宫蓄脓、木乃伊胎、胎衣不下及诱导分娩；用于提高公畜射精量。

【注意事项】
(1) 用于子宫收缩时剂量不宜过大,防止子宫破裂。
(2) 急性亚急性心血管系统、消化系统、呼吸系统疾病的动物禁用。
(3) 用后可导致平滑肌兴奋、出汗、腹泻、腹痛等不良反应。

【制剂、用法与用量】
前列腺素 $F_{2\alpha}$ 注射液:肌内注射,一次量,牛 25mg,猪 5~10mg,犬、猫 1~5mg。

(四) 子宫收缩药

子宫收缩药又称子宫兴奋药,为选择性兴奋子宫平滑肌的药物,临床使用主要为缩宫素、神经垂体素和麦角新碱,主要用于动物的催产、引产、产后子宫复旧不全、产后止血及排出胎衣等。

缩宫素 (催产素)

【理化性质】 为白色粉末或结晶,溶于水,水溶液程酸性,无色澄清液体。

【药理作用】 可以选择性兴奋子宫,加强子宫平滑肌的收缩。改变子宫收缩的强度及性质,因子宫所处激素环境和用药剂量的不同而异。在妊娠早期,子宫处于孕激素环境中,对缩宫素不敏感。随着妊娠的进行,雌激素浓度逐渐增加,子宫对缩宫素的反应可逐渐增强,临产时达到高峰。小剂量能增加妊娠末期的子宫节律性收缩,较少引起子宫颈兴奋,适于催产。剂量加大,使子宫肌的平滑肌的收缩持续增高,舒张不完全,出现强直性收缩,适于产后止血或产后子宫复旧不全。还能加强乳腺腺泡周围的肌上皮细胞收缩,松弛大的乳导管和乳池周围的平滑肌,促使腺泡腔内的乳汁迅速进入乳导管和乳池,引起排乳。

【临床应用】 主要用于治疗产前子宫收缩无力时的难产、产后子宫出血、胎衣不下、子宫蓄脓、子宫复旧不全等;还可用于新产母畜催乳。

【注意事项】
(1) 产道阻塞、胎位不正、骨盆狭窄、子宫颈开放不全等产道性难产和胎儿性难产动物禁用。
(2) 与拟肾上腺素药物配伍可增强其毒性,慎用。

【制剂、用法与用量】
缩宫素注射液:皮下、肌内注射,一次量,收缩子宫,马、牛 75~150IU,羊、猪 10~50IU,犬 5~25IU,猫 5~10IU;排乳,马、牛 10~20IU,羊、猪 5~20IU,犬 2~10IU。

神经垂体素

【理化性质】 由猪、牛脑神经垂体提取,含有缩宫素和加压素,为白色粉末，溶于水。

【药理作用】表现缩宫素和加压素的双重作用。缩宫素对子宫的收缩作用强，而对子宫颈的收缩作用较小；还能增强乳腺平滑肌收缩，促进排乳。抗利尿素可使动物尿量减少，还有收缩毛细血管，引起血压升高的作用。

【临床应用】用于治疗产后子宫复旧不全、胎衣不下、排出死胎、产后子宫出血及催产；还可用于新分娩而缺乳的母畜催乳。

【注意事项】
（1）性质不稳定，应避光密封保存。
（2）可引起过敏反应，用量过大可引起血压升高、少尿及腹痛等。
（3）其它同缩宫素。

【制剂、用法与用量】
神经垂体素注射液：肌内、静脉注射，一次量，马、牛 50~100IU，羊、猪 10~50IU，犬 2~10IU，猫 2~5IU。

马来酸麦角新碱

【理化性质】为麦角菌提取物，常用马来酸盐，为白色或类白色的结晶性粉末，无臭，略溶于水。

【药理作用】可以兴奋子宫，使子宫颈平滑肌兴奋，使子宫节律性收缩加快加强，剂量稍大可引起子宫强直性收缩，妊娠子宫或分娩后数天的子宫对麦角生物碱的敏感性比未孕子宫角大。

【临床应用】主要用于产后出血、子宫复旧不全、胎衣不下等产后疾病。

【注意事项】
（1）胎衣未排出的动物慎用，以免胎衣嵌顿在子宫内。
（2）长期大剂量应用可导致中毒，出现呕吐、腹泻、脉弱甚至昏迷的症状。

【制剂、用法与用量】
马来酸麦角新碱注射液：肌内、静脉注射，一次量，马、牛 5~15mg，羊、猪 0.5~1mg，犬 0.1~0.5mg，猫 0.07~0.2mg。

思考与练习

1. 应用苦味健胃药时应注意什么？
2. 临床常用的健胃药有哪些？主要临床应用是什么？
3. 简述容积性泻药的作用机制？临床应用时应注意什么？
4. 如何合理应用健胃药与助消化药、制酵药与消沫药、泻药与止泻药？
5. 祛痰药、镇咳药及平喘药有哪些？各举一例说明作用机制。

6. 如何合理应用祛痰药、镇咳药及平喘药？
7. 强心苷治疗心功能不全的药理作用是什么？
8. 临床常用的止血药、抗凝血药、抗贫血药有哪些？主要临床应用是什么？
9. 呋塞米、氢氯噻嗪、螺内酯的作用机制有何不同？在临床上如何合理应用？
10. 麦角新碱和缩宫素对子宫的作用有何不同？

项目六
作用于中枢神经系统的药物

【知识目标】

了解中枢神经系统结构及生理特点，掌握全身麻醉药麻醉分期、麻醉方式及注意事项，掌握常用中枢神经系统药物的理化性质、药理作用、临床应用、注意事项、制剂、用法与用量。

【技能目标】

在临床上能正确应用中枢兴奋药；合理选择全身麻醉药，同时避免麻醉事故的发生；能区别应用镇痛药、镇静药与抗惊厥药。能在临床上能判断中枢兴奋药（全身麻醉药）中毒，应用全身麻醉药（中枢兴奋药）进行解救的方法。

神经系统可分为中枢神经系统和外周神经系统，因此，可将神经系统药物分为中枢神经系统药物和外周神经系统药物。中枢神经系统包括脑和脊髓，脑又包括大脑、小脑和脑干。作用于中枢神经系统的药物分为中枢兴奋药和中枢抑制药。

任务一　中枢兴奋药

一、概述

中枢兴奋药是能提高中枢神经系统功能活动的药物。主要用于中枢神经系统功能抑制的治疗，如外伤、重病和药物中毒引起的呼吸、循环衰竭的急救。根据中枢兴奋药作用的部位和疗效的不同分为大脑兴奋药、延髓兴奋药及脊髓兴奋药。

（1）大脑兴奋药　能提高大脑皮质神经细胞的兴奋性，促进脑细胞代谢，改善大脑功能，也对抗皮质下中枢的抑制，主要作用部位在大脑皮质和脑干上部，如咖啡因。

（2）延髓兴奋药　能兴奋延髓呼吸中枢，药物直接或间接作用于该中枢，增加呼吸频率和呼吸深度，故又称呼吸兴奋药，对血管运动中枢也有不同程度的兴奋作用，如尼可刹米。

（3）脊髓兴奋药　能选择性兴奋脊髓的药物。因中枢兴奋的表现是阻止抑制性神经递质对神经元的抑制作用，可提高脊髓反射功能，如士的宁。

中枢兴奋药作用的强弱、范围与药物的剂量和中枢神经系统功能状态有关，用药过量易引起中枢神经强烈兴奋，甚至惊厥，严重时可引起中枢抑制而死亡。因此，使用本类药物时，必须严格掌握剂量。

二、常用药物

咖 啡 因

【理化性质】为黄嘌呤类生物碱，是从咖啡豆和茶叶中提取的，现为人工合成品。为白色或微带黄绿色、有丝光的针状结晶，无臭，味苦，略溶于水。常与苯甲酸钠制成可溶性苯甲酸钠咖啡因（安钠咖）注射液供临床应用。

【药理作用】咖啡因的作用机制是抑制细胞内磷酸二酯酶的活力，减少磷酸二酯酶对环磷酸腺苷（cAMP）的降解，提高细胞内cAMP含量，并由此产生生理生化反应。主要药理作用有：

（1）对中枢神经系统的作用　咖啡因对中枢神经系统各主要部位均有兴奋作用，但大脑皮质对其特别敏感。可能是直接兴奋大脑皮质或通过网状结构激活系统间接兴奋大脑皮质。随着剂量的增加敏感性由大脑皮质，延伸到延髓，直至脊髓。脊髓兴奋，运动反射增强，中毒量可引起强直性惊厥，甚至死亡。

（2）对心血管系统的作用　具有中枢性和外周性双重作用，且两方面作用表现相反。一般情况下，外周性作用占优势，受多种因素（如机体的敏感性、耐受性等）的调节，作用较为复杂。对心脏，较小剂量时，兴奋迷走神经，心率减慢；治疗量时，兴奋心肌作用占优势，心率、心肌收缩力与心输出量均增加。对心血管，较小剂量时，兴奋延髓血管运动中枢，使血管收缩；治疗量时，由于对血管壁的直接作用占优势，促使冠状血管、肺血管、肾血管舒张，有助于提高肌肉的工作能力。

（3）利尿作用　主要是强心，增加心输出量，肾血管舒张，肾血流量增多，提高肾小球的滤过率，抑制肾小管对钠离子的重吸收。

（4）其它作用　对血管平滑肌、支气管平滑肌、胆道与胃肠道平滑肌有舒张作用，有轻微的止咳和利胆作用，但对胃肠道平滑肌则是小剂量起兴奋作用，大剂量可解除其痉挛，无治疗意义。影响机体糖和脂肪的代谢，促使糖原分解，血糖升高；激活脂酶，使三酰甘油分解为游离脂肪酸和甘油酸，使血浆中游离脂肪酸增多。增强骨骼肌的收缩力，增加爆发力，减轻疲劳。

【临床应用】

(1) 小剂量作中枢兴奋药　用于中枢性呼吸循环衰竭，重症衰竭（如传染病）；中枢抑制药中毒；劳役引起的过度疲劳；血管运动中枢、呼吸中枢衰竭。

(2) 作强心药　用于因高热（热射病）、中暑（日射病）、中毒等引起的急性心力衰竭。

(3) 作利尿药　用于心、肝、肾疾病引起的水肿。

【注意事项】

(1) 过量使用会引起中毒，反射亢进、心率加快、流涎、腹痛等，肌肉抽搐乃至惊厥死亡。中毒时用溴化物、水合氯醛、巴比妥类等解救。

(2) 代偿性心力衰竭及器质性心功能不全，末梢血管麻痹及大动物心动过速（100次/min以上）或心律不齐者禁用。

(3) 禁与鞣酸、碘化物、盐酸四环素、盐酸土霉素、苛性碱等配伍，以免产生沉淀。

【制剂、用法与用量】

(1) 苯甲酸钠咖啡因粉　内服，一次量，牛、马 2～8g，猪、羊 1～2g，鸡 0.05～0.1g，犬 0.2～0.5g，猫 0.1～0.2g。

(2) 苯甲酸钠咖啡因（安钠咖）注射液　皮下、肌内注射，一次量，牛、马 2～5g，猪、羊 0.5～2g，鸡 0.025～0.05g，犬 0.1～0.3g。静脉注射，牛、马 2～4g，猪、羊 0.5～1g，鹿 0.5～2g，1～2次/d。

尼可刹米（可拉明）

【理化性质】为无色澄清或淡黄色油状液体，略带特臭，味苦，易溶于水。

【药理作用】主要直接兴奋延髓呼吸中枢，当呼吸中枢处于抑制状态时，作用更明显。也可刺激颈动脉体和主动脉弓化学感受器，反射性兴奋呼吸中枢，使呼吸加深加快，并提高呼吸中枢对 CO_2 的敏感性。对大脑、血管运动中枢和脊髓有较弱的兴奋作用，对其它器官无直接兴奋作用。

【临床应用】主要用于治疗各种原因引起的呼吸抑制，如水合氯醛等中枢抑制药中毒、外科手术、外伤性休克等严重疾病引起的中枢性呼吸抑制，如 CO 中毒、溺水、新生仔畜窒息。

【注意事项】

(1) 过量可致惊厥，应及时注射中枢抑制药如硫喷妥钠。

（2）注射速度不宜过快，兴奋作用之后，常出现中枢神经抑制现象。

【制剂、用法与用量】

尼可刹米注射液：皮下、肌内、静脉注射，一次量，牛、马 2 ~ 5g，猪、羊 0.25 ~ 1.0g，犬 0.125 ~ 0.5g。

樟 脑

【理化性质】 为白色的结晶或结晶性粉末，无臭，味先微苦后甜，极易溶于水。

【药理作用】 能直接兴奋延髓呼吸中枢和血管运动中枢，对大脑皮质也有兴奋作用，并兼有强心作用。对于衰弱的心脏，可加强心肌收缩，恢复心脏节律，增加心排出量。

【临床应用】 主要用于治疗感染性疾病、药物中毒等引起的呼吸抑制及急性心力衰竭。尤其在动物缺氧时使用更为适宜。

【注意事项】

（1）重度心功能不全或营养状态极差的动物，使用时应慎重。

（2）过量中毒时可静脉注射水合氯醛、硫酸镁和10%葡萄糖液解救。

【制剂、用法与用量】

樟脑磺酸钠注射液：皮下、肌内、静脉注射，一次量，牛、马 1 ~ 2g，猪、羊 0.2 ~ 1g，犬 0.05 ~ 0.1g。

士的宁（番木鳖碱）

【理化性质】 从马钱科植物马钱的种子提取的生物碱。常用硝酸盐，为无色棱状结晶或白色结晶性粉末，无臭，味极苦，易溶于水。

【药理作用】 能选择性的兴奋脊髓，提高脊髓的反射功能，缩短脊髓反射时间，增强视觉、听觉、味觉、触觉的敏感性，增加骨骼肌张力，改善肌无力状态。

【临床应用】 主要用于治疗各种神经、肌肉的不全麻痹和肌肉无力，如膀胱、肛门括约肌的不全麻痹，非损伤性阴茎下垂。因挫伤引起的臀部、尾部与四肢的不全麻痹。颜面神经麻痹，牛、猪产后麻痹等。

【注意事项】

（1）安全范围小，稍大剂量即可引起中毒，解救静脉注射水合氯醛、苯巴比妥等。

（2）孕畜及中枢神经系统兴奋症状的动物禁用；肝肾功能不全动物慎用。

【制剂、用法与用量】

硝酸士的宁注射液：皮下注射，一次量，牛、马 15 ~ 30mg，猪、羊 2 ~ 4mg，犬 0.5 ~ 0.8mg。

任务二　全身麻醉药

一、概述

全身麻醉药简称全麻药，指能够可逆性地抑制中枢神经系统功能，动物表现为意识、感觉、反射减弱或消失、骨骼肌松弛，但仍保持延髓生命中枢功能的药物。主要用于外科手术前的麻醉，便于外科手术安全顺利的进行。

（一）麻醉药的分类

根据全麻药的理化性质和使用方法不同将其分为吸入性麻醉药和非吸入性麻醉药两类。吸入性麻醉药又称挥发性麻醉药，包括挥发性液体如乙醚、氟烷、甲氧氟烷、恩氟烷等和气体，如氧化亚氮、环丙烷等，优点是由肺部吸收，体内代谢破坏极少，麻醉深度、用药量易于控制；缺点是麻醉从始至终必须有专人控制，需要特殊的麻醉装置，动物临床上很少用于大动物。非吸入性麻醉药，多作静脉注射，故又称静脉麻醉药，包括水合氯醛、巴比妥类、乙醇、氯胺酮、羟丁酸钠等，优点是易于诱导，快速进入外科麻醉期，麻醉过程中一般不出现兴奋期，操作简便，给药途径多如静脉注射、肌内注射、腹腔注射、口服及直肠灌注等；缺点是较难调节麻醉深度、用药剂量和麻醉时间，排泄慢、苏醒期长。目前，动物临床上使用的全麻药，没有一种能够令人完全满意，故多用复合麻醉。

（二）麻醉的分期

中枢神经系统各个部位对全麻药敏感性不同，随着全麻药血药浓度升高，依次出现不同程度的抑制，因而出现不同的麻醉时期，其作用顺序为大脑皮质、间脑、中脑、脑桥、脊髓，最后是延髓。为了取得满意的麻醉效果，避免发生麻醉事故，必须掌握麻醉的分期，一般将全身麻醉过程分为四期。

（1）第一期为镇痛期（随意运动期）　镇痛期主要是抑制网状结构上行激活系统和大脑皮质感觉区，动物表现为意识逐渐消失，痛觉、触觉、听觉逐渐消失，肌肉力量无变化，反射存在，呼吸加快，脉搏加快，瞳孔缩小等。此期短，不易察觉，也没有显著的临床意义。

（2）第二期为兴奋期（不随意运动期）　兴奋期使大脑皮质功能抑制加深，失去控制与调节皮质下中枢的作用，动物表现不随意运动，意识、感觉消失，肌肉张力增加，呼吸不规则，反射仍存在，脉搏增速，瞳孔扩大等，易发生意外事故，不宜进行任何手术。第一期和第二期合称为诱导期，因此外科手术需要尽量缩短诱导期。

（3）第三期为外科麻醉期　随着血药浓度的升高，麻醉进一步加深，大脑、间脑、中脑、脑桥依次被抑制，脊髓功能由后向前逐渐抑制，但延髓中枢功能仍保持。根据麻醉深度的不同，外科麻醉期可以分为二期，为浅麻醉期和深麻醉期。浅麻醉期抑制中脑，胸段以下脊髓，动物表现为意识、痛觉消失，骨骼肌松弛，瞳孔缩小，呼吸浅而均匀，角膜、趾、肛门反射存在，但迟钝，切开皮肤无反射，有利于进行外科手术，动物手术一般在此期进行。深麻醉期抑制脑桥，胸段、颈段脊髓，动物表现为呼吸减慢变浅，血压下降，骨骼肌极度松弛，舌脱出，瞳孔轻度扩张，以腹式呼吸为主，角膜、趾反射消失，仍有肛门反射，动物手术应避免进入此期。

（4）第四期麻痹期或苏醒期　随着麻醉深度的不断加深，延髓的生命中枢也受到严重抑制，动物表现呼吸微弱，脉搏细弱，血压降低，瞳孔突然散大，呼吸停止，心跳也随即停止，动物死亡。苏醒期，在完成手术后，麻醉药的药效逐渐消失，中枢神经系统各个部位的兴奋性按麻醉相反的顺序恢复。一般应使苏醒期尽量缩短，以减少在苏醒过程中动物站立不稳，挣扎，易跌撞所造成的意外损伤。

（三）麻醉的方式

为了减少全身麻醉药的用量或毒性，保证麻醉安全，常配合其它药物，采用联合给药的方式。

（1）麻醉前给药　麻醉前给予一种或几种药物以加强麻醉药物的效能，减少不良反应。如在使用水合氯醛进行全身麻醉之前先使用氯丙嗪，使动物较安静，易于接近静脉注射全麻药，可加强麻醉效果，并防止呕吐；先给予阿托品，能减少呼吸道黏膜腺体和唾液腺的分泌，可防止异物性肺炎的发生。

（2）混合麻醉　将几种麻醉药混合一起进行麻醉，以便取长补短，达到安全可靠的效果。如水合氯醛与乙醇，水合氯醛与硫酸镁混合使用。

（3）配合麻醉　指以某种全麻药为主，配合局部麻醉药进行麻醉。如先用较小剂量水合氯醛浅麻，再在术部配合普鲁卡因局部麻醉。此方法安全范围大，用途广，动物临床常用。

（4）诱导麻醉　先用一种快效麻醉药快速进入外科麻醉期，然后改用其它麻醉药物维持麻醉。如先用硫喷妥钠或氧化亚氮快速进入外科麻醉期，再用水合氯醛维持麻醉。

（5）基础麻醉　先用一种麻醉药进行浅麻作为基础，再用其它药物维持麻醉深度，以减轻麻醉药的不良反应，增强麻醉效果的药物。如麻醉前先用硫喷妥钠，为乙醚麻醉的基础；麻醉前先用琥珀胆碱，为深麻的基础。

（四）全麻时注意事项

全麻药都有一定的毒性，为保证安全，应注意以下事项。

（1）麻醉前检查准备　根据病情及手术大小，选择合适的麻醉药和麻醉方式，准备好解救药，检查动物的体况，对过于衰弱、消瘦、肝脏、心血管疾病及怀孕母畜，不宜应用。

（2）麻醉过程中的观察　观察麻醉过程应注意检查呼吸、心率、瞳孔反射变化，出现异常立即停药，并进行对症治疗，如打开口腔，引出舌头，注射中枢兴奋药等。

（3）加强麻醉后的护理　水合氯醛麻醉时注意防寒，垫高动物的头颈部，防止异物性肺炎；麻醉苏醒时，防止跌倒；加强饲养管理，给易消化、营养丰富的饲料，注意环境卫生等。

二、吸入性麻醉药

氟烷（三氟氯溴乙烷、氟罗生）

【理化性质】为无色透明挥发性液体，沸点50.2℃，难燃难爆，性质不稳定，遇光、热和潮湿空气可缓慢分解。

【药理作用】氟烷的麻醉作用强，诱导期短，苏醒快，但肌肉松弛和镇痛作用较弱；可松弛支气管平滑肌、扩张支气管、使呼吸道阻力减小，无黏膜刺激。使脑血管扩张，增加心肌对儿茶酚胺的敏感性。氟烷可与乙醚混合使用，以减轻两药的毒副作用，并能增强麻醉效果。

【临床应用】主要用于浅麻醉或混合麻醉，用于马、犬、猴等大、小动物全身麻醉。

【注意事项】

（1）对呼吸和循环抑制作用强，不可单独使用。

（2）应用麻醉时先给予琥珀胆碱等做辅助麻醉及基础麻醉，以增强肌肉松弛效果，以便动物平稳地进入麻醉期。

【制剂、用法与用量】

氟烷：闭合式或半闭合吸入给药，浓度为诱导用4%~5%，维持用1.5%。牛用硫喷妥钠诱导麻醉后再用，一次量，0.55~0.66mL/kg；马，一次量，0.045~0.18mL/kg；犬、猫先吸入含70%氧化亚氮和30%氧，经1min后，再加氟烷于上述合剂中，其浓度为0.5%，时间30min，以后浓度逐渐增大至1%，约经4min达5%浓度为止，此时，氧化亚氮浓度减至60%，氧的浓度为40%，犬、猫预先需肌内注射阿托品。

恩氟烷（恩氟醚）

【理化性质】为无色的澄清液体，易挥发，沸点57℃，有醚的特臭。

【药理作用】为强效吸入性麻醉药，对黏膜无刺激性，和氟烷比较，麻醉诱导平稳、迅速和舒适，苏醒也快，肌肉松弛良好。对神经肌肉的阻断作用强于氟烷，对循环系统和呼吸有抑制作用。对肝、肾损害轻微。对胃肠蠕动及子宫平滑肌有抑制作用。麻醉时与肾上腺素溶液配合使用，可增加其安全范围。

【临床应用】 主要用于马、犬等动物手术的全身麻醉。

【注意事项】 恩氟烷对神经肌肉阻断强于氟烷，对心血管和呼吸系统有抑制作用，其它与氟烷类似。

【制剂、用法与用量】

恩氟烷：诱导麻醉，浓度为2%~2.5%，4.5%为极限；维持麻醉，浓度为1.5%~2%。

乙　醚

【理化性质】 为无色澄清易挥发的液体，有特异臭味，易燃易爆，易氧化生成过氧化物及乙醛，使毒性增加，应避光密封保存。

【药理作用】 能广泛性抑制中枢神经系统，随着血药浓度的升高，首先抑制大脑皮质，使各种感觉逐渐消失。麻醉浓度的乙醚对呼吸功能和血压几乎无影响，对心、肝、肾的毒性也小。对呼吸道黏膜有刺激作用，可引起呼吸道分泌增加。乙醚尚有箭毒样作用，故肌肉松弛作用较强。

【临床应用】 主要用于犬、猫等中小动物或实验动物等全身麻醉。

【注意事项】

（1）易燃易爆，使用场合不可有开放火花或电火花。

（2）肝功能不全、急性上呼吸道感染动物禁用。

【制剂、用法与用量】

乙醚：可用开放式、半封闭或封闭式的吸入麻醉法。犬吸入前注射硫喷妥钠、硫酸阿托品（0.1mg/kg体重），然后用麻醉口罩吸入乙醚，直至出现麻醉体征。猫、兔、大鼠、小鼠、蛙类、鸡、鸽等可直接吸入乙醚，至达到麻醉体征为止。

氧化亚氮（笑气）

【理化性质】 为无色味甜无刺激性液态气体，性质稳定，不燃不爆。

【药理作用】 麻醉强度约为乙醚的1/7，但毒性小，作用快，无兴奋期，镇痛作用强，但肌肉松弛程度差。与氟烷混合应用，可减轻氟烷对循环、呼吸系统的抑制作用。

【临床应用】 主要用于诱导麻醉或与其它全身麻醉药配伍使用。

【注意事项】 在停止麻醉后，应给予吸入氧3~5min，防止引起动物缺氧。

【制剂、用法与用量】

氧化亚氮：小动物用75%氧化亚氮与25%氧混合，通过面罩给予2~3min，然后再加入氟烷，使其在氧化亚氮与氧混合气体中达3%浓度，直至出现下颌松弛等麻醉体征为止。

三、非吸入性麻醉药

硫喷妥钠

【理化性质】 为乳白色或淡黄色粉末,有蒜臭,味苦,易溶于水,水溶液不稳定。

【药理作用】 静脉注射后迅速抑制大脑皮质,通常 0.5~1min 动物呈现麻醉状态,无兴奋期。对中枢抑制作用主要是通过易化或增强脑内 γ-氨基丁酸(抑制性神经递质)的突触作用,使突触后电位抑制延长。同时阻断兴奋性递质谷氨酸盐在突触的作用,从而降低大脑皮质的兴奋性,抑制网状结构的上行激活系统,产生全身麻醉。肌肉松弛作用差,镇痛作用弱。能明显抑制呼吸中枢,抑制程度与用量、注射速度有关。能直接抑制心脏和血管运动中枢,使血压下降。可通过胎盘屏障影响胎儿血液循环及呼吸。

【临床应用】 主要用于中、小动物及实验动物的麻醉;用做牛、猪、犬的全身麻醉或基础麻醉,马属动物的基础麻醉;也用于中枢兴奋药中毒、脑炎及破伤风的治疗。

【注意事项】

(1) 药液只供静脉注射,且不宜快速注射;反刍动物在麻醉前需注射阿托品,以减少腺体分泌。

(2) 猫注射后会出现窒息、轻度的动脉低血压。

(3) 肝、肾功能不全禁用。

【制剂、用法与用量】

注射用硫喷妥钠:静脉注射,一次量,犊牛 15~20mg/kg 体重;猪 10~15mg/kg 体重,犬、猫 20~25mg/kg 体重,兔 20~30mg/kg 体重。

戊巴比妥钠

【理化性质】 为白色、结晶性的颗粒或白色粉末,无臭,味微苦,极易溶于水,水溶液呈碱性。

【药理作用】 对呼吸和循环有显著的抑制作用。能使血液中的红、白细胞减少,血沉加快,凝血时间延长。麻醉后的苏醒期长,一般需 6~18h,才能完全恢复,猫可长达 24~72h。无镇痛作用,常与其它镇静、催眠药合用。

【临床应用】 主要用于中、小动物的全身麻醉,以及各种动物的基础麻醉。

【注意事项】 戊巴比妥钠的不良反应能明显地抑制呼吸和循环,还能减少血液中的红、白细胞数量,加快红细胞沉降率(血沉),延长凝血时间,应用时注意。

【制剂、用法与用量】

戊巴比妥钠注射液：镇静，肌内、静脉注射，一次量，马、牛、猪、羊 5~15mg/kg 体重，犬 15~25mg/kg 体重。麻醉，静脉注射，一次量，马、牛 15~20mg/kg 体重，猪 10~25mg/kg 体重，羊 30mg/kg 体重，犬 25~30mg/kg 体重。

水 合 氯 醛

【理化性质】为白色或无色透明的结晶，有刺激性特臭，味微苦，极易溶于水。

【药理作用】水合氯醛及代谢物三氯乙醇均能对中枢神经系统产生抑制作用，其作用机制主要是抑制网状结构上行激活系统。水合氯醛对中枢神经系统的抑制作用随着药量增加，产生不同作用，即小剂量镇静、中等剂量催眠、大剂量麻醉与抗惊撅。水合氯醛能降低新陈代谢，抑制体温中枢，体温可下降 1~5℃。乙醇及其它中枢神经抑制药可增强本品的中枢抑制作用；与氯丙嗪配合使用可增强全麻效果，减少用量。

【临床应用】主要用于马属动物急性胃扩张、肠阻塞、肠痉挛等腹痛。作为抗惊厥药可用于破伤风、脑炎、士的宁及其它中枢兴奋药中毒所致的惊撅。也可作马、骡、驴、骆驼、猪、犬、禽等全身麻醉或基础麻醉。

【注意事项】

（1）配制注射液时不可煮沸灭菌，应密封避光保存。

（2）水合氯醛对局部组织有强烈刺激性，不可皮下或肌内注射，静脉注射时，不得漏出血管外；内服或灌肠时应配成 1%~5% 的水溶液，并加黏浆剂，但全麻以静脉注射为优，猪可腹腔注射。

（3）严禁用于心脏病、肺水肿及机体虚弱的动物。

（4）水合氯醛中毒时立即注射氯化钙和中枢兴奋药如安钠咖、樟脑或尼可刹米等药物进行解救，但不可用肾上腺素，因肾上腺素可导致心室纤维颤动。

（5）牛、羊敏感，可引起牛、羊等动物唾液分泌大量增加，用前应先注射小剂量阿托品。

（6）在寒冷季节手术时，应注意保温。

【制剂、用法与用量】

（1）水合氯醛粉　内服（镇静），一次量，马、牛 10~25g，猪、羊 2~4g，犬 0.3~1g。内服（催眠），一次量，马 30~50g，猪、羊 5~10g。灌肠（催眠），一次量，马 30~60g，猪、羊 5~10g。静脉注射（麻醉），一次量，马 0.08~0.12g/kg 体重，猪 0.15~0.17g/kg 体重，骆驼 0.1~0.11g/kg 体重。

（2）水合氯醛硫酸镁注射液　静脉注射（镇静），一次量，马 100~200mL；静脉注射（麻醉），一次量，200~400mL。

（3）水合氯醛乙醇注射液　静脉注射（抗惊厥、镇静），一次量，马、牛 100~200mL；静脉注射（麻醉），一次量，马、牛 300~500mL。

氯胺酮（开他敏）

【理化性质】为无色结晶粉末，无臭，易溶于水。

【药理作用】肌内注射或静注作用快速，持续时间短，肌肉松弛作用差，不良反应较小，用于基础麻醉。可产生"分离麻醉"即能阻断感觉冲动向下丘脑和脑皮层的传导，产生抑制作用，同时能兴奋脑干和边缘系统，引起感觉和意识分离，麻醉时呈浅睡状态，痛觉消失，意识模糊。"木僵样麻醉"即动物意识不完全丧失，麻期睁眼、咽喉反射存在，肌肉张力增加呈木僵样。

【临床应用】主要用于猫和非人类灵长类动物与肌肉松弛无关的小手术，也可用作马、牛、猪、羊及多种野生动物的基础麻醉、全身麻醉与化学保定。

【注意事项】

（1）宜缓慢静脉注射；麻醉时不宜单独使用；驴、骡及禽不宜用。

（2）可使动物血压升高、唾液分泌增多、呼吸抑制、呕吐等；高剂量可产生肌肉张力增加、惊厥、呼吸困难、痉挛、心搏暂停和苏醒期延长等。

【制剂、用法与用量】

（1）盐酸氯胺酮注射液　静脉注射，一次量，马 1mg/kg 体重，牛、羊 2mg/kg 体重。肌内注射，一次量，猪 12~20mg/kg 体重，羊 20~40mg/kg 体重，犬 5~7mg/kg 体重，鹿 10mg/kg 体重，猴 4~10mg/kg 体重，水貂 6~14mg/kg 体重。

（2）复方氯胺酮注射液　肌内注射，一次量，猪 0.1mL/kg 体重，犬 0.033~0.067mL/kg 体重，猫 0.017~0.02mL/kg 体重，马鹿 0.015~0.025mL/kg 体重。

静松灵（二甲苯胺噻唑、噻拉唑）

【理化性质】为白色结晶性粉末，味略苦，不溶于水。

【药理作用】具有镇静、镇痛与中枢性肌肉松弛作用。应用后动物表现精神沉郁，嗜睡，头颈下垂，站立不稳。头颈、躯干、四肢皮肤痛觉迟钝或消失，约 30min 开始缓解，1h 完全恢复。牛最敏感，用药后产生睡眠状态。猪、兔及野生动物敏感性差。治疗剂量范围内，往往表现唾液增加、汗液增多。另外，多数动物呼吸减慢、血压微降，可逐渐恢复。与水合氯醛、硫喷妥钠或戊巴比妥钠等中枢抑制药合用，可增强抑制效果；可增强氯胺酮的催眠镇痛作用，使肌肉松弛，并可拮抗其中枢兴奋反应；与肾上腺素合用可诱发心律失常。

【临床应用】主要用于反刍兽的化学保定和复合麻醉，也用于其它动物及野生动物的镇痛、镇静等。

【注意事项】
（1）静脉注射速度不宜过快；产前3个月的马、牛禁用。
（2）静脉注射后1min，肌内注射后约10~15min呈现良好的镇痛和镇静，但种属差异较大。无蓄积性。可引起犬、猫呕吐。
（3）马属动物用量过大，可抑制心肌传导和呼吸，致使心动缓慢，甚至呼吸暂停。

【制剂、用法与用量】
静松灵注射液：肌内注射，一次量，黄牛0.2~0.6mg/kg体重，牛0.4~1mg/kg体重，羊1~3mg/kg体重，梅花鹿1~3mg/kg体重，马0.5~1.2mg/kg体重。

保 定 宁

【理化性质】 为二甲苯胺噻唑与依地酸组成可溶性盐。

【药理作用】 克服了二甲苯胺噻唑对马属动物作用的不足，其特点是用量小（成年马3~4mL），使用方便（可肌内注射），作用迅速（用药后10min即可显效），效果确实，不良反应小。

【临床应用】 主要用于马属动物的各种外科手术。

【注意事项】 安全范围大，使用中可多次追加用量，甚至达到治疗量的2~3倍尚无中毒症状，麻醉期维持1~1.5h。

【制剂、用法与用量】
保定宁注射液：一次量，肌内、静脉注射，马1mg/kg体重。

速眠新（846合剂）

【理化性质】 为保定宁、氟哌啶醇和双氢埃托啡等药物制成的复方制剂。成分为保定宁（镇静、镇痛、中枢性肌肉松弛）600mg，双氢埃托啡（高强效麻醉性镇痛药，适用于慢性顽固性疼痛）4μg，氟哌啶醇（抗精神病药，作用类似氯丙嗪，镇吐作用强，镇静作用弱）2.5mg。

【药理作用】 为动物全身麻醉剂，具有中枢性镇痛、镇静和肌肉松弛作用。东莨菪碱和阿托品类药物可以拮抗对心血管功能的抑制作用。

【临床应用】 用于马、牛、羊、犬、猴、兔、熊、狮、虎、鼠等动物的全身手术麻醉。

【注意事项】
（1）对犬、兔、牛等动物心血管有一定程度抑制，严重心肺疾病动物禁用，妊娠后期动物慎用。
（2）应空腹条件下使用，以避免引起呕吐、排便等不良反应。
（3）用于休克动物保定时，安全性优于其它药品，但应及时采用抗休克措施，以提高手术成功率。

(4) 麻醉时间为 0.5~1h，若需延长时间可于首次给药后 30~40min 后，追加首次用量的 1/2，但应注意观察反应。

(5) 遇药物不良反应剧烈时，可肌内注射东莨菪碱或阿托品对抗心血管抑制，遇呼吸停止时可人工呼吸并及时静脉注射苏醒灵 3 号或苏醒灵 4 号进行急救或催醒。

【制剂、用法与用量】

速眠新注射液：肌内注射，一次量，纯种犬 0.04~0.08mL/kg 体重，杂种犬 0.08~0.1mL/kg 体重，兔 0.1~0.2mL/kg 体重，大鼠 0.8~1.2mL/kg 体重，小鼠 1.0~1.5mL/kg 体重，猫 0.3~0.4mL/kg 体重，猴 0.1~0.2mL/kg 体重。黄牛、奶牛、马属动物 1.0~1.5mL/100kg 体重，牦牛 0.4~0.8mL/100kg 体重，熊、虎 3~5mL/100kg 体重。用于镇静或静脉给药时，剂量应降至上述剂量的 1/3~1/2。

任务三　镇静药、镇痛药与抗惊厥药

一、镇静药

镇静药是能使中枢神经系统产生轻度的抑制作用，减弱功能活动，从而起到缓和激动，消除躁动不安，恢复安静的药物。常用的药物有氯丙嗪、地西泮等。

氯丙嗪（冬眠灵、氯普马嗪）

【理化性质】为人工合成药，常用盐酸盐，为白色或乳白色结晶性粉末，微臭，味极苦，易溶于水。

【药理作用】

(1) 对中枢神经系统作用　具有特殊的不同程度的选择性抑制作用，可减弱动物的攻击行为，使之驯服，易于接近，但所致的睡眠易被各种刺激惊醒，不同于巴比妥类的催眠作用。氯丙嗪有强烈的镇吐作用，小剂量即能抑制延髓第四脑室底部的催吐化学感受区，大剂量能直接抑制呕吐中枢。能加强催眠药、麻醉药、镇痛药与抗惊撅药的作用。抑制下丘脑体温调节中枢，致体温调节失常，使动物体温随周围环境温度的变化而发生相应的改变。氯丙嗪能增强散热过程，又能抑制产热过程，因它能降低新陈代谢率，减少组织耗氧量。

(2) 心血管系统作用　能抑制血管运动中枢，并可直接舒张血管平滑肌，抑制心脏，引起 T 波改变等心电图异常。

(3) 对内分泌系统作用　能干扰下丘脑某些激素的分泌，因而抑制促性腺激素的分泌，增加催乳素的分泌；抑制促肾上腺皮质激素和生长激素的释放，使其分泌减少。

（4）抗休克作用　氯丙嗪阻断外周α受体，直接扩张血管、解除小动脉与小静脉痉挛，可改善微循环。

【临床应用】

（1）镇静用于控制和减弱破伤风毒素、中枢兴奋药等导致的惊厥；用于减少犬、猫及野生动物的攻击性。

（2）与水合氯醛配伍使用，可加强水合氯醛的全麻效果，减少水合氯醛用量的 1/3～1/2，剂量为 0.5～1.5mg/kg 体重，肌内或静脉注射。加大氯丙嗪剂量，但不增加全麻深度，而只会使全麻时间过度延长。

（3）在电针麻醉前，先肌内注射氯丙嗪 2～3mg/kg 体重，对水牛及一些较凶猛的公牛有良好的安定作用，可使动物较易接近和进针，肌肉比较松弛，利于手术进行，术后动物较安静，减少出现凶恶报复的机会。

（4）减少应激反应，在高温和运输动物时，应用氯丙嗪可减少体重损耗和相互打斗，进而减少死亡率。

（5）作为辅助治疗药物，如治疗动物食道梗塞、痉挛疝及初产母猪分娩后常见的无乳症。

【注意事项】

（1）兔肌内注射高浓度氯丙嗪会产生严重的肌炎；马常见兴奋不安，易发生意外，故不宜使用；犬、猫等出现心律不齐、四肢与头部震颤，甚至四肢与躯干僵硬等。

（2）诊断时应注意氯丙嗪对体温、脉搏及血象的影响；过量的氯丙嗪会引起血压下降，此时不能用肾上腺素来解救，可发生严重的低血压，但可选用去甲肾上腺素来解救。

（3）不宜用于肉食品动物；有黄疸、肝炎及肾炎的动物慎用。

【制剂、用法与用量】

盐酸氯丙嗪注射液：静脉注射，一次量，牛、马 0.5～1mg/kg 体重，猪、羊 1～2mg/kg 体重；肌内注射，牛、马 1～2mg/kg 体重，猪、羊 1～3mg/kg 体重，犬、猫 1.1～6.6mg/kg 体重。

地西泮（安定）

【理化性质】为白色或类白色的结晶性粉末，无臭，味微苦，难溶于水。

【药理作用】具有镇静、催眠、抗惊厥及中枢性肌肉松弛作用。小于镇静剂量的地西泮可明显缓解狂躁不安等症状。较大剂量时可产生镇静、中枢性肌肉松弛作用。能使兴奋不安的动物安静，使有攻击性、狂躁的动物变为驯服，易于接近和管理。此外，还具有较好的抗癫痫作用，对癫痫持续状态疗效显著，但对癫痫小发作效果较差。

【临床应用】主要用于牛、猪的催眠药和肌松药，能对抗士的宁等中枢兴奋药过量而致的惊厥；还能减弱犬、猫、水貂等动物的攻击性，使之驯服。

【注意事项】

（1）犬可出现兴奋不安，不同个体可出现镇静或癫痫两种极端效应，犬还表现食欲增加。

（2）肝肾功能不全动物慎用，怀孕动物禁用。

【制剂、用法与用量】

地西泮注射液：肌内注射，一次量，马 0.1~0.15mg/kg 体重，牛、绵羊、猪、水貂 0.5~1mg/kg 体重，犬、猫 0.6~1.2mg/kg 体重，鸡 5.5~11mg/kg 体重。

二、镇痛药

镇痛药是选择性减轻或缓解疼痛感觉的药物，镇痛同时不影响其它感觉如知觉、听觉，并且能保持意识清醒。镇痛药根据来源不同，分为吗啡类镇痛药和合成镇痛药。常用的药物有吗啡哌替啶、噻拉嗪等。

吗 啡

【理化性质】常用盐酸盐，为白色有丝光的针状结晶或结晶性粉末，无臭，易溶于水。

【药理作用】为受体激动剂，是阿片中所含的主要生物碱。有强大的镇痛作用，同时也有明显的镇静作用，并有镇咳、抑制呼吸及肠蠕动的作用。对呼吸中枢有抑制作用，使其对二氧化碳张力的敏感性降低，过量可致呼吸衰竭而死亡。兴奋平滑肌，小剂量增加肠道平滑肌张力引起便秘，大剂量促进胃肠蠕动和腺体分泌，外周血管扩张，使血压降低。阿片类药物的镇痛机制尚不完全清楚。

【临床应用】用于抑制剧烈疼痛和犬的麻醉前给药，以减少中枢抑制药的用量、缓解疼痛。与阿托品等解痉药合用于内脏绞痛（如胆、肾绞痛等）。

【注意事项】胃扩张、肠阻塞及臌气者禁用，肝肾功能不全者慎用。幼畜对敏感，慎用或不用。

【制剂、用法与用量】

盐酸吗啡注射液：皮下、肌内注射，一次量，马 0.1~0.2mg/kg 体重；犬 0.5~1.0mg/kg 体重。

哌替啶（度冷丁）

【理化性质】常用盐酸盐，为白色结晶性粉末，无臭，易溶于水，应密闭保存。

【药理作用】人工合成镇痛药，是吗啡的良好代用品，起效快，镇痛活性为吗啡的 1/10，对呼吸的抑制强度相同，但作用时间短，成瘾性也弱。对平滑肌有阿托品样作用，强度为其 1/10～1/20。能兴奋催吐化学感受区，易引起恶心、呕吐。

【临床应用】用于各种剧烈疼痛的止痛，犬、猫的麻醉前给药。

【注意事项】耐受性和成瘾性程度介于吗啡与可待因之间，一般不应连续使用。

【制剂、用法与用量】

盐酸哌替啶注射液：肌内注射，一次量，马、牛、羊、猪 2～4mg/kg 体重，犬、猫 5～10mg/kg 体重。

二甲苯胺噻嗪（隆朋）

【理化性质】常用盐酸盐，为白色或类白色结晶性粉末，味苦，易溶于水。

【药理作用】具有镇痛、镇静和中枢性肌肉松弛作用。特点是毒性低、安全范围大、无蓄积作用。肌内注射后 10～15min、静脉注射后 3～5min 发生作用。动物表现镇静，大剂量时可卧倒睡眠。动物中牛最敏感，其镇静镇痛需要剂量仅为马、犬、猫的 1/10。

【临床应用】主要用于马、牛及野生动物的化学保定，以便进行诊疗和小手术。用大剂量或配合局部麻醉药，可行去角、锯茸、去势、剖宫产等手术。

【注意事项】

（1）马静脉注射速度宜慢，给药前可先注射小剂量阿托品（1mg/100kg），以防心脏传导阻滞；牛用前应停食数小时，注射阿托品，手术时应采用俯卧姿势，并将头放低，以防异物性肺炎及减轻瘤胃臌气压迫心肺。

（2）易引起心率及血压失常；牛易造成呼吸抑制；犬、猫引起呕吐。

【制剂、用法与用量】

盐酸二甲苯胺噻嗪注射液：肌内注射，一次量，马 1～2mg/kg 体重，牛 0.1～0.3mg/kg 体重，羊 0.1～0.2mg/kg 体重，犬、猫 1～2mg/kg 体重，鹿 0.1～0.3mg/kg 体重。

三、抗惊厥药

抗惊厥药是对抗或缓解中枢神经过度兴奋症状，消除或缓解全身骨骼肌不自主强烈收缩的药物。常用的药物有硫酸镁注射液、苯巴比妥等。

硫酸镁注射液

【理化性质】硫酸镁的灭菌水溶液，为无色透明液体。

【药理作用】给药途径不同,药理作用不同。当内服给药时,在肠道内不吸收,有泻下作用;当肌内或静脉注射给药时,有抗惊厥作用。当血浆中镁离子浓度过低时,出现神经及肌肉组织过度兴奋,可致激动;镁离子浓度升高时,引起中枢神经系统抑制,产生镇静及抗惊厥作用。镁离子又引起神经肌肉传导阻断,使骨骼肌松弛。钙、镁离子化学性质相似,两者可作用于同一受体,从而发生竞争性对抗。

【临床应用】主要用于缓解破伤风、脑炎、士的宁中毒等所引起的惊厥;治疗膈肌痉挛、胆管痉挛、分娩时子宫颈痉挛等。

【注意事项】

(1)静脉注射宜缓慢,可用5%葡萄糖注射液稀释成1%浓度静脉滴注;过量或静脉注射过快,可致血压剧降,呼吸中枢麻痹,可立即静脉注射5%氯化钙注射液解救。

(2)禁与硫酸多黏菌素、硫酸链霉素、葡萄糖酸钙、盐酸普鲁卡因、四环素、青霉素等药物配伍。

【制剂、用法与用量】

硫酸镁注射液:肌内、静脉注射,一次量,马、牛、骆驼10~25g;猪、羊2.5~7.5g;犬、猫1~2g。治疗牛、羊低镁血症,静脉注射,一次量,0.2g/kg体重。

苯巴比妥(鲁米那)

【理化性质】为白色有光泽的结晶性粉末,无臭,味微苦,微溶于水,水溶液呈酸性。

【药理作用】具有抑制中枢神经系统作用,尤其是大脑皮质的运动区。所以在低于催眠剂量时即可发挥抗惊厥作用。加大剂量,能使大脑、脑干与脊髓的抑制作用更深,骨骼肌明显松弛、意识及反射消失,再继续可抑制延髓生命中枢,引发中毒死亡。对下丘脑新皮质通路无抑制作用,所以无镇痛作用。

【临床应用】主要用于缓解脑炎、破伤风等疾病及中枢兴奋药如士的宁中毒所致的惊厥;也可用于犬、猫的镇静和癫痫的治疗。

【注意事项】

(1)犬可表现抑郁与躁动不安综合征,犬、猪有时出现运动失调,猫最敏感,易致呼吸抑制。

(2)肝、肾功能不全、支气管哮喘或呼吸抑制的动物禁用。

【制剂、用法与用量】

注射用苯巴比妥钠:皮下、肌内注射,一次量,猪、羊0.25~1mg/kg体重,犬、猫6~12mg/kg体重。

思考与练习

1. 比较中枢兴奋药咖啡因、尼可刹米、硝酸士的宁的作用和临床应用有何不同?
2. 全身麻醉过程分哪几个时期?各期有何特点?
3. 简述麻醉的方式有哪些。
4. 比较硫喷妥钠、水合氯醛、氯胺酮、静松灵、保定宁、速眠新等全身麻醉作用的优缺点?
5. 举例说明什么是镇痛药、镇静药与抗惊厥药。

项目七
作用于外周神经系统的药物

【知识目标】

了解局部麻醉药作用特点，理解局部麻醉药作用机制，掌握常用局部麻醉的方式；了解传出神经的分类、受体的分布与效应。掌握常用局部麻醉药、拟胆碱药、抗胆碱药、拟肾上腺素药和抗肾上腺素药的理化性质、药理作用、临床应用、注意事项、制剂、用法与用量。

【技能目标】

在临床上能根据麻醉目的，选择不同的局部麻醉的方式和局部麻醉药，并能正确操作；根据拟胆碱药、抗胆碱药、拟肾上腺素药和抗肾上腺素药的作用特点，在临床上能正确使用。

外周神经系统包括传入神经系统和传出神经系统，因此作用于外周神经系统药物包括作用于传入神经系统的药物局部麻醉药和作用于传出神经系统的药物。

任务一 局部麻醉药

一、概述

局部麻醉药简称局麻药，是指在低浓度时能选择性、可逆性地阻断神经干或神经末梢冲动传导，使其所支配的组织暂时失去痛觉的药物。常用的药物有普鲁卡因、利多卡因和丁卡因。

（一）局部麻醉药作用特点

局麻药对其所接触到的神经，包括中枢和外周神经都有阻断作用，局麻药在低浓度时能阻断细的无髓神经纤维的冲动传导,高浓度时能麻醉各种神经,包括自主性神经和运动神经。局麻药对神经纤维的作用是使兴奋阈升高,动作电位降低,传递速度减慢,不应期延长,直至完全丧失兴奋性和传导性。此时神经细胞膜保持正常的静息跨膜电位,任何刺激都不能引起去极化,故名非去极化型阻断。局麻药的作用与神经细胞或神经纤维的直径大小及神经组织的解剖特点有关。一般规律是神经纤维末梢、神经节及中枢神经系统的突触部位对局麻药最为敏感,细神经纤维比粗神经纤维更易被阻断。对无髓鞘的交感、副交感神经节后纤维在低浓度时可显效。对有髓鞘的感觉和运动神经纤维则需高浓度才能产生作用。对混合神经产生作用时,首先消失的是持续性钝痛,其次是短暂性锐痛,继之依次为冷觉、温觉、触觉、压觉消失,最后发生运动麻痹,进行蛛网膜下隙麻醉时,首先阻断自主神经,继而按上述顺序产生麻醉作用。局麻作用是可逆的,因此神经冲动传导的恢复则按相反的顺序进行。

(二)局部麻醉药作用机制

局麻药能稳定神经细胞膜,降低神经细胞膜对钠离子的通透性,阻断钠离子通道,阻止钠离子内流,阻止神经细胞冲动电位的产生而抑制冲动传导,产生局部麻醉作用。

神经冲动的产生和传导有赖于神经细胞膜对离子通透性的一系列变化。在静息状态下,钙离子与细胞膜上的磷脂蛋白结合,阻止钠离子内流。当神经受到刺激兴奋时,钙离子离开结合位点,钠离子通道开放,钠离子大量内流,产生动作电位,从而产生神经冲动与传导。局麻药能与钙离子竞争,并牢固地占据神经细胞膜上的钙离子结合点,当神经兴奋到达时,局麻药不能脱离结合点,因而阻碍了钠离子内流,动作电位不能产生,神经传导阻断。

(三)常用局部麻醉的方式

1. 表面麻醉

将穿透性强的局麻药根据需要滴眼、涂布或喷雾于黏膜表面,使黏膜下神经末梢麻醉。用于眼、鼻、口腔、咽喉、气管、食管和泌尿生殖道黏膜部位的浅表手术。这种方法麻醉范围窄,持续时间短,多选用丁卡因,如咽喉喷雾麻醉。

2. 浸润麻醉

将低浓度的局麻药注入皮下或手术术野附近的组织,使局部神经末梢麻醉。适用于浅表小手术及大手术的术野麻醉,动物临床常用。浸润麻醉的优点是麻醉效果好,对机体的正常功能无影响,此法局麻范围较集中,除使局部痛觉消失外,还因大量低浓度的局麻药压迫术野周围的小血管,可以减少出血;缺点是用量较大,麻醉区域较小,在做较大的手术时,因所需药量较大而易产生全身毒性反应,一般选用毒性较低的药物,多选用利多卡因、普鲁卡因。

3. 传导麻醉

将局麻药注射到外周神经干、神经丛或神经节周围，阻断神经冲动传导，使该神经所支配的区域麻醉。主要用于口腔、腹壁、四肢手术及跛行诊断。阻断神经干所需的局麻药浓度较麻醉神经末梢所需的浓度高，但用量较小，麻醉区域较大，多选用利多卡因、普鲁卡因。

4. 椎管内麻醉

将药液注入椎管内的麻醉。可麻醉该部位的脊神经或脊神经根，分为蛛网膜下隙麻醉和硬膜外麻醉。

（1）蛛网膜下隙麻醉　又称脊髓麻醉或腰麻，是将麻醉药注入腰椎蛛网膜下腔，麻醉该部位的脊神经根。首先被阻断的是交感神经纤维，其次是感觉纤维，最后是运动纤维。常用于下腹部和四肢手术。多选用利多卡因、普鲁卡因。脊髓麻醉的主要危险是呼吸麻痹和血压下降，后者主要是由于静脉和小静脉失去神经支配后显著扩张所致，其扩张的程度由管腔的静脉压决定。静脉血容量增大时会引起心排出量和血压的显著下降，因此维持足够的静脉血回流心脏至关重要。可预先应用麻黄碱预防。此外，由于硬脊膜被穿刺，使脑脊液渗漏，易致麻醉后头痛。

（2）硬膜外麻醉　是将药液注入硬脊膜外腔，阻断通过此腔穿出椎间孔的脊神经，使后躯麻醉。用于剖宫产及后躯其它手术。根据手术的需要，又可分为尾荐硬膜外麻醉和腰荐硬膜外麻醉两种。硬膜外麻醉也可引起外周血管扩张、血压下降及心脏抑制，可应用麻黄碱防治。多选用利多卡因、普鲁卡因。

5. 封闭疗法

将局麻药注入患部周围或与患部有关的神经通路上，以阻断病灶的不良冲动向中枢传导，从而减轻疼痛，缓解症状，改善神经营养。分为局部封闭和全身封闭，将药液注入到静脉或血液循环中，使之作用于血管壁感受器，也可达到全身封闭的目的。临床主要用于治疗蜂窝织炎、疝痛、关节炎、烧伤、久治不愈的创伤、风湿病等。多选用低浓度的普鲁卡因。此外，还可进行四肢环状封闭和穴位封闭，炎症时常配合青霉素。

二、常用药物

普鲁卡因（奴佛卡因）

【理化性质】常用盐酸盐，为白色粉末，无臭，味微苦，易溶于水，水溶液呈酸性。

【药理作用】对组织无刺激性，但对黏膜的穿透力及弥散性较弱。吸收后主要对中枢神经系统与心血管系统产生作用，小剂量表现轻微中枢抑制，大剂量时出现兴奋，能降低心脏的兴奋性和传导性。低浓度缓慢静脉滴注时具有镇静、镇痛、解痉作用。在每100mL盐酸普鲁卡因药液中加入0.1%盐酸肾上腺素溶液 0.2~0.5mL，可延长麻醉时间 1~1.5h，与青霉素形成盐可延缓青霉素的吸收。

【临床应用】 主要用于动物的局部麻醉和封闭疗法，还可治疗马痉挛疝、狗的瘙痒症及某些过敏性疾病等。

【注意事项】

（1）不宜静脉注射，不宜作表面麻醉；硬脊膜外麻醉和四肢环状封闭时，不宜加入肾上腺素。

（2）剂量过大可出现吸收作用，可引起中枢神经系统先兴奋、后抑制的中毒症状，应对症治疗。

（3）禁与磺胺类药物、洋地黄、抗胆碱酯酶药、肌松药、巴比妥类、碳酸氢钠、氨茶碱、硫酸镁等配伍。

【制剂、用量与用法】

盐酸普鲁卡因注射液：浸润麻醉用 0.5%~1% 溶液 10~20mL；传导麻醉用 2%~4% 溶液，大动物每个部位注入 10~20mL，小动物 2~5mL；牛、马硬膜外麻醉用 3% 溶液 30~60mL（腰荐）；封闭疗法中的局部封闭，用 0.5% 溶液 50~100mL，注入炎症、创伤、溃疡组织周围，可与青霉素配伍使用；静脉注射用 0.25% 溶液，1mL/kg 体重，可用于治疗肠痉挛等，能缓解疝痛，制止烧伤引起的疼痛。

利多卡因（昔罗卡因）

【理化性质】 常用盐酸盐，为白色结晶性粉末，无臭，味苦，易溶于水，水溶液稳定。

【药理作用】 对组织的穿透力及弥散性强，可作表面麻醉。大剂量静脉注射能抑制心室的自律性、影响房室传导。

【临床应用】 主要用于动物各种方式的局部麻醉和封闭疗法；也可用于治疗心律失常，静脉注射可治疗室性心动过速。

【注意事项】

（1）对患有严重心传导阻滞的动物禁用；肝肾功能不全及慢性心力衰竭动物慎用。

（2）硬膜外麻醉和静脉注射时不可加肾上腺素。

（3）剂量稍大有嗜睡、共济失调、肌肉震颤等不良反应。剂量过大可出现吸收作用，引起中枢兴奋如惊厥，甚至发生呼吸抑制，应对症治疗。

【制剂、用法与用量】

盐酸利多卡因注射液：表面麻醉用 2%~4% 溶液 10~20mL；浸润麻醉用 0.25%~0.5% 溶液 20~30mL；传导麻醉用 2% 溶液，大动物每点注入 10mL，总量不超过 60mL；硬膜外麻醉，牛、马用 2% 溶液 10~12mL，犬用 2% 溶液 1~10mL，猫用 2% 溶液 2mL。

任务二　传出神经药物

一、概述

（一）传出神经的分类

1. 传出神经按解剖结构分类

传出神经按照解剖学结构的不同分为自主神经和运动神经两部分。自主神经自中枢发出后，都要经过神经节中的突触更换神经元，然后才能到达所支配的效应器，因此，自主神经有节前纤维和节后纤维之分。自主神经又可分为交感神经和副交感神经两种。交感神经主要起源于脊髓的胸腰段，在交感神经链，或腹腔神经节，或肠系膜神经节更换神经元，然后到达所支配的组织器官。副交感神经主要起源于中脑、延髓和脊髓的骶部，在效应器附近或效应器内神经节更换神经元，然后到达所支配的组织器官。因此，交感神经与副交感神经相比，节前纤维较长，节后纤维较短。交感与副交感神经在大多数组织器官中是同时分布的（肾上腺髓质例外，它只受交感神经节前纤维支配），而生理功能则是相互制约而协调地维持组织器官的正常功能活动。运动神经自中枢神经发出后，中途不需要更换神经元，就可以直接到达所支配的骨骼肌，因此，无节前纤维与节后纤维之分。

2. 传出神经按递质分类

递质是当神经冲动到达末梢时，从末梢释放的一种化学传递物称为递质。递质传递神经的冲动和信号，与受体结合产生效应。

神经元与神经元之间，神经元与效应器之间神经冲动的传递及递质合成、储存、释放与作用的消失都涉及突触结构。神经元是神经组织的功能单位，由胞体和膨体两部分组成。一个神经元的膨体与另一个神经元的胞体发生接触而进行信息传递的接触点称为突触。神经末梢到达效应器官与效应细胞相接触时，其结构与突触极为相似，称为接点（如神经肌肉接头）。突触由突触前膜、突触间隙和突触后膜三部分组成。突触前膜神经末梢内含有许多线粒体和大量的囊泡，线粒体内有合成递质的酶类，囊泡内含有递质。当神经冲动到达突触前膜时，膜对 Ca^{2+} 的通透性增加，Ca^{2+} 进入神经末梢内与 ATP 协同作用，促进突触膜上的微丝收缩，使突触囊泡接近突触前膜。接触的结果，使突触囊泡膜与突触前膜相接处的蛋白质发生构型改变，继而出现裂孔，神经递质经裂孔进入突触间隙。递质通过突触间隙即与突触后膜上的受体结合，改变突触后膜对离子的通透性。使突触后膜的电位发生变化，从而改变突触后膜的兴奋性。如果递质使突触后膜对 Na^+ 的通透性增加，则使膜电位降低，出现去极化，并进一步发展为反极化（即膜内为正电荷，膜外为负电荷），引起突触后神经元或效应细胞兴奋;如果递质使突触后膜对 K^+ 和 Cl^- 的通透性增加,则使 Cl^- 进入膜内,K^+ 透出膜外,结果膜内负电荷和膜外正电荷都增加,出现超极化,引起突触后神经元或效应细胞抑制。

递质是由神经末梢膨体内合成、贮存,前膜释放,释放的递质与受体结合产生效应,或被酶所灭活。就目前所知,传出神经末梢释放的化学递质有两类:一类是乙酰胆碱(Ach),另一类是去甲肾上腺素(NA)和少量的肾上腺素。根据传出神经末梢释放的递质不同,又将传出神经分为胆碱能神经和肾上腺素能神经。

(1) 胆碱能神经　凡是兴奋时其神经末梢能够借助胆碱乙酰化酶的作用,使胆碱和乙酰辅酶 A 合成乙酰胆碱贮存于囊泡内,释放 Ach 递质的传出神经,称为胆碱能神经。包括:①全部交感神经和副交感神经的节前纤维;②全部副交感神经的节后纤维;③少部分交感神经的节后纤维如骨骼肌的血管扩张神经和犬、猫的汗腺分泌神经;④运动神经。胆碱能神经突触也有胆碱受体,突触间隙中的 Ach 过量时也可兴奋此受体,使 Ach 释放减少。

(2) 去甲肾上腺素能神经　凡是兴奋时其神经末梢能以酪氨酸为基本原料,经一系列酶促反应先后合成多巴胺、去甲肾上腺素和少量肾上腺素等儿茶酚胺类物质,释放 NA 递质的的传出神经,称为肾上腺素能神经。主要包括上述胆碱能神经以外的所有交感神经的节后纤维。近年来,发现肾上腺素能神经突触前膜上也有 α 和 β 受体,突触前膜上的 α 受体被兴奋,引起负反馈,使递质释放减少;突触前膜上的 β 受体被兴奋,可使递质释放增加。

(二) 传出神经受体的分布与效应

1. 传出神经的受体

受体是传出神经所支配的效应器细胞膜上的一种特殊蛋白质或酶的活力中心,具有高度的选择性,能与不同的神经递质或类似递质的药物发生反应。根据其所结合的递质不同,传出神经的受体可分为胆碱受体和肾上腺素受体两类。

(1) 胆碱受体　凡能选择性地与递质乙酰胆碱或其类似药物相结合的受体为胆碱受体。胆碱受体主要分布于副交感神经节后纤维所支配的效应器、自主神经节、骨骼肌及交感神经节后纤维所支配的汗腺等细胞膜上。由于不同部位的胆碱受体对药物的敏感性不同,进而又将胆碱受体分为毒蕈碱型胆碱受体和烟碱型胆碱受体。

①毒蕈碱型胆碱受体:副交感神经的节后纤维及少部分交感神经的节后纤维所支配效应器上的胆碱受体,对以毒蕈碱为代表的一些药物特别敏感,能引起胆碱能神经产生兴奋效应,并能被阿托品类药物所阻断,这部分胆碱受体称为毒蕈碱型胆碱受体,简称 M 胆碱受体或 M 受体。

②烟碱型胆碱受体:位于神经细胞和骨骼肌细胞膜上的胆碱受体对烟碱比较敏感,这部分胆碱受体称为烟碱型胆碱受体,简称 N 胆碱受体或 N 受体。

又因其阻断药的不同，进而又分为两种亚型：六烃季铵等药物能选择性地阻断自主神经节细胞膜上的 N 胆碱受体称为 N_1 受体，而箭毒能选择性地阻断骨骼肌细胞膜上的 N 胆碱受体称为 N_2 受体。

（2）肾上腺素受体　凡能选择性地与递质去甲肾上腺素或肾上腺素及其类似药物相结合的受体，称为肾上腺素受体。它主要分布于交感神经节后纤维所支配的效应器细胞膜上。根据其对不同拟交感胺类药物及阻断药物反应性质的不同，也分为两种亚型，即 α 肾上腺素受体（简称 α 受体）和 β 肾上腺素受体（简称 β 受体）。α 受体又可分为 $α_1$ 受体和 $α_2$ 受体两种。$α_1$ 受体主要分布于突触后膜，$α_2$ 受体主要分布于突触前膜。$α_2$ 受体兴奋时可反馈地抑制去甲肾上腺素和肾上腺素的释放。同样，β 受体也可分为 $β_1$ 受体和 $β_2$ 受体两种。一般来说，一种效应器上只有一种肾上腺素受体，如心脏只有 $β_1$ 受体，支气管平滑肌只有 $β_2$ 受体，大部分血管平滑肌只有 α 受体。也有某些效应器同时具有 α 和 β 两种受体，如骨骼肌血管和肝脏血管的平滑肌虽然 $β_2$ 受体占优势，但也有 α 受体。

2. 传出神经的受体分布及生理效应

传出神经系统药物的作用多数是通过影响胆碱能神经和肾上腺素能神经的突触传递过程而产生不同的效应。因此，熟悉这两类神经所支配的效应器上的受体的分布及效应，对于掌握这些药物的药理作用是十分重要的，详见表 7-1。

表 7-1　传出神经所支配的效应器上的受体的分布及效应

效应器		胆碱能神经兴奋		肾上腺素能神经兴奋	
		受体	效应	受体	效应
心脏	窦房结	M	心率减慢	$β_1$	心率加快
	传导系统	M	传导减慢	$β_1$	传导加速
	心肌	M	收缩力减弱	$β_1$	收缩力加强
血管	皮肤黏膜	M	扩张	α	收缩
	腹腔内脏			α、$β_2$	收缩、扩张（除肝血管外，均以收缩为主）
	脑、肺	M	扩张	α	收缩
	骨骼肌	M	扩张	α、$β_2$	收缩、扩张（以扩张为主）
	冠状血管	M	收缩	α、$β_2$	收缩、扩张（以扩张为主）
支气管平滑肌		M	收缩	$β_2$	舒张
胃肠道	胃平滑肌	M	收缩	$β_2$	舒张
	肠平滑肌	M	收缩	$β_2$	舒张
	括约肌	M	舒张	α	收缩
膀胱	逼尿肌	M	收缩	$β_2$	舒张
	括约肌	M	舒张	α	收缩

续表

效应器		胆碱能神经兴奋		肾上腺素能神经兴奋	
		受体	效应	受体	效应
眼	括约肌	M	收缩		
	辐射肌			α	收缩
	睫状肌	M	收缩	$β_2$	松弛
腺体	汗腺	M	分泌	α	分泌
	唾液腺	M	分泌多量稀液	α	分泌稠液
植物神经节		N_1	兴奋		
骨骼肌		N_2	收缩		
肾上腺髓质		N_1	分泌		
糖原酵解				$β_2$	增加
脂肪分解				$β_1$	增加

(三) 传出神经系统药物的分类

常用传出神经系统药物按其对突触传递过程的主要环节及作用的性质进行分类，详见表 7-2。

表 7-2　　　　　　　　常用传出神经系统药物的分类

类别		药物	作用的主要环节
拟胆碱药	完全拟胆碱药	氨甲酰胆碱	直接作用于 M、N 受体
	节后拟胆碱药	毛果芸香碱	直接作用于 M 受体
	抗胆碱酯酶药	新斯的明、毒扁豆碱	抑制胆碱酯酶
抗胆碱药	骨骼肌松弛药	琥珀胆碱、箭毒	阻断 N_2 受体
	节后抗胆碱药	阿托品、溴本胺太林	阻断 M 受体
	神经节阻断药	美加明、阿方纳特	阻断 N_1 受体
拟肾上腺素药	α 肾上腺素受体激动药	去甲肾上腺素	作用于 α 受体
	α、β 肾上腺素受体激动药	肾上腺素	作用于 α、β 受体
	β 肾上腺素受体激动药	异丙肾上腺素、克仑特罗	作用于 β 受体
	间接作用于肾上腺素受体	麻黄碱	促使去甲肾上腺素释放，部分可直接作用于 α、β 受体
		间羟胺	促使去甲肾上腺素释放，部分可直接作用于 α 受体
抗肾上腺素药	α-肾上腺素受体阻断药	酚妥拉明、妥拉唑林	阻断 α 受体
	β-肾上腺素受体阻断药	普萘洛尔、普拉洛尔	阻断 β 受体
	肾上腺素能神经阻断药	利血平、胍乙啶	促进去甲肾上腺素耗竭
		溴苄胺	抑制去甲肾上腺素释放

二、常用药物

（一）拟胆碱药

氨甲酰胆碱（碳酰胆碱）

【理化性质】为人工合成的胆碱酯类，无色或淡黄色棱柱结晶或结晶性粉末，极易溶于水。

【药理作用】直接兴奋 M 受体和 N 受体，并促进胆碱能神经末梢释放乙酰胆碱发挥作用，为胆碱酯类中作用最强的一种，性质稳定，作用强而持久，尤其对腺体及胃肠、膀胱、子宫等平滑肌作用强，小剂量即可促使消化液分泌，加强胃肠蠕动，促进内容物迅速排出，增强反刍动物的反刍功能，对心血管系统作用较弱。一般剂量对骨骼肌无明显影响，但大剂量可引起肌肉震颤、麻痹。

【临床应用】主要用于治疗胃肠蠕动减弱的疾病，如胃肠弛缓、肠便秘、瘤胃积食、子宫复旧不全、胎衣不下及子宫蓄脓等。

【注意事项】
（1）禁用于老年、瘦弱、妊娠、心肺疾患及机械性肠梗阻等动物。
（2）毒性较大，较大剂量可引起腹泻、血压下降、呼吸困难、心脏传导阻滞等，为避免不良反应，可将一次剂量分 2~3 次注射，每次间隔 30min 左右。

【制剂、用法与用量】
氯化氨甲酰胆碱注射液：皮下注射，一次量，马、牛 1~2mg，猪、羊 0.25~0.5mg，犬 0.025~0.1mg。

氨甲酰甲胆碱（比赛可灵）

【理化性质】为白色结晶或结晶性粉末，稍有氨味，极易溶于水，密封保存。

【药理作用】直接作用于 M 受体，表现 M 样作用。其特点是对胃肠、子宫、膀胱和虹膜平滑肌作用较强，在体内不易被胆碱酯酶水解，作用可持续 3~4h；对循环系统的影响较弱。中毒时可用阿托品进行快速解毒，故临床应用较安全。

【临床应用】主要用于治疗胃肠弛缓、肠阻塞、肠麻痹、子宫复旧不全、胎衣不下、子宫蓄脓等。

【注意事项】同氨甲酰胆碱。

【制剂、用法与用量】
氯化氨甲酰甲胆碱注射液：皮下注射，一次量，马、牛 0.05~0.1mg/kg 体重，犬、猫 0.25~0.5mg/kg 体重。

毛果芸香碱（皮鲁卡品）

【理化性质】 从毛果芸香属植物叶中提取的一种生物碱，现已能人工合成。其硝酸盐为白色结晶性粉末，易溶于水，水溶液稳定。

【药理作用】 为 M 受体激动药，可引起 M 样作用。其特点是对多种腺体、胃肠道平滑肌和眼虹膜括约肌有强烈的兴奋作用。用药后表现为唾液腺、泪腺、支气管腺体、胃肠腺体分泌加强和胃肠蠕动加快，促进粪便排出；使眼虹膜括约肌收缩，瞳孔缩小；对心血管系统及其它器官的作用比较小，一般不引起心率减慢和血压下降。

【临床应用】 主要用于治疗大动物不全性肠阻塞、胃肠弛缓、肠麻痹、猪食管梗塞等。用 0.5%～2% 的毛果芸香碱溶液点眼缩瞳，并配合扩瞳药阿托品交替使用，治虹膜炎或周期性眼炎，防止虹膜与晶状体粘连。

【注意事项】

（1）治疗马肠阻塞时，用药前要大量饮水、补液，并注射安钠咖等强心剂，防止因用药引起脱水。

（2）易引起支气管腺体分泌增加和支气管平滑肌收缩加强，出现呼吸困难和肺水肿，用药后应加强护理，必要时采取对症治疗，如注射氨茶碱扩张支气管或注射氯化钙制止渗出等。

（3）禁止用于体弱、妊娠、心肺疾病和完全性肠塞的动物。

【制剂、用法与用量】

硝酸毛果芸香碱注射液：皮下注射，一次量，马、牛 30～300mg，猪 5～50mg，羊 10～50mg，犬 3～20mg。

新斯的明（普洛色林、普洛斯的明）

【理化性质】 为白色结晶性粉末，无臭、味苦，极易溶于水，应遮光密闭保存。

【药理作用】 能可逆的抑制胆碱酯酶的活力，使乙酰胆碱在体内蓄积，兴奋 M、N 受体，表现 M 样、N 样作用；并能直接兴奋骨骼肌运动终板处的 N_2 胆碱受体，促进运动神经末梢释放乙酰胆碱。其特点是对骨骼肌的兴奋作用最强，对胃肠道和膀胱平滑肌作用较强，对各种腺体、心血管系统、支气管平滑肌和眼虹膜括约肌作用较弱，对中枢作用不明显。

【临床应用】 主要用于治疗重症肌无力，术后腹胀或尿潴留，子宫复旧不全和胎衣不下，牛羊前胃弛缓或马肠道弛缓等，子宫收缩无力或胎衣不下。研究报道，新斯的明等抗胆碱酯酶药对神经毒性（蛇毒）有对抗作用，但只对眼镜蛇毒素有效。

【注意事项】

（1）腹膜炎、肠道或尿道机械性阻塞、胃肠完全阻塞或麻痹、支气管哮喘、痉挛疝及妊娠动物禁用。

（2）过量可引起出汗、心动过缓、肌肉震颤或肌麻痹，可用阿托品或硫酸镁解救。

【制剂、用法与用量】

甲硫酸新斯的明注射液：皮下、肌内注射，一次量，马 4~10mg，牛 4~20mg，猪、羊 2~5mg，犬 0.25~1mg。

（二）抗胆碱药

阿 托 品

【理化性质】从颠茄、曼陀罗、莨菪等植物中提取的生物碱，现可人工合成。常用硫酸盐，为无色结晶或白色结晶性粉末，无臭，味极苦，极易溶于水。

【药理作用】阿托品药理作用广泛，对 M 受体选择性高，竞争性与 M 受体相结合，使受体不能与乙酰胆碱或其它拟胆碱药结合，从而阻断了 M 受体功能，表现出胆碱能神经被阻断的作用。当剂量很大，甚至接近中毒量时，也能阻断神经节 N_1 受体。阿托品的作用性质、强度取决于剂量及组织器官的功能状态和类型。

（1）对平滑肌的作用　对胆碱能神经支配的内脏平滑肌具有松弛作用，一般对正常活动的平滑肌影响较小，当平滑肌过度收缩或痉挛时，松弛作用极显著。对胃肠道、输尿管平滑肌和膀胱括约肌松弛作用较强，但对支气管平滑肌松弛作用不明显。对子宫平滑肌一般无效。对眼内平滑肌的作用是使虹膜括约肌和睫状肌松弛，表现为散瞳。

（2）对腺体的作用　可抑制多种腺体分泌，唾液腺与汗腺对阿托品极敏感。小剂量能使唾液腺、气管腺及汗腺（马除外）分泌减少，引起口干舌燥、皮肤干燥和吞咽困难等；较大剂量可减少胃液分泌，但对胃酸的分泌影响较小（因胃酸受体液因素胃泌素的调节）；对胰腺、肠液等分泌影响很小。

（3）对心血管系统作用　对正常心血管系统并无明显影响。大剂量阿托品可直接松弛外周与内脏血管平滑肌，扩张外周及内脏血管，解除小血管的痉挛，增加组织血流量，改善微循环。另外，较大剂量阿托品还可解除迷走神经对心脏的抑制作用，对抗因迷走神经过度兴奋所致的传导阻滞及心律失常，使心率增加和传导加速。这是因为阿托品能阻断窦房结的 M 受体，提高窦房结的自律性，缩短心房不应期，促进心房内传导。阿托品对心脏的作用与动物年龄有关，如幼犬反应比成年犬弱；幼驹或犊牛心脏活动的加强，需要阿托品的剂量往往要比成年畜大 0.75~1 倍。

（4）对中枢神经系统作用　大剂量阿托品有明显的中枢兴奋作用，可兴奋迷走神经中枢、呼吸中枢、大脑皮质运动区和感觉区，对治疗感染性休克和有机磷中毒有一定的意义。中毒量时，大脑和脊髓强烈兴奋，动物表现兴奋不安、运动亢进、不协调、肌肉震颤，随后转为抑制、昏迷，终因呼吸肌麻痹窒息而死。毒扁豆碱可对抗阿托品的中枢兴奋作用。

【临床应用】主要用于治疗胃肠痉挛、肠套叠等，以调节胃肠蠕动。制止腺体分泌，用于麻醉前给药，以防腺体分泌过多而引起呼吸道阻塞或异物性肺炎。用于有机磷中毒和拟胆碱药中毒的解救。作散瞳剂，以0.5%~1%溶液或3%~4%的眼膏点眼，防止虹膜与晶状体粘连，用于治疗虹膜炎、周期性眼炎及进行眼底检查。

【注意事项】

（1）抑制腺体分泌可引起口干、皮肤干燥等不良反应，一般停药后可自行消失。

（2）当用阿托品治疗消化道疾病时，因其抑制平滑肌的作用，易继发胃肠臌气、便秘等，尤其是消化道内容物多时，加之饲料过度发酵，更易造成胃肠过度扩张乃至胃肠破裂。

【制剂、用法与用量】

硫酸阿托品注射液：肌内、皮下、静脉注射，一次量，麻醉前给药，马、牛、羊、猪、犬、猫0.02~0.05mg/kg体重；解除有机磷酸酯类中毒，马、牛、羊、猪0.5~1mg/kg体重，犬、猫0.1~0.15mg/kg体重，禽0.1~0.2mg/kg体重。

琥 珀 胆 碱

【理化性质】常用盐酸盐，为白色结晶性粉末，无臭，味咸，极易溶于水。

【药理作用】能引起持久的去极化，防止复极化，使肌肉对乙酰胆碱的反应性丧失，导致肌肉麻痹、松弛。作用于神经肌肉接头，与骨骼肌运动终板膜上的N_2胆碱受体不可逆结合，阻断神经冲动在神经肌肉接头处的传递，引起肌肉细胞膜的去极化，阻碍复极化使神经肌肉传递阻滞，肌肉松弛性麻痹。进入体内能迅速被血中胆碱酯酶水解而失去活力。肌肉松弛有一定顺序性，头部的眼肌、耳肌等小肌肉最先松弛，接下来是头颈部肌肉，四肢、躯干肌肉，最后是膈肌。肌肉松弛作用60~90s起效，维持10min左右。大剂量，可致心率减慢，也可出现心律失常。

【临床应用】主要用于骨折整复、去势、腹腔手术或断角锯茸时的动物保定。

【注意事项】

（1）禁与硫喷妥钠等碱性药物配伍。

（2）严重肝功能不全、营养不良、严重贫血、年老体弱、严重电解质紊乱等动物慎用。

【制剂、用法与用量】

氯化琥珀胆碱注射液：肌内注射，一次量，马0.07~0.2mg/kg体重，牛

0.01～0.016mg/kg 体重，猪 2mg/kg 体重，犬、猫 0.06～0.11mg/kg 体重，鹿 0.08～0.12mg/kg 体重。

（三）拟肾上腺素药

去甲肾上腺素

【理化性质】常用酒石酸盐，为白色或近乎白色结晶性粉末，无臭，味苦，易溶于水。

【药理作用】主要激动 α 受体，对 β 受体的兴奋作用较弱，尤其对支气管平滑肌和血管上的 β_2 受体作用很小。对皮肤、黏膜血管和肾血管有较强收缩作用，但冠状血管扩张。对心脏作用较肾上腺素弱，使心肌收缩加强，心率加快，传导加速。小剂量滴注升压作用不明显，较大剂量时，收缩压和舒张压均明显升高。

【临床应用】主要用于治疗神经性休克、中毒性休克等。

【注意事项】

（1）限用于休克早期的应急抢救，并在短时间内小剂量静脉滴注，不宜长期大剂量使用，大剂量可引起心律失常、高血压。

（2）静脉滴注时严防药液外漏，以免引起局部组织坏死。

【制剂、用法与用量】

重酒石酸去甲肾上腺素注射液：静脉滴注，一次量，马、牛 8～12mg，羊、猪 2～4mg。

肾 上 腺 素

【理化性质】由动物肾上腺髓质中提取出的生物碱，现已人工合成。常用盐酸盐，为白色或淡棕色的结晶性粉末，无臭，味稍苦，易溶于水。

【药理作用】肾上腺素能与 α 和 β 受体结合，其 α 作用和 β 作用都强，吸收作用主要表现为心跳加快加强，血管收缩，血压上升，瞳孔散大，多数平滑肌松弛，括约肌收缩，血糖升高等。

（1）对心脏的作用　由于肾上腺素激动了心脏的传导系统、窦房结与心肌上的 β_1 受体，表现出心脏兴奋性提高，使心肌收缩力、传导及心率明显增强。心排出量增加，扩张冠状血管，改善心肌血液供应，呈现快速强心作用。使心肌代谢增强，耗氧量增加，加之心肌兴奋性提高，此时若剂量过大或静脉注射过快，可引起心律失常，出现期前收缩，甚至心室纤维颤动。

（2）对血管的作用　对血管有收缩和舒张两种作用，这与体内各部位血管的受体种类不同有关。对以 α 受体占优势的皮肤、黏膜及内脏的血管产生收缩作用，而对以 β 受体占优势的冠状血管和骨骼肌血管则有舒张作用。

（3）对平滑肌的作用　能松弛支气管平滑肌，特别是在支气管痉挛时作用更为明显，对胃肠道和膀胱的平滑肌松弛作用较弱，对括约肌有收缩作用。

(4) 对代谢的影响　能活化代谢，增加细胞耗氧量。由于激活腺苷酸环化酶促进肝与肌糖原分解，使血糖升高，血中乳酸量增加。又降低外周组织对葡萄糖摄取作用。加速脂肪分解，血中游离脂肪酸增多，这是肾上腺素激活三酰甘油酶所致。

(5) 其它作用　能使马、羊等动物发汗，兴奋竖毛肌。收缩脾被膜平滑肌，使脾脏中储备红细胞进入血液循环，增加血液中红细胞数量。肾上腺素还可兴奋呼吸中枢。

【临床应用】主要用于治疗溺水、麻醉过度、一氧化碳中毒及传染病等引起的心跳微弱或骤停；过敏性疾病，如过敏性休克、荨麻疹、支气管痉挛等。与局麻药配伍使用，可延长麻醉时间，减少局麻药的毒性反应；当鼻黏膜、子宫或手术部位出血时，可用纱布浸以 0.1% 的盐酸肾上腺素溶液填充出血处，以使局部血管收缩，制止出血。

【注意事项】

(1) 可诱发兴奋不安、颤抖、呕吐、心律失常等，心血管器质性病变及肺出血的动物禁用。

(2) 禁与强心苷、钙剂等具有强心作用的药物配伍。

(3) 用于急救时，可根据病情将 0.1% 肾上腺素作 10 倍稀释后静脉注射，必要时可作心内注射，并配合有效的人工呼吸等措施。

【制剂、用法与用量】

盐酸肾上腺素注射：皮下注射，一次量，牛、马 2~5mL，猪、羊 0.2~1mL，犬 0.1~0.5mL。静脉注射，一次量，牛、马 1~3mL，猪、羊 0.2~0.6mL，犬 0.1~0.3mL。

麻黄碱（麻黄素）

【理化性质】从中药麻黄中提取的生物碱，现已人工合成。常用盐酸盐，为白色针状结晶或结晶性粉末，无臭，味苦，易溶于水。

【药理作用】麻黄碱的作用与肾上腺素基本相同，但作用弱而持久。有较强的中枢兴奋作用。其 1%~2% 溶液有温和的收缩血管作用，可减轻局部充血，消除肿胀，用于鼻炎。对平滑肌的作用比肾上腺素弱而持久，可内服或注射用于支气管哮喘。

【临床应用】主要用于治疗支气管哮喘。

【注意事项】

(1) 哺乳期动物禁用。

(2) 对肾上腺素、异丙肾上腺素等拟肾上腺素类药过敏的动物，对本品也过敏。

【制剂、用法与用量】

盐酸麻黄碱注射液：皮下、肌内注射，一次量，牛、马 50~300mg；猪、羊 20~30mg；犬 10~30mg。

（四）抗肾上腺素药

酚妥拉明（酚胺唑啉、利其丁）

【理化性质】常用甲磺酸盐，为白色结晶性粉末，易溶于水。

【药理作用】为 α_1、α_2 受体阻滞剂，对 α_1 受体的阻断作用表现出血管舒张、血压下降、肺动脉压与外周阻力下降的作用。同时也出现心脏收缩力增强、心率加快、心输出量增加等心脏兴奋效应。心脏的兴奋性一方面是因血管舒张、血压下降，由此引起的反射性交感神经兴奋而使末梢释放的递质增加，同时也与阻断 α_2 受体促进递质释放有关。

【临床应用】主要用于治疗犬休克。

【注意事项】低血压、严重动脉硬化、心脏器质性损害、肾功能不全者禁用。

【制剂、用法与用量】

甲基磺酸酚妥拉明注射液：静脉滴注，一次量，犬、猫 5mg。

普萘洛尔（心得安）

【理化性质】常用盐酸盐，为白色结晶性粉末，易溶于水。

【药理作用】有较强的肾上腺素 β 受体阻断作用，但对 β_1、β_2 受体的选择性较低。可阻断心脏的 β_1 受体，抑制心脏的收缩力与房室传导，减慢心率、循环血流量减少、血压降低、心肌耗氧量降低。阻断平滑肌 β_2 受体，表现支气管和血管收缩。

【临床应用】主要用于治疗抗心律失常，如犬心节律障碍（早搏），猫不明原因的心肌疾患。

【制剂、用法与用量】

盐酸普萘洛尔注射液：静脉注射，一次量，犬 1~3mg，猫 0.25mg，2 次/d。

思考与练习

1. 局部麻醉药的作用方式有哪些？各有何特点？
2. 列表比较普鲁卡因、利多卡因的异同点。
3. 简述毛果芸香碱、新斯的明、阿托品、肾上腺素的药理作用及临床应用。

项目八
自体活性物质与解热镇痛抗炎药

【知识目标】

了解自体活性物质组胺的病理反应,理解解热镇痛抗炎药的作用机制,掌握肾上腺皮质激素药的药理作用。掌握常用抗组胺药、解热镇痛抗炎药和肾上腺皮质激素药的理化性质、药理作用、临床应用、注意事项、制剂、用法与用量。

【技能目标】

根据抗组胺药、解热镇痛抗炎药和肾上腺皮质激素药作用特点,能在临床上能做到安全、有效、合理的使用。

自体活性物质是动物体内普遍存在、具有广泛生物(药理)活性的物质的总称,又称"自调药物"。正常情况下,自体活性物质以其前体或贮存状态存在,但当机体受到某种因素影响而激活或释放时,释放的量虽然很少,但却能产生非常广泛、强烈的生物效应。自体活性物质通常由局部产生,以旁分泌方式仅对邻近的组织细胞起作用,多数都有自己的特殊受体,所以也称"局部激素"。它们与神经递质或激素的不同之处是机体没有产生它们的特定器官或组织。

它们在局部合成后,不进入血液循环,主要在合成部位附近发挥作用,且半衰期短,如组胺、前列腺素、白细胞三烯、5-羟色胺、P物质、缓激肽、血管紧张素等。这些不同种类的物质具有不同的结构和药理学活性,广泛存在于体内许多组织中。

自体活性物质的激活和释放,是机体自我保护的一种本能,及时抵御或适应异常变化的刺激或影响,从而出现相应的、特殊的生理变化,这些变化对机体有时是有益的,但自体活性物质引起的变化有时会比较强烈,使机体不能承受,甚至会危及生命,因此就要使用一定的药物进行调控。

任务一 组胺与抗组胺药

一、组胺

组胺是机体自身存在的一种活性物质，在体内由组氨酸脱羧基而成，主要存在于肥大细胞和嗜碱性粒细胞中，尤其是肺、皮肤黏膜、支气管黏膜、胃黏膜和胃壁细胞含量较高。当组织受理化刺激或发生过敏反应后，可引起肥大细胞释放组胺，释放的组胺与组胺受体结合，产生病理反应，具有强大的生物活性。药用制剂为人工合成品。

组胺与靶细胞上组胺受体结合产生效应，现已知组胺受体有 H_1 和 H_2 两种类型，及抑制组胺合成和释放的自身受体 H_3，组胺与心血管、平滑肌和外分泌腺的受体结合，产生广泛的作用。

（1）消化系统 组胺能引起唾液腺、胰腺和胃液大量分泌，使胃肠平滑肌痉挛，出现腹泻和疝痛，在牛、羊可引起瘤胃麻痹、抑制嗳气。

（2）呼吸系统 组胺能引起支气管平滑肌收缩痉挛，黏膜水肿，引起呼吸困难，严重时可发生肺气肿，哮喘动物尤其敏感。实验动物中的豚鼠尤为敏感。

（3）心血管系统 小剂量组胺皮下注射，能使毛细血管和小动脉扩张，出现红斑，随后因毛细血管通透性增加，在红斑位置形成丘疹，最后因小动脉扩张而出现红晕。此外，因血管壁通透性增加，血浆向组织渗出，血压下降，心率加快；刺激皮下感觉神经末梢，并可产生痒感和疼痛。大剂量可导致血压持续下降和休克。

（4）子宫 子宫平滑肌对组胺的敏感性，可因动物种属不同有明显差异。组胺对豚鼠子宫有收缩作用，对大鼠子宫有松弛作用。

（5）神经系统 组胺刺激神经末梢引起痛和痒感，刺激中枢组胺受体引起中枢兴奋。

组胺的这些作用同变态反应的症状颇为相似，因此，认为变态反应与机体大量释放组胺有密切的关系，免疫学研究也说明某些变态反应有组胺的参与。当致敏机体再次与致敏原接触时，在组织细胞上发生抗原抗体的特异性结合，从而激活肥大细胞和血中嗜碱性粒细胞释放组胺及其它活性物质（如5－羟色胺、缓激肽、缓慢反应物等）作用于效应器官，从而引起变态反应。因此，研究抗变态反应的药物主要是以抗组胺类的构效关系为基础的。

二、抗组胺药

抗组胺药是指能与组胺竞争靶细胞上组胺受体，使组胺不能与受体结合，从而阻断组胺作用的药物。根据其对组胺受体的选择性作用不同，分为三类。①H_1 受体拮抗药：有苯海拉明、异丙嗪、氯苯那敏等；②H_2 受体拮抗药：有西咪替丁、雷尼替丁、法莫替丁、尼扎替丁等；③H_3 受体拮抗药：目前仅作为工具药在研究中使用，临床应用尚待研究。

苯海拉明（苯那君、可他敏）

【理化性质】 常用盐酸盐，为白色结晶性粉末，无臭，味苦，易溶于水。

【药理作用】 对抗或减弱组胺扩张血管、收缩胃肠及支气管平滑肌的作用，还有镇静、抗胆碱、止吐和轻度局麻作用，作用时间快而短。有中枢抑制作用。

【临床应用】 主要用于治疗皮肤、黏膜的过敏性疾病，如荨麻疹、血清病、湿疹、接触性皮炎等，也可用于治疗饲料过敏引起的腹泻、蹄叶炎等，常与钙剂、维生素 C 配合应用。此外，还可用于小动物运输晕动、止吐；组织损伤伴有组胺释放的疾病，如烧伤、冻伤、湿疹、脓性子宫炎等。

【制剂、用法与用量】

（1）苯海拉明片　内服，一次量，马 0.2～1g，牛 0.6～1.2g，羊、猪 0.08～0.12g，犬 0.03～0.06g，2 次/d。

（2）苯海拉明注射液　肌内注射，一次量，马、牛 0.1～0.5g，羊、猪 0.04～0.06g，犬 0.6～1mg/kg 体重，2 次/d。

盐酸异丙嗪

【理化性质】 为白色或几乎白色的粉末或颗粒，无臭，味苦，易溶于水。

【药理作用】 抗组胺作用较苯海拉明强而持久，不良反应较小。有明显的中枢抑制作用。属于异丙嗪的衍生物，故有增强麻醉药和镇痛药的效果，并能降低体温，有止吐作用。同时还有一定的镇咳和扩张支气管的作用，因而常与镇咳祛痰药配伍，用于治疗支气管炎。

【注意事项】

（1）有刺激性，不宜皮下注射。

（2）禁与碱性药物配伍。

（3）避免与阿托品多次合用，不宜与氨茶碱混合注射。

【制剂、用法与用量】

（1）盐酸异丙嗪片　内服，一次量，马、牛 0.25～1g，羊、猪 0.1～0.5g，犬 0.05～0.2g。

（2）盐酸异丙嗪注射液　肌内注射，一次量，马、牛 0.25～0.5g，羊、猪 0.05～0.1g，犬 0.025～0.1g。

马来酸氯苯那敏（扑尔敏）

【理化性质】 为白色结晶性粉末，无臭，味苦，易溶于水。

【药理作用】 作用比苯海拉明强而持久，为组织胺 H_1 受体拮抗剂，能对抗过敏反应所致的毛细血管扩张，降低毛细血管的通透性，抗组胺作用较持久，也具有明显的中枢抑制作用，能增加麻醉药、镇痛药、催眠药和局麻药的作用，主要在肝脏代谢。

【临床应用】 应用同苯海拉明。

【制剂、用法与用量】

（1）马来酸氯苯那敏片　内服，一次量，马、牛 0.08~0.1g，羊、猪 0.012~0.026g。

（2）马来酸氯苯那敏注射液　肌内注射，一次量，马、牛 0.06~0.1g，羊、猪 0.01~0.02g。

西咪替丁（甲氰咪胍、甲氰咪胺）

【理化性质】 为人工合成品，白色或类白色结晶性粉末，几乎无臭，味苦，微溶于水。

【药理作用】 为 H_2 受体拮抗剂，能明显地抑制由食物、组胺、胰岛素等刺激引起的胃酸分泌。对因化学刺激引起的腐蚀性胃炎有预防和保护作用，对应激性胃溃疡和上消化道出血也有明显疗效。

【临床应用】 主要用于治疗胃溃疡，胃炎、胰腺炎和急性胃肠（消化道前段）出血。

【制剂、用法与用量】

西咪替丁片：内服，一次量，猪 0.3g，牛 8~16mg/kg 体重，3 次/d，犬、猫 5~10mg/kg 体重，2 次/d。

任务二　解热镇痛药

一、概述

解热镇痛药是一类具有解热、镇痛，且大多数兼有消炎、抗风湿的药物。虽然在化学结构上各异，但都能抑制体内前列腺素（PG）的生物合成，目前认为这是它们共同的作用基础。

1. 解热作用

解热镇痛药对发热动物有明显退热作用，但对体温正常的患病动物或健康动物无影响。

在正常生理情况下，动物能使体温保持在一定的范围内，这是由于下丘脑体温调节中枢能使机体的产热和散热过程保持平衡状态。体温升高，体温调节中枢发放冲动频率增加，导致产热减少，散热增加；反之则产热增加，散热减少。因而能使体温保持相对稳定。

目前认为，致热原性发热，是内生性致热原随血流到达下丘脑前部，作用于体温调节中枢的结果。体温调节中枢的调节方式，目前大多以"调定点"学说来解释，认为发热机制包括三个环节。首先是信息传递，即各种致病因子与机体作用引起各种疾病的同时，其本身（如病毒、细菌等）或其产物（细菌产物、内毒素、抗原-抗体复合物、炎性渗出物大分子物质、组织坏死分解产物等）成为激活物，产生内生性致热原，内生性致热原作为"信息因子"，经血液传递到下丘脑体温调节中枢。其次是中枢调节，内生性致热原可作用于血-脑脊液屏障外的巨噬细胞，使其释放中枢发热介质，主要有PGE和环-磷酸腺苷，引起体温调节中枢内Na^+/Ca^{2+}比值升高，从而改变体温调节中枢功能，使调定点上移。最后是效应器官反应，即在内生性致热原作用于体温调节中枢后，改变了下丘脑前部热敏感神经元的化学环境，使其对血液温度的感受阈值提高，热敏感神经元兴奋性降低，因而散热减少。与此同时，由于下丘脑后部交感区抑制减弱而引起皮肤血管收缩，皮肤血流量减少而散热减少。皮肤温度降低刺激皮肤感受器，引起骨骼肌紧张，产热增多。此外，内脏器官的分解代谢和内分泌腺活动增强也引起产热增多。散热的减少与产热的增多导致体温升高。

解热镇痛药的解热作用主要是中枢性的，解热镇痛药可以抑制PG的合成酶减少PG的合成，选择性地抑制体温调节中枢的病理性兴奋，使其降到正常的调节水平。在解热镇痛药的作用下，机体的产热过程没有显著改变，主要是增加散热功能，表现为皮肤血管显著扩张，出汗增加和加强散热，使体温趋于正常。除了这种中枢性作用外，也有人提出，本类药物的解热作用还可能由于能稳定白细胞内的溶酶体膜，从而阻碍白细胞内热原的生成和释放，使体温调节中枢免受热原的刺激，使体温恢复到正常水平。

发热是机体的一种防御性反应，中等程度的发热，能增强新陈代谢，加速抗体的形成，有利于机体消灭病原。另外，热型也是诊断传染病的重要依据之一，因此不要过早盲目地使用解热药，以防误诊。特别是不能过量使用，以免出汗过多，造成动物虚脱。只有在明确诊断、持续高热对机体带来危害或不利于疾病的治疗康复时才适当使用解热药。动物常见的发热多为传染病，此时解热药只能作为对症治疗的辅助药。

2. 镇痛作用

解热镇痛药除具有解热作用之外，一般还有不同程度的镇痛作用。

解热镇痛药的镇痛作用部位主要在外周。目前认为，当组织受到损伤或发生炎症时，局部产生与释放某些致病的化学物质（也称致炎物质），最典型的是缓激肽，同时也产生和释放出 PG。缓激肽刺激神经末梢的痛觉感受器引起疼痛，PG 使痛觉感受器对缓激肽、组胺等致痛物质的敏感度升高，而其 PG 本身也有致痛作用。解热镇痛药减少炎症时 PG 的合成，因而有镇痛作用；另一方面，解热镇痛药作用于中枢下丘脑，能阻断痛觉经下丘脑向大脑皮质的传递，也起到镇痛作用。

这类药物在临床上只能用于治疗钝痛，如神经痛、肌肉痛、关节痛等，而不能治疗锐痛，如骨折、创伤性疼痛、肠变位等。锐痛必须用作用更强的中枢性镇痛药才能奏效（如吗啡等）。连续使用无成瘾性。

3. 抗炎、抗风湿作用

这类药物中除苯胺衍生物外，大都具有抗炎抗风湿作用。有人认为风湿病的发生是抗原抗体结合，通过释放生物活性物质而引起炎症，肾上腺皮质激素及非固醇类消炎药作用于炎症过程而表现消炎作用。水杨酸类、炎痛静、甲灭酸、布洛芬等是典型的非甾体抗炎药，有较强的抗炎、抗风湿作用，能减轻临床症状，无对因治疗作用。它们可以抑制前列腺素合成酶，阻止前列腺素的合成；稳定溶酶体膜，减少致炎物质的释放；抑制缓激肽的生成，加强其破坏，降低毛细血管的通透性，从而减轻炎症的反应。

二、常用药物

阿司匹林（乙酰水杨酸、醋柳酸）

【理化性质】为白色结晶或结晶粉末，无臭或微带醋酸臭，味微酸，微溶于水。

【药理作用】解热、镇痛效果较好，消炎抗风湿作用强，并可促进尿酸排泄，作用较强，疗效确实。还可抑制抗体产生和抗原抗体的结合反应，并抑制炎性渗出，对急性风湿症有特效。较大剂量可抑制肾小管对尿酸重吸收而促使其排泄。

【临床应用】主要用于治疗急性风湿病，也可用于发热，神经、肌肉、关节疼痛。

【注意事项】

（1）对猫毒性较大，禁用。

（2）对消化道有刺激作用，剂量较大时，易致食欲缺乏、恶心、呕吐乃至消化道出血，故不宜空腹给药。

（3）胃炎、胃溃疡动物慎用，与碳酸钙同服可减少对胃的刺激。

【制剂、用法与用量】

（1）阿司匹林片　内服，一次量，马、牛 15～30g，猪、羊 1～3g，犬 0.2～1g。

(2) 复方阿司匹林片（每片含阿司匹林 0.2268g，非那西汀 0.162g，咖啡因 0.0324g） 内服，一次量，马、牛 30~100 片，猪、羊 2~10 片。

扑热息痛（对乙酰氨基酚）

【理化性质】为白色结晶性粉末，无臭，味微苦，易溶于热水，略溶于冷水。

【药理作用】解热、镇痛作用缓和而持久，其强度同阿司匹林，不良反应小，有抗炎抗风湿作用。

【临床应用】主要用于动物的解热镇痛，如发热、风湿痛、关节痛和肌肉痛。

【注意事项】猫禁用。

【制剂、用法与用量】

(1) 扑热息痛片 内服，一次量，牛、马 10~20g，羊 1~4g，猪 1~2g，犬 0.1~1g。

(2) 扑热息痛注射液 肌内注射，马、牛 5~10g，羊 0.5~2g，猪 0.5~1g，犬 0.1~0.5g。

氨基比林（匹拉米酮）

【理化性质】为白色结晶粉末，无臭，味微苦，易溶于水，水溶液呈现碱性。

【药理作用】有解热镇痛作用，作用较阿司匹林强而持久，与巴比妥类合用能增强镇痛效果；还兼有良好的消炎抗风湿作用，强度同阿司匹林。

【临床应用】主要用于马、牛、犬等的解热镇痛和抗风湿。如马、骡疝痛，肌肉痛，关节痛等，可用于治疗急性风湿性关节炎。

【注意事项】长期应用可引起粒细胞缺乏症，不宜长期使用。

【制剂、用法与用量】

(1) 氨基比林片 内服，一次量，猪、羊 2~5g，马、牛 8~20g. 犬 0.13~0.4g。

(2) 复方氨基比林注射液（7.15% 氨基比林、2.85% 巴比妥） 皮下、肌内注射，一次量，牛、马 20~50mL，猪、羊 5~10mL，犬 1~10mL，猫 1~2mL，兔 1~2mL。

(3) 安痛定注射液（5% 氨基比林、2% 安替比林、0.9% 巴比妥） 皮下、肌内注射，一次量，牛、马 20~50mL，猪、羊 5~10mL，貉 0.2~0.3mL。

安乃近

【理化性质】为白色或淡黄色结晶性粉末，无臭，味微苦，易溶于水。

【药理作用】安乃近解热镇痛作用强而快，其解热作用为氨基比林的 3 倍，镇痛作用与氨基比林相同。有一定的消炎抗风湿作用。不影响肠管正常蠕动,还对胃肠道平滑肌痉挛有良好的解痉作用。

【临床应用】 临床主要用于解热镇痛和抗风湿,如肠痉挛、肠臌胀等腹痛。

【注意事项】

(1) 长期连续使用则有粒细胞下降的趋势,不宜长期连续使用。

(2) 使用时应注意其用量,用量过大会引起虚脱。不能与氯丙嗪合用。

【制剂、用法与用量】

(1) 安乃近片 内服,一次量,马、牛 4~12g,猪、羊 2~5g,犬 0.5~1g,猫 0.2g。

(2) 安乃近注射液 肌内注射,一次量,马、牛 3~10g,猪 1~3g,羊 1~2g,犬 0.3~0.6g,猫 0.1g。

水 杨 酸 钠

【理化性质】 为无色或微显红色的结晶性粉末或白色结晶性粉末,无臭,味甜而咸,易溶于水。

【药理作用】 解热作用较弱,故临床上不作解热镇痛药。而消炎抗风湿作用较强,其作用机制与抑制体内 PG 合成有关。多用于治疗风湿性关节炎,能迅速止痛、消肿和降温,也可促进尿酸排出而治疗痛风。

【临床应用】 主要用于治疗风湿病。

【注意事项】

(1) 静脉注射要缓慢,且不可漏于血管外。

(2) 不宜长期或大剂量使用;在临床上不作为解热镇痛药用。

【制剂、用法与用量】

(1) 水杨酸钠注射液 静脉注射,一次量,牛、马 10~30g,猪、羊 2~5g,犬 0.1~0.5g。

(2) 撒乌安注射液(含 10% 水杨酸钠、8% 乌洛托品、1% 安钠咖) 静脉注射,一次量,牛、马 50~100mL,猪、羊 20~50mL。

(3) 复方水杨酸钠注射液(含 10% 水杨酸钠、1.43% 氨基比林、0.75% 巴比妥、10% 乙醇、10% 葡萄糖) 静脉注射,一次量,牛、马 100~200mL,猪、羊 20~50mL。

萘普生(萘洛芬、消炎灵)

【理化性质】 为白色或类白色结晶性粉末,不溶于水,应避光密封保存。

【药理作用】 抗炎作用明显,也有解热和镇痛作用。其抗炎、镇痛及解热作用强于阿司匹林,且不良反应较小。对前列腺素合成酶的抑制作用为阿司匹林的 20 倍。对类风湿关节炎、骨关节炎、强直性脊椎炎、痛风、运动系统(如关节、肌肉及腱)的慢性疾病及轻中度疼痛均有一定疗效。

【临床应用】 用于治疗风湿病、肌腱炎、痛风等;解除肌炎和组织炎症的疼痛、跛行及关节炎等；也用于轻度、中度疼痛镇痛，如手术后的疼痛。

【注意事项】犬敏感，应禁用或慎用；消化道溃疡动物禁用；长期应用应注意肾功能不全。

【制剂、用法与用量】

（1）萘普生片　内服，一次量，马 5~10mg/kg 体重，2 次/d；犬 2~5mg/kg 体重，1 次/d。

（2）萘普生注射液　静脉注射，一次量，马 5mg/kg 体重。

任务三　皮质激素类药物

一、概述

肾上腺皮质激素为肾上腺皮质分泌的一类激素的总称。它们的结构与胆固醇相似，故又称皮质类固醇激素。到目前为止，从动物肾上腺皮质已分离出 50 种以上类固醇化合物，但多数属于激素的中间代谢产物或代谢物，其中有 7 种是常见的肾上腺皮质激素，即醛固酮、脱氧皮质酮、11-脱氧皮质酮、皮质酮、11-脱氢皮质酮、可的松、氢化可的松。

临床上常用的天然皮质激素有可的松和氢化可的松，现均已人工合成。近年来在可的松和氢化可的松的结构上稍加改变，合成许多抗炎作用比天然激素强，而水盐代谢等不良反应小的药物，如泼尼松、泼尼松龙和地塞米松等。这些合成皮质激素将逐渐取代可的松等天然激素的应用。

【分类】肾上腺皮质激素按其生理作用，主要分两类：一类是由肾上腺皮质外层球状带分泌的激素，调节体内水和盐的代谢，以及调节体内水和电解质平衡的激素，以醛固酮和去氧皮质酮为代表，有保钠、保水、排钾的作用，称为盐皮质激素；另一类与糖、脂肪、蛋白质代谢有关的激素，是由肾上腺皮质束状带分泌的激素，以可的松和氢化可的松为代表，常称为糖皮质激素。盐皮质激素仅用于肾上腺皮质功能不全的替代疗法，在动物临床上没有实用价值。糖皮质激素在超生理剂量时有抗炎、抗过敏、抗中毒及抗休克等药理作用，因而在临床中广泛应用。为了提高糖皮质激素的疗效，减少其不良反应，现已合成了一系列新的糖皮质激素类药物，通常所称的皮质激素即为这类激素。

【体内过程】所有皮质激素都易从胃肠道吸收，尤其是单胃动物，给药后很快奏效。天然皮质激素持效时间短，所以临床上必须保证每天 3~4 次给药；人工合成的皮质激素作用时间长，一次给药可持效 12~24h。吸收进入血液的皮质激素大部分与皮质激素转运蛋白结合，少量与清蛋白结合，结合蛋白的皮质激素暂无生物活性。游离型的皮质激素数量小，可直接作用于靶器官细胞呈现特异性作用。游离型皮质激素在肝脏或靶细胞内代谢清除后，结合型的激素就被释放出来，以维持动物体内的血浆中皮质激素的浓度。

肝脏是皮质激素的主要代谢器官，大部分与葡萄糖醛酸或硫酸结合成酯，失去活性，水溶性增强，与部分游离型皮质激素随尿液一起排出。反刍动物主要随尿液排出，其它动物可随胆汁排出。

【药理作用】糖皮质激素在生理剂量范围之内，具有调节糖、蛋白质和水、盐代谢等作用，对维持动物机体内部环境的恒定起着重要作用。在大剂量情况下，对许多组织、器官的功能都能产生明显的影响，表现出广泛的药理作用。在临床治疗上可以归纳为抗炎、抗过敏、抗病毒、抗休克、影响代谢及影响血液循环等作用，这是皮质激素广泛应用于临床的药理基础。关于皮质激素的作用机制，虽然目前已积累了不少实验资料，有些方面已经取得一些进展，但尚有不少问题还没有完全阐明，有待进一步研究。下面分别叙述皮质激素的主要药理作用。

（1）抗炎作用　糖皮质激素能降低血管通透性，抑制对各种刺激因子引起的炎症反应能力，以及机体对致病因子的反应性。这种作用在于糖皮质激素能使小血管收缩，并能提高外周血管的张力和降低炎性血管扩张，增强血管内皮细胞的致密作用，减轻静脉充血，减少血浆渗出，从而减少血液胶体、电解质和细胞等的渗出，抑制白细胞的游走、浸润和巨噬细胞的吞噬功能。这些作用明显减轻炎症早期的红、肿、热、痛等症状的发生与发展。糖皮质激素产生抗炎作用的另一机制是抑制白细胞破坏的同时，又能稳定溶酶体膜。溶酶体含有30多种溶酶体酶和多种活性物质，这些酶和活性物质与炎症有密切的关系。皮质激素稳定溶酶体膜，使其不易破裂，减少溶解酶中水解酶类（如各种酸性水解酶和蛋白酶等）和各种因子（如组织蛋白酶、溶菌酶、过氧化酶、前列腺释放因子、趋化因子、内源性致热因子）的释放，从而防止血浆和组织蛋白的分解产物（如5-羟色胺、缓激肽等）的产生和释放，以及减少这些致炎物质对细胞的刺激，抑制炎症的病理过程，减缓或改善炎症引起的局部或全身反应。糖皮质激素能够增强细胞基质对黏多糖酸酶的抵抗力，能增强间叶组织、结缔组织关节滑膜细胞的黏多糖基质的抵抗力，使之不易为黏多糖酸酶水解，从而保护了细胞的基质，使细胞保持水分，减轻了间质水肿。糖皮质激素对炎症晚期也有作用。大剂量糖皮质激素能抑制胶原纤维和黏蛋白的合成，抑制组织修复，阻碍伤口愈合。这种作用可能是皮质激素抑制了结缔组织细胞DNA的合成所致。

（2）抗过敏反应　过敏反应是一种变态反应，它是抗原与体内抗体或与致敏的淋巴细胞相互结合、相互作用而产生的细胞或组织反应。糖皮质激素能抑制抗体免疫引起的速发性变态反应，以及细胞性免疫引起的延缓性变态反应，为一种有效的免疫抑制剂。它可以抑制由于过敏反应产生的病理变化，如过敏性充血、水肿、荨麻疹、皮疹、平滑肌痉挛及细胞损害等。糖皮质激素的抗过敏作用主要在于抑制巨噬细胞对抗原的吞噬和处理，抑制淋巴细胞的转化，增加淋巴细胞的破坏与解体，抑制抗体的形成而干扰免疫反应。一般情况下，在使用皮质激素后，动物淋巴细胞可减少45%～55%。糖皮质激素可促使蛋白质异化及抑制蛋白质合成，影响抗体形成。除上述作用外，抗体形成还与淋巴器官（如脾脏）细胞内的蛋白质有关。在糖皮质激素的作用下，蛋白质合成受阻，即使抗原刺激，抗体形成也受抑制。

（3）抗毒素作用 糖皮质激素能增加机体的代谢能力而提高机体对不利刺激因子的耐受力，降低机体细胞膜的通透性，阻止各种细菌的内毒素侵入机体细胞内，提高机体细胞对内毒素的耐受性。但糖皮质激素不能中和毒素，而且对毒性较强的外毒素没有作用。糖皮质激素抗毒素作用的另一途径与稳定溶酶体膜密切相关。这种作用减少溶酶体内各种致炎、致热内源性物质的释放，减轻对体温调节中枢的刺激作用，降低毒素致热源性的作用。因此，用于严重中毒性感染如败血症时，常具有迅速而良好的退热作用。

（4）抗休克作用 糖皮质激素对各种休克如中毒性休克、心源性休克、过敏性休克及低血容量性休克等都有一定的治疗作用，可增加机体对抗休克的能力，是休克综合治疗中的一类重要药物。大剂量糖皮质激素有增强心肌收缩力，增加微循环血流量，减轻外周阻力，降低微血管的通透性，扩张小动脉，改善微循环，增强机体抗休克的能力。糖皮质激素能改善休克时的微循环，改善组织供氧，减少或阻止细胞内溶酶体的破裂和蛋白水解酶类的释放，阻止蛋白水解酶作用下"心肌抑制因子"的产生。该因子对心肌有直接抑制作用，并能使心脏血管痉挛，加剧心肌缺血，因而可以防止该因子所引起的心肌收缩力减弱、心输出量降低和内脏血管收缩等循环障碍。

（5）对代谢的影响 糖皮质激素有促进蛋白质分解，合成葡萄糖和糖原的作用；同时，又可以抑制组织对葡萄糖的摄取，因而有升血糖的作用。由于蛋白质的分解代谢增强，可导致负氮平衡，尿中氮和尿酸的排泄量增加。糖皮质激素有抑制蛋白质的合成和促进代谢的作用，所以长期使用糖皮质激素可出现肌肉萎缩等不良反应。糖皮质激素还能促进脂肪分解，但过量则导致脂肪重分配。大剂量糖皮质激素还能增加钠在肾小管的重吸收和钾、钙、磷的排出，长期应用会引起体内水、钠潴留而出现水肿，骨质疏松。而人工合成的糖皮质激素对电解质代谢的影响较弱，有的甚至有排钠作用，如倍他米松等。糖皮质激素能增进消化腺的分泌机能，加速胃肠黏膜上皮细胞的脱落，使黏膜变薄而损伤。故可诱发或加剧溃疡病的发生。

（6）对血液系统的作用 糖皮质激素能刺激骨髓的造血机制，使红细胞、血小板、嗜中性粒细胞三者增多，但能使淋巴细胞萎缩，导致血中淋巴细胞、单核细胞和嗜酸性粒细胞数目减少。此外，还能增加血红蛋白和纤维蛋白的数量。

（7）其它 能增加骨髓造血功能，使红细胞、嗜中性粒细胞、血小板及血红蛋白和纤维蛋白原增加。

【临床应用】糖皮质激素具有广泛的临床应用，但多数不是针对病因的治疗药物，而主要是缓解症状，避免并发症的发生。动物临床上常用于治疗代谢性疾病、炎症性疾病和过敏性疾病等，其适应证如下。

(1) 代谢性疾病　对牛的酮血症和羊的妊娠毒血症有显著疗效。

(2) 严重的感染性疾病　对各种败血症、中毒性痢疾、中毒性肺炎、腹膜炎、急性子宫炎等感染性疾病，糖皮质激素均有缓解症状的作用。

(3) 过敏性疾病　荨麻疹、急性支气管哮喘、血清病、过敏性皮炎、过敏性湿疹。

(4) 局部性炎症　各种关节炎、乳腺炎、结膜炎、角膜炎、黏液囊炎以及风湿病等。

(5) 休克　糖皮质激素对各种休克，如过敏性休克、中毒性休克、创伤性休克、蛇毒性休克均有一定的辅助治疗作用。

(6) 皮肤疾病　如急性蹄叶炎、湿疹、脂溢性皮炎、接触性皮炎、外耳炎等局部或全身用药都有明显疗效。

(7) 眼科疾病　如结膜炎、角膜炎、虹膜睫状体炎等。

(8) 引产　地塞米松已被用于母畜的分娩。在怀孕后期的适当时候（牛一般在怀孕第286天后）给予地塞米松，牛、羊、猪一般在24h内分娩。

(9) 预防手术后遗症　糖皮质激素可用于剖宫产、瘤胃切开、肠吻合等外科手术后，以防脏器与腹膜粘连，减少创口瘢痕化，但同时它又会影响创口愈合。要权衡利弊，慎重用药。

【不良反应】长期或大剂量应用糖皮质激素时常可产生一些不良反应。

(1) 类肾上腺皮质功能亢进症　糖皮质激素的保钠排钾作用，大剂量或长期（约1个月）用药后，产生严重低血钾、水肿、糖尿。而加强蛋白质的异化作用和增加钙、磷的排泄，动物常出现肌纤维萎缩无力、骨质疏松、幼龄动物生长停滞。马较其它动物敏感。

(2) 肾上腺皮质功能不全　由于糖皮质激素的负反馈调节作用，长期用药可使肾上腺皮质功能受到抑制，而致糖皮质激素的分泌减少或停止。大剂量长时间使用糖皮质激素突然停药后，有时可见动物表现为精神沉郁，食欲减退，机体软弱无力，血压和血糖下降，严重时可见休克。还可见疾病复发或加剧。这是因为肾上腺皮质功能未完全恢复，机体对糖皮质激素形成依赖性所致，或是病情尚未被控制的结果。

(3) 诱发和加重感染　糖皮质激素虽有抗炎作用，但其本身无抗菌作用，使用后还可降低机体防御功能和抗感染的能力，使原有病灶加剧或扩散，甚至还可引起二重感染。因而一般性感染疾病不宜使用。仅在有危急性感染性疾病时才考虑使用。使用时应配合有足够的有效抗微生物药物，即使在激素停用后仍需使用抗微生物药物继续治疗。

(4) 抑制过敏和过敏反应　糖皮质激素能抑制变态反应，抑制白细胞对刺激原的反应，因而在用药期间可影响鼻疽菌素点眼和其它诊断试验或活菌苗免疫试验。糖皮质激素对少数马、牛有时可见有过敏反应，用药后可见有荨麻疹、阴门及眼睑水肿、心动过速、呼吸困难，甚至死亡。这些常发生于多次反复应用的病例。

此外，糖皮质激素可促进蛋白质分解，延缓肉芽组织的形成和伤口愈合。大剂量应用可导致或加重胃溃疡。有的动物还可能出现肝脏损害。

【注意事项】由于糖皮质激素不良反应较大，临床应用时应注意采用辅助措施。

（1）选择恰当的制剂与给药途径，急性危重病例应选用注射剂作静脉注射，一般慢性病例可以口服或用混悬液肌内注射或局部关节腔内注射等。对于后者，应用时应注意防止引起感染和机械损伤。

（2）糖皮质激素对炎症的治疗属非特异性作用，能减轻或抑制炎症症状，不能根治。由于它能降低机体的抗感染能力，故一般感染性疾病不宜用糖皮质激素治疗，只有当感染性疾病可能危及动物生命和以后产生能力时才考虑使用。同时，在治疗全身或局部的感染性疾病时，必须与足量有效的抗菌药物合用，直至感染完全控制为止。

（3）补充维生素 D 和钙制剂，泌乳、幼龄动物长期应用糖皮质激素，应适当补给钙制剂、维生素 D 及高蛋白饲料，以减轻或消除因骨质疏松、蛋白质异化等不良反应引起的疾病。

（4）用较小剂量，病情控制后应减量或停药，用药时间不宜过长；大剂量连续用药超过 1 周或 1 个月，则可能出现严重的不良反应。为此，应尽量采用最小有效剂量，病情一经控制即应减量或停药。长期用药后应逐步递减停药，不应突然中断，应尽量采用隔天疗法，以减少对肾上腺-垂体的抑制作用。局部治疗比全身治疗好，应尽可能采用局部治疗；局部应用时（尤其关节腔内注射），应注意防止感染和机械损伤。

（5）禁用于缺乏有效抗菌药物治疗的感染、骨质疏松症、骨软化症、骨折治疗期、角膜溃疡初期、严重肝功能不全、创伤修复期、妊娠期（因可引起早产或畸胎）；结核菌素或鼻疽菌素诊断和疫苗接种期等。

二、常用药物

常用的天然皮质激素有可的松和氢化可的松。人工合成糖皮质激素有泼尼松（强的松）、泼尼松龙（强的松龙）、地塞米松（氟美松）、醋酸氟轻松（外用）、倍他米松等，其抗炎作用比母体强数倍至数十倍，而对电解质的代谢则大大减弱，但水钠潴留作用较弱。

氢化可的松

【理化性质】为天然糖皮质激素，白色或几乎白色的结晶性粉末，味苦，无臭，不溶于水。

【药理作用】 具有抗炎、抗过敏、抗毒素、抗体克作用（详见概述）。

【临床应用】 主要用于治疗中毒性感染或其它危重病症，如败血症、腹膜炎、子宫炎、休克等；也用于治疗关节炎、腱鞘炎、眼科炎症和皮肤过敏等疾病。

【制剂、用法与用量】

氢化可的松注射液：静脉注射，一次量，马、牛 0.2~0.5g，猪、羊 0.02~0.08g，犬 0.005~0.02g，猫 0.001~0.005g，1 次/d。

泼尼松（强的松）

【理化性质】 为人工合成，白色结晶性粉末，无臭，味苦，不溶于水。

【药理作用】 在体内转化为氢化泼尼松后显效，其抗炎作用及糖原异生作用比氢化可的松强 4~5 倍，而水、钠潴留的不良反应显著减轻。抗炎、抗过敏、抗毒素、抗休克作用强，副作用少。还能促进蛋白质转变为葡萄糖，减少机体对糖的利用，使血糖和肝糖原增加。

【临床应用】 主要用于治疗细菌感染、过敏性疾病、风湿病、肾病综合征、哮喘、湿疹等；外用于角膜炎、虹膜炎、结膜炎等。

【制剂、用法与用量】

（1）醋酸泼尼松片　内服，一次量，马、牛 0.2~0.5g，猪、羊 0.02~0.08g，犬、猫 0.5~2mg/kg 体重，1 次/d。

（2）0.5% 醋酸泼尼松眼膏　眼部外用，2~3 次/d。

泼尼松龙（氢化泼尼松、强的松龙）

【理化性质】 为人工合成，白色或类白色结晶性粉末，无臭，味苦，不溶于水。

【药理作用】 作用与泼尼松相似，但抗炎作用较强，水盐代谢作用很弱。因其可静脉注射、肌内注射、乳房内注射和关节腔内注射等，应用比泼尼松广泛，但内服不如泼尼松功效好。

【临床应用】 主要用于治疗皮肤炎症、眼炎、乳腺炎、关节炎、腱鞘炎和牛的酮血病等。

【制剂、用法与用量】

（1）醋酸泼尼松龙片　内服，一次量，犬 2~15mg、猫 0.5~1mg，1 次/d。

（2）泼尼松龙注射液　静脉注射，一次量，马、牛 50~150mg，猪、羊 10~20mg，1 次/d。

（3）醋酸泼尼松龙注射液　关节腔内量，一次量，马、牛 20~80mg，1 次/4~7d；乳池内注射，25mg/乳池，1 次/d。

地塞米松（氟美松）

【理化性质】为人工合成，其磷酸钠盐为白色或微黄色粉末，无臭，味微苦，溶于水。

【药理作用】具有抗炎、抗过敏、抗毒素、抗休克和影响糖代谢等作用。抗炎作用与糖原异生作用为氢化可的松的 25 倍，无水钠潴留的不良反应。肌内注射给药后，快速分布于全身组织，主要经粪和尿排泄。由于地塞米松可增加粪便中钙的排泄量，可能导致钙的负平衡。近年来，地塞米松等皮质激素制剂已用于母畜同步分娩，但地塞米松引产可使胎衣滞留率升高，产乳比正常稍迟，子宫恢复到正常状态也晚于正常分娩。地塞米松对马的引产效果不明显。

【临床应用】主要用于治疗炎症性、过敏性疾病，牛酮血病和羊妊娠毒血症等。

【制剂、用法与用量】

地塞米松磷酸钠注射液：静脉注射，一次量，牛 5~20mg，马 2.5~5mg，猫、犬、猫 0.125~1mg。

倍 他 米 松

【理化性质】为地塞米松的同分异构体，白色或类白色的结晶性粉末，无臭，味苦，不溶于水。

【药理作用】与地塞米松的作用相似，但其抗炎作用与糖原异生作用较地塞米松强，为氢化可的松的 30 倍；钠潴留作用比地塞米松稍弱。内服、肌内注射均易吸收，体内分布广泛。

【临床应用】主要用于治疗动物的炎症性、过敏性疾病等。

【制剂、用法与用量】

倍他米松片：内服，一次量，猫、犬 0.25~1mg。

氟轻松（丙酮化氟新龙、醋酸肤轻松、仙乃乐）

【理化性质】为白色或类白色结晶性粉末，无臭，无味，不溶于水。

【药理作用】为外用皮质激素，疗效显著，不良反应较小。局部涂敷，对皮肤、黏膜的炎症、皮肤瘙痒和过敏反应等均能迅速显效，止痒效果尤其明显。

【临床应用】主要用于治疗各种皮肤病，如湿疹、过敏性皮炎、皮肤瘙痒等。

【制剂、用法与用量】

醋酸氟轻松软膏：外用患处涂擦，3~4 次/d。

思考与练习

1. 常用的抗组胺（抗过敏）药有哪些？
2. 分析解热镇痛药消炎抗风湿药的作用机制，比较常用药物的作用特点和用途。
3. 肾上腺皮质激素药的药理作用有哪些？有哪些临床应用及不良反应？

项目九
调节组织代谢药物

【知识目标】

了解钙、磷、微量元素和维生素的主要生理功能，掌握常用调节组织代谢药物的理化性质、药理作用、临床应用、注意事项、制剂、用法与用量。

【技能目标】

根据调节组织代谢药物的作用特点，能在临床上能做到安全、有效、合理的使用。

调节组织代谢的药物主要包括矿物元素和维生素，矿物元素包括常量和微量元素，主要介绍常量元素中的钙、磷，微量元素中铜、锌、铁、锰、硒、钴和维生素中的维生素A、维生素D、维生素E、维生素B_1、维生素C和烟酸等。

任务一　钙、磷与微量元素

一、钙、磷

钙、磷是动物机体所必需的常量元素，具有重要的生理功能。钙为体重的1%~2%，磷为0.7%~1.1%。体内99%的钙和80%~85%的磷存在于骨骼和牙齿中，其余的钙与磷则存在于软组织和体液中。当机体缺乏钙、磷时，可引起软骨症、纤维性骨营养不良、骨质疏松症、笼养鸡产蛋疲劳综合征和幼畜的佝偻病等相应的缺乏症，从而影响动物的生产性能和健康。一般生产中通过在饲料中添加适量钙、磷予以预防，但当动物机体处于特殊生理阶段或严重缺乏时，应使用药物进行治疗。

氯 化 钙

【理化性质】 为白色坚硬的碎块或颗粒，无臭，味微苦，易溶于水。

【药理作用】 促进骨骼和牙齿钙化，保证骨骼正常发育。维持神经肌肉的正常兴奋性，血浆钙离子浓度的稳定是神经肌肉维持正常功能的必要条件。当血浆中钙离子浓度过高，神经肌肉兴奋性降低，肌肉收缩无力；反之，神经肌肉兴奋性升高，骨骼肌痉挛，动物表现抽搐。增加毛细血管的致密度，降低其通透性。参与正常凝血过程，钙是重要的凝血因子，可促进机体凝血。拮抗镁离子的作用，钙离子能对抗由于镁离子过高而引起的中枢抑制和横纹肌松弛等症状。钙还具有自身营养调节功能，在外源钙供给不足时，沉积钙（特别是骨骼中）可大量分解供代谢循环需要。

【临床应用】 主要用于治疗缺钙而引起的佝偻病、软骨症、产后瘫痪等；也用于毛细血管渗透性升高所致的荨麻疹、渗出性水肿、瘙痒性皮肤病等过敏性疾病；还可用于镁中毒的解毒。

【注意事项】

（1）刺激性强，只适宜静脉注射。静脉注射应避免漏出血管，防止引起局部肿胀或坏死。

（2）禁与强心苷、肾上腺素等药物配伍。

（3）静脉注射速度宜缓慢，以防止血钙浓度骤升导致心律失常乃至心搏骤停等。

（4）常与维生素 D 合用，提高佝偻病、软骨症、产后瘫痪等疗效。

【制剂、用法与用量】

氯化钙注射液：静脉注射，一次量，马、牛 5～15g；羊、猪 1～5g；犬 0.1～1g。

葡萄糖酸钙

【理化性质】 为白色颗粒状粉末，无臭，无味，易溶于水。

【药理作用与临床应用】 同氯化钙。

【注意事项】

（1）对组织刺激性小，比氯化钙安全。

（2）注射液若析出沉淀，宜微温溶解后使用。

（3）其它同氯化钙。

【制剂、用法与用量】

葡萄糖酸钙注射液：静脉注射，一次量，马、牛 20～60g，羊、猪 5～15g，犬 0.5～2g。

碳 酸 钙

【理化性质】为白色极细微的结晶性粉末，无味，不溶于水。
【药理作用】同氯化钙。
【临床应用】用于治疗钙缺乏引起的佝偻病、软骨症及产后瘫痪等疾病。
【注意事项】防治佝偻病、软骨症、产后瘫痪等时，最好与维生素 D 联用。
【制剂、用法与用量】
碳酸钙粉剂：内服，一次量，马、牛 30~120g，羊、猪 3~10g，犬 0.5~2g，2~3 次/d。

乳 酸 钙

【理化性质】为白色或类白色结晶粉末，几乎无臭，易溶于热水。
【药理作用】同氯化钙。
【临床应用】用于治疗钙缺乏引起的佝偻病、软骨症及产后瘫痪等疾病。
【注意事项】防治佝偻病、软骨症、产后瘫痪等时，最好与维生素 D 联用。
【制剂、用法与用量】
乳酸钙片：内服，一次量，马、牛 10~30g，羊、猪 0.5~2g，犬 0.2~0.5g。

磷酸二氢钠

【理化性质】为无色结晶或白色粉末，易溶于水。
【药理作用】磷是骨和牙齿的重要组成成分，单纯缺磷也能引起佝偻病和骨软症。磷是磷脂的组成成分，参与维持细胞膜的结构和功能。磷是磷酸腺苷的组成成分，参与机体能量代谢。磷是核糖核酸和脱氧核糖核酸的组成成分，对蛋白质的合成、动物繁殖都有重要作用。磷在体液中构成磷酸缓冲对，参与体液酸碱平衡的调节。临床上主要用于钙、磷代谢障碍疾病以及急性低血磷或慢性缺磷症。
【临床应用】主要用于磷缺乏引起的佝偻病、软骨症及产后瘫痪等。
【注意事项】与钙剂合用，可提高疗效。
【制剂、用法与用量】
磷酸二氢钠注射液：静脉注射，一次量，牛 50~100g，1 次/d。

磷 酸 氢 钙

【理化性质】为白色极细微的结晶性粉末，无味，不溶于水。
【药理作用】具有补充钙、磷的作用。

【临床应用】 主要用于防治动物钙、磷等缺乏症。
【注意事项】 同碳酸钙。
【制剂、用法与用量】
磷酸氢钙片：内服，一次量，马、牛12g；羊、猪2g，犬、猫0.6g。

二、微量元素

微量元素是指在动物体内含量低于0.01%的元素，目前查明的必需微量元素有铁、铜、锌、锰、硒、钴、碘、钼、镉、硼12种，铁、铜、锌、锰、硒、钴、碘7种元素是动物需要的主要微量元素，它们是酶、激素和维生素等的组成成分，对体内的生化过程起着重要的调节作用。当机体缺乏或摄食过多时，均会影响其生长发育甚至引起疾病。

（一）铜

铜的原发性缺乏是因饲料中铜含量太少，或铜摄入不足，主要表现是体内含铜酶活力下降及其相关症状；继发性缺乏是指饲料中铜含量在正常范围以内，但含有一些如钼、硫等干扰铜吸收和利用的因素，造成体内铜摄入不足或排泄过多，引起动物缺铜。机体缺铜后，引起动物贫血，羔羊表现运动失调，行走时左右摇摆等，羊毛可由黑色褪变成灰白色，羊毛变直，弹性降低，生长受阻；骨骼发育不良，软骨基质不能骨化，长骨皮质变薄，关节肿大，易出现骨折等。

硫 酸 铜

【理化性质】 为深蓝色结晶性颗粒或粉末，无臭，易溶于水。
【药理作用】 铜是机体利用铁合成血红蛋白所必需的物质，能促进骨髓生成红细胞。铜作为细胞色素氧化酶、超过氧化物歧化酶及酪氨酸酶等多种酶成分参与机体代谢。如细胞色素氧化酶能催化磷脂的合成，使脑和脊髓的神经细胞形成髓鞘；酪氨酸酶既可使酪氨酸氧化成黑色素，又能在角蛋白合成中将巯基氧化成双硫键，促进羊毛的生长和保持一定的弯曲度。参与机体骨骼的形成并促进钙、磷在软骨基质上的沉积。铜可参与血清免疫球蛋白的构成，提高机体免疫力。
【临床应用】 主要用于促进动物生长发育，防治铜的缺乏症；也可浸泡或喷洒治疗奶牛的腐蹄。
【制剂、用法与用量】
硫酸铜粉：内服，一次量，牛2g，犊1g，羊20mg/kg体重，1次/d。混饲，猪800g/t饲料，禽20g/t饲料。

（二）锌

锌的缺乏症是由饲料中锌含量绝对或相对不足所引起的，其基本特征是生长缓慢，皮肤角化不全，繁殖功能紊乱及骨骼发育异常。各种动物均可发生，在猪和鸡较为常见。动物对锌的需要量受年龄、生长阶段和饲料组成等因素的影响。

硫　酸　锌

【理化性质】为无色透明的棱柱状或细针状结晶性粉末，无臭，味涩，极易溶于水。

【药理作用】锌是动物体内多种酶（如 DNA 聚合酶、RNA 聚合酶、胸腺嘧啶核苷酸酶、碱性磷酸酶等）的成分或激活剂，可催化多种生化反应。锌是胰岛素的成分，可参与糖类的代谢。参与蛋白质和核酸合成，维持 RNA 的结构与构型，影响体内蛋白质的生物合成和遗传信息的传递。参与胱氨酸和黏多糖代谢，维持上皮组织健康与被毛正常生长。参与骨骼和角质的生长并能增强机体免疫力，促进创伤愈合。

【临床应用】主要用于防治锌缺乏症；也可用作收敛药，治疗结膜炎等。

【注意事项】锌摄入过多可影响蛋白质代谢和钙的吸收，并导致铜缺乏症等。

【制剂、用法与用量】

硫酸锌粉：内服，一次量，牛 0.05 ~ 0.1g，羊、猪 0.2 ~ 0.5g，禽 0.05 ~ 0.1g，1 次/d。

（三）铁

铁的缺乏症是指饲料中缺乏铁，动物铁摄入不足或丢失过多，引起幼畜贫血、疲劳、活力下降的症状。主要发生于幼畜。多见于仔猪，其次为犊牛、羔羊和幼犬。

硫　酸　亚　铁

【理化性质】为淡蓝绿色柱状结晶或颗粒，无臭，味咸涩，易溶于水。

【药理作用】铁是动物机体所必需的微量元素，是合成血红蛋白和肌红蛋白不可缺少的原料。动物体内 60% ~ 70% 的铁存在于血红蛋白中，2% ~ 20% 分布于肌红蛋白中。其中，血红蛋白是体内运输氧和二氧化碳的最主要载体；肌红蛋白是肌肉在缺氧条件下的供氧源。铁是细胞色素氧化酶、过氧化物酶、过氧化氢酶及黄嘌呤氧化酶等的成分和糖类代谢酶的激活剂，参与机体内的物质代谢与生物氧化过程，催化各种生化反应。

【临床应用】主要用于缺铁性贫血，如孕畜及哺乳仔猪、慢性失血、营养不良等缺铁性贫血。

【注意事项】

（1）铁盐对胃肠道黏膜具有刺激作用，内服大量可引起呕吐、腹痛、出血乃至肠坏死等，宜饲喂后投药。

(2) 在服用期间，禁喂高钙、高磷及含鞣质较多的饲料。禁与抗酸药、四环素类药物等配伍。

(3) 铁可与肠道内硫化氢结合生成硫化铁，减少硫化氢对肠蠕动的刺激作用，但易便秘，并排出黑粪。

【制剂、用法与用量】

硫酸亚铁粉：内服，一次量，马、牛 2~10g，羊、猪 0.5~3g，犬 0.05~0.5g，猫 0.05~0.1g，1 次/d。

（四）锰

锰的缺乏症是由于日粮中锰供给不足或机体对锰的吸收受干扰，如饲料中钙、磷以及植酸盐含量过多，可影响机体对锰的吸收、利用。临床表现为生长停滞、骨骼畸形、生殖功能障碍以及新生动物运动失调等特征。家禽对缺锰最为敏感，发病较多。表现骨骼畸形、关节肿大、骨质疏松，母鸡产蛋率下降，蛋壳变薄、孵化率下降等；公畜性欲下降，精子形成困难。

硫 酸 锰

【理化性质】 为浅红色结晶性粉末，易溶于水。

【药理作用】 锰既是动物体内精氨酸酶和脯氨酸肽酶的成分，又是碱性磷酸酶、肠肽酶、羧化酶、磷酸葡萄糖变位酶等酶的激活剂，参与蛋白质、糖类、脂肪及核酸的代谢。参与骨骼基质中硫酸软骨素的形成，从而影响到骨骼的发育。催化性激素的前体胆固醇的合成，影响动物的繁殖。

【临床应用】 主要用于防治锰缺乏症。

【制剂、用法与用量】

硫酸锰预混剂：混饲，禽 100~200g/t 饲料。

（五）硒

硒缺乏症各种动物均有发生，但羔羊、仔猪、雏禽较为多发，犊牛次之，幼驹较少。硒缺乏症导致骨骼肌、心肌、肝脏等组织器官的变性、坏死性损害，是由细胞及亚细胞结构遭受过氧化物作用所致。过量可导致动物中毒。

亚 硒 酸 钠

【理化性质】 为白色结晶性粉末，无臭，易溶于水。

【药理作用】 硒有抗氧化作用，硒是谷胱甘肽过氧化酶的组成成分，此酶能分解细胞内过氧化物保护生物膜免受损害。参与辅酶 Q 的合成，辅酶 Q 在呼吸链中起递氢的作用，参与 ATP 的生成。提高抗体水平，增强机体的免疫力。有解毒功能，硒能与汞、铅、镉等重金属形成不溶性的硒化物，降低重金属对机体的毒害作用。维持精细胞的结构和功能，公猪缺硒可导致睾丸曲细精管发育不良，精子数量减少。

【临床应用】 主要用于防治羔羊、犊牛、驹、仔猪等幼畜白肌病和雏鸡渗出性素质病。

【注意事项】
(1) 常与维生素 E 联用,提高治疗效果。
(2) 安全范围很小,在饲料中添加时,注意混合均匀。
(3) 肌内或皮下注射时有局部刺激性,动物往往表现不安,注射部位肿胀、脱毛等。

【制剂、用法与用量】
(1) 亚硒酸钠注射液　肌内注射,一次量,马、牛 30～50mg,驹、犊 5～10mg,羔羊、仔猪 1～2mg。
(2) 亚硒酸钠维生素 E 注射液　肌内注射,一次量,驹、犊 5～10mL,羔羊、仔猪 1～2mL。

(六) 碘

碘的缺乏除马驹等幼畜的甲状腺增生、肥大外,更多的则表现为母畜繁殖功能减退,胎儿生长发育停滞,母畜产弱胎、死胎,公畜精液品质下降,影响繁殖。

碘 化 钾

【理化性质】 为无色结晶或白色结晶性粉末,无臭,味咸苦,极易溶于水。

【药理作用】 碘是机体甲状腺素的组成成分,能促进蛋白质的合成,提高基础代谢率,可活化 100 多种酶,促进动物生长发育,维持正常的繁殖功能等。体内一些特殊蛋白质(如角蛋白)的代谢和胡萝卜素向维生素 A 的转化都离不开甲状腺素。

【临床应用】 主要用于碘缺乏症;也可作为祛痰药,用于动物亚急性及慢性支气管炎的治疗等。

【注意事项】
(1) 碘化钾在酸性溶液中能析出游离碘。
(2) 碘化钾溶液遇生物碱能产生沉淀。
(3) 肝、肾功能不全的动物,慎用。

【制剂、用法与用量】
碘化钾片:混饲,一次量,猪 0.03～0.36mg/kg 体重,1 次/d。

(七) 钴

钴的缺乏症是因饲料或饮水中缺少钴,引起反刍动物畏食,消瘦和贫血等现象。仅发生于牛、羊等反刍动物,杂食动物和食肉动物不发生。

氯 化 钴

【理化性质】 为红或深红色结晶，极易溶于水。

【药理作用】 钴是维生素 B_{12} 的组成成分，维生素 B_{12} 能促进血红素的形成，具有抗贫血的作用。钴作为核苷酸还原酶和谷氨酸变位酶的组成成分，参与 DNA 的生物合成和氨基酸的代谢等。

【临床应用】 主要用于治疗钴缺乏引起的反刍动物的食欲减退、生长缓慢、消瘦、腹泻、贫血等。

【注意事项】

（1）只能内服，若注射给药，钴不能被瘤胃微生物所利用。

（2）钴摄入过量可导致红细胞增多症。

【制剂、用法与用量】

氯化钴片：内服，一次量，治疗，牛 500mg，犊 200mg，羊 100mg，羔羊 50mg。

任务二 维 生 素

维生素是维持动物正常生理功能所必需且需要量极少的低分子有机化合物。其本身不是构成机体的主要物质和能量的来源。但它们主要以辅酶和催化剂的形式广泛参与机体新陈代谢，保证机体组织器官的细胞结构和功能的正常，以维持动物的正常生产和健康。动物对维生素的需要量虽少，但如果长期缺乏，可影响生长发育和生产性能，并降低对疾病的抵抗力，产生各种疾病，严重时可导致动物死亡。维生素的来源广泛，动物机体所需要的维生素的来源有两种：主要是由饲料获得的，称为外源维生素；少量是动物本身器官或动物体内微生物合成的，称为内源维生素。常用的维生素类药物按其溶解性分为两大类：一是脂溶性维生素，包括维生素 A、维生素 D、维生素 E、维生素 K 等，它们可溶于脂或油类溶剂而不溶于水，在肠道内随脂肪一同被吸收，吸收后可在体内尤其是肝内贮存，但矿物油（液体石蜡等）、新霉素能干扰其吸收。二是水溶性维生素，包括 B 族维生素和维生素 C 等，它们都能溶于水，在饲料中的分布和溶解度大体相同，体内储存量不大，摄入过多即从尿中排出。

一、脂溶性维生素

维 生 素 A

【理化性质】 维生素 A 仅存在于动物源性饲料中，如鱼肝和鱼油。维生素 A（胡萝卜素）原存在于植物性饲料中，青绿植物、胡萝卜、黄玉米、南瓜等是其丰富来源。为淡黄色的油溶液，不溶于水。

【药理作用】维持正常视觉功能，是视觉细胞内有维持暗视觉作用的感光物质视紫红质合成的原料。维生素 A 缺乏时，弱光下的视紫红质合成不足，可出现在弱光下视物不清，即夜盲症。维持上皮组织正常的结构和功能，维生素 A 能促进黏液分泌，上皮黏多糖的合成。维生素 A 不足时，黏多糖的合成受阻，引起上皮组织干燥和过度角质化，易受细菌的感染，发生多种疾病。促进动物的生长与骨骼发育，维生素 A 能调节脂肪、糖类、蛋白质及矿物质的代谢。维生素 A 缺乏时，可影响体蛋白的合成和骨组织的发育，可使骨细胞数目减少，成骨细胞的功能失控，导致骨膜骨质过度增生，骨骼钙化不良，甲状腺过度增生，肝内各种氨基酸不能合成蛋白质，无法发挥其修补组织细胞的功能，幼龄动物表现生长停滞、发育不良，眼球突出，步态不稳，运动失调等，重者出现肌肉、脏器萎缩乃至死亡。影响动物的生殖功能，维生素 A 能促进类固醇激素的合成，维持正常的生殖机能。维生素 A 缺乏时，体内胆固醇和糖皮质激素的合成减少，公畜性欲下降，睾丸及附睾退化，精液品质下降；母畜发情不正常，不易受孕，妊娠母畜流产、难产，产弱胎、死胎或瞎眼仔畜。调节免疫功能，维生素 A 通过对细胞分化的作用增强免疫细胞的有丝分裂；胡萝卜素则通过活化免疫细胞增强免疫功能。缺乏时，易于感染疾病。调节铁代谢，维生素 A 和 β-胡萝卜素在肠道能与铁络合，提高其溶解度，消除植酸、多酚类物质对铁吸收的不利影响，从而改善铁吸收。维生素 A 还具有促进储存铁的转运，增强造血系统功能的作用。预防肿瘤有关，虽然在维生素 A 和 β-胡萝卜素预防肿瘤方面存在不同看法，但大量研究表明维生素 A 和 β-胡萝卜素与预防肿瘤有关。维生素 A 促进上皮细胞的正常分化，并控制细胞恶变，β-胡萝卜素能降低体内脂质过氧化，抵御自由基损害，延缓衰老等。

【临床应用】主要用于防治维生素 A 缺乏症，如干眼症、夜盲症、角膜软化症和皮肤硬化症等。

【注意事项】大剂量对抗糖皮质激素的抗炎作用，且过量可致中毒。

【制剂、用法与用量】

(1) 维生素 AD 油　内服，一次量，马、牛 20~60mL，羊、猪 10~15mL，犬 5~10mL，禽 1~2mL。

(2) 维生素 AD 注射液　肌内注射，一次量，马、牛 5~10mL，驹、犊、羊、猪 2~4mL，仔猪、羔羊 0.5~1mL。

维 生 素 D

【理化性质】维生素 D 主要来源于饲料或母乳，也可从皮肤中获取一部分。为无色针状结晶或白色结晶性粉末，无臭，无味。种类有很多，主要有维生素 D_2 和维生素 D_3 两种形式，不溶于水。

【药理作用】调节钙、磷代谢，维生素 D 与甲状旁腺激素共同作用，调节钙磷代谢，维持血钙水平的稳定。维生素 D 被动物机体吸收后并无活性，维生素 D_2 和维生素 D_3 须在肝内羟化酶的作用下，分别转变成 25-羟麦角钙化醇或 25-羟胆钙化醇，然后随血液转运到肾脏，在甲状旁腺素的作用下进一步羟化形成 1，25-二羟麦角钙化醇或 1，25-二羟胆钙化醇后，能促进小肠对钙、磷的吸收，调节血液中钙、磷的浓度，维持骨骼的正常钙化。缺乏时，动物机体肠道对钙、磷的吸收减少，血钙、磷的浓度下降，骨骼钙化异常，引起佝偻病和软骨症，奶牛产乳量减少，鸡产蛋率下降，蛋壳易碎等。有研究表明维生素 D 还可能通过增加碱性磷酸酶的活性及骨钙化基因的表达来调节钙磷代谢。调节免疫功能，维生素 D 作为免疫调节剂，改变机体对感染的反应；还可抑制白血病、乳腺癌、前列腺癌、直肠癌等肿瘤细胞的增长和末期分化。

【临床应用】主要用于防治维生素 D 缺乏症，如幼龄动物佝偻病，成年动物的骨软症、纤维性骨营养不良。

【注意事项】
(1) 长期应用大剂量维生素 D，可使骨脱钙变脆，易于变形和骨折等。
(2) 应注意与钙、磷合用。

【制剂、用法与用量】
(1) 维生素 D_2 注射液　皮下注射，一次量，动物 1500~3000IU/kg 体重。
(2) 维生素 D_3 注射液　肌内注射，一次量，动物 1500~3000IU/kg 体重。

维生素 E（生育酚）

【理化性质】为微黄色或黄色透明的黏稠液体，无臭，不溶于水。

【药理作用】抗氧化作用，维生素 E 是一种细胞内抗氧化剂，可阻止过氧化物的产生，保护和维持细胞膜结构的完整和改善膜的通透性；与硒合用可提高作用效果。维持正常的繁殖功能，维生素可促进性激素分泌，调节性功能。缺乏时，公畜睾丸变性萎缩，精细胞形成受阻，甚至不产生精子；母畜性周期失常，不受孕。保证肌肉的正常生长发育，缺乏时，肌肉中能量代谢受阻，肌肉营养不良，易患白肌病。维持毛细血管结构的完整和中枢神经系统的机能健全。雏鸡缺乏时，毛细血管通透性增强，易患渗出性素质病。增强机体免疫力，维生素 E 可促进抗体的形成和淋巴细胞的增殖，提高细胞免疫反应，降低血液中免疫抑制剂皮质醇的含量，提高机体的抗病力。抗毒作用，维生素 E 具有对黄曲霉毒素、亚硝基化合物等的抗毒作用。

【临床应用】主要用于防治维生素 E 缺乏症，如羔羊、仔猪等的白肌病、雏鸡渗出性素质病和脑软化以及猪的肝坏死等。

【注意事项】毒性小，但过高剂量可诱导雏鸡、犬凝血障碍。日粮中高浓度可抑制雏鸡生长，并可加重钙、磷缺乏引起的骨钙化不全。

【制剂、用法与用量】

（1）维生素 E 胶囊剂　内服，一次量，驹、犊 0.5~1.5g，羔羊、仔猪 0.1~0.5g，犬 0.03~0.1g，禽 5~10mg。

（2）维生素 E 注射液　皮下、肌内注射，一次量，驹、犊 0.5~1.5g，羔羊、仔猪 0.1~0.5g，犬 0.03~0.1g。

维生素 K

【理化性质】 维生素 K 有天然品维生素 K_1、维生素 K_2，人工合成品维生素 K_3，常用维生素 K_3。为黄色至橙色澄清的黏稠液体，不溶于水。

【药理作用】 维生素 K 能促进肝脏合成凝血酶原（凝血因子Ⅱ）和凝血因子Ⅶ、Ⅸ、Ⅹ，并起激活作用，从而参与机体的凝血过程。若动物缺乏维生素 K 可导致内出血，凝血时间延长或流血不止。

【临床应用】 主要用于防治维生素 K 缺乏所引起的动物内出血，凝血时间延长或流血不止等出血性疾病。

【注意事项】

（1）静脉注射时可出现包括死亡在内的严重反应，应缓慢注射。

（2）维生素 K_3 注射液如有油滴析出或分层，则不宜使用，但可在遮光条件下加热至 70~80℃，振摇使其自然冷却，若澄清度正常仍可使用。

【制剂、用法与用量】

维生素 K_3 注射液：肌内、静脉注射，一次量，动物 0.5~2.5mg/kg 体重。

二、水溶性维生素

维生素 B_1（硫胺素）

【理化性质】 维生素 B_1 广泛存在于植物性饲料中，酵母中含有丰富维生素 B_1 源。为白色结晶性粉末，有微弱的特臭，味苦。常用其盐酸盐，易溶于水。

【药理作用】 参与糖类代谢，维生素 B_1 与焦磷酸缩合成硫胺焦磷酸酯（即 α-酮酸氧化脱羧酶系的辅酶），参与糖类的代谢过程，促进体内糖代谢的正常进行，对维持神经组织和心肌的正常功能，促进生长发育，提高免疫力等起着重要作用。增强乙酰胆碱的作用，维生素 B_1 可轻度抑制胆碱酯酶的活力，使乙酰胆碱作用加强，有利于胃肠蠕动和消化腺体的分泌，增进消化机能。

【临床应用】 主要用于防治维生素 B_1 缺乏症或食欲缺乏，胃肠道功能障碍、神经炎、心肌炎、牛酮血病等辅助治疗药物。

【注意事项】

（1）对多种抗生素（如氨苄西林、多黏菌素等）均有不同程度的灭活作用。

(2) 生鱼肉、某些鲜海产品中含有硫胺素酶，能破坏维生素 B_1 活性，故不可生喂。

(3) 影响氨丙啉的抗球虫活性。

【制剂、用法与用量】

(1) 维生素 B_1 片剂　内服，一次量，马、牛 100～500mg，羊、猪 25～50mg，犬 10～50mg，猫 5～30mg。

(2) 维生素 B_1 注射液　皮下、肌内注射，一次量，马、牛 100～500mg，羊、猪 25～50mg，犬 10～50mg，猫 5～30mg。

维生素 B_2（核黄素）

【理化性质】维生素 B_2 主要来源于植物性饲料和动物蛋白，为橙黄色结晶性粉末，微臭，味微苦，易溶于水。

【药理作用】为机体内黄素酶类的两种辅基即黄素腺嘌呤二核苷酸（FAD）和黄素单核苷酸（FMN）的合成原料，在生物氧化中起着递氢的作用，参与物质代谢。缺乏时，雏鸡患曲趾病，用跗关节行走，腿麻痹。母鸡产蛋率、孵化率及雏鸡成活率下降；猪发生皮炎，皮毛粗糙，脱毛，妊娠母猪早产，胚胎死亡及胎儿畸形等。

【临床应用】主要用于防治维生素 B_2 缺乏症，如口角炎、脂溢性皮炎、角膜炎及雏鸡曲趾病等。

【注意事项】

(1) 对多种抗生素（如氨苄青霉素、四环素、金霉素、土霉素、链霉素、卡那霉素、林可霉素、多黏菌素等）均有不同程度的灭活作用。

(2) 内服后尿液呈黄绿色。

(3) 常与维生素 B_1 合用。

【制剂、用法与用量】

(1) 维生素 B_2 片　内服，一次量，马、牛 100～150mg，羊、猪 20～30mg，犬 10～20mg，猫 5～10mg。

(2) 维生素 B_2 注射液　皮下、肌内注射，一次量，马、牛 100～150mg，羊、猪 20～30mg，犬 10～20mg，猫 5～10mg。

维生素 B_6

【理化性质】为白色或类白色结晶或结晶性粉末，无臭，味酸苦，易溶于水。

【药理作用】维生素 B_6 在机体内是以转氨酶和脱羧酶等多种酶系统的辅酶形式参与氨基酸、蛋白质、脂肪和糖类的代谢。促进血红蛋白中原卟啉的合成,提高抗体水平等。维生素 B_6 缺乏时,动物生长缓慢或停滞,皮肤发炎,脱毛,心肌变性。鸡异常兴奋,惊跑,脱毛,下痢,产蛋率及种蛋孵化率降低等;猪表现腹泻,贫血,运动失调,阵发性抽搐或痉挛,肝脏发生脂肪性浸润等。

【临床应用】主要用于防治维生素 B_6 缺乏症,如皮炎、周围神经炎等。

【注意事项】常用于配合治疗维生素 B_1、维生素 B_2 及烟酸或烟酰胺等缺乏症。

【制剂、用法与用量】

(1) 维生素 B_6 片剂 内服,一次量,马、牛 3~5g,羊、猪 0.5~1g,犬 0.02~0.08g。

(2) 维生素 B_6 注射液 皮下、肌内、静脉注射,一次量,马、牛 3~5g,羊、猪 0.5~1g,犬 0.02~0.08g。

叶 酸

【理化性质】叶酸广泛存在于植物叶片和谷类饲料中,反刍动物的瘤胃、马属动物的盲肠内的微生物都能合成足量的叶酸,猪和禽类胃肠道也能合成一部分叶酸。为黄色或橙黄色结晶性粉末,无臭,无味,不溶于水。

【药理作用】在动物体内先被还原酶还原为四氢叶酸,再以四氢叶酸的形式参与物质代谢,通过对一碳基团的传递参与嘌呤、嘧啶的合成及氨基酸的代谢,从而影响核酸的合成和蛋白质的代谢。可促进正常血细胞和免疫球蛋白的形成。

【临床应用】主要用于防治叶酸缺乏症,如犬、猫等的巨幼红细胞性贫血。

【注意事项】

(1) 对甲氧苄啶、乙胺嘧啶等所致的巨幼红细胞性贫血无效。

(2) 可与维生素 B_6、维生素 B_{12} 等联用,以提高疗效。

【制剂、用法与用量】

(1) 叶酸片 内服,一次量,犬、猫 2.5~5mg,禽 0.1~0.2mg/kg 体重。混料,动物 10~20g/t 饲料。

(2) 叶酸注射液 肌内注射,一次量,犬、猫 2.5~5mg/体重,禽 0.1~0.2mg/kg 体重。

维生素 B_{12} (钴胺素)

【理化性质】维生素 B_{12} 植物性饲料几乎不含有,但草食动物的瘤胃和大肠内的微生物能合成维生素 B_{12},为深红色结晶或结晶性粉末,无臭,无味,略溶于水。

【药理作用】参与动物体内一碳基团的代谢，是传递甲基的辅酶，参与核酸和蛋白质的生物合成以及糖类和脂肪的代谢。促进红细胞的发育和成熟，维持骨髓的正常造血功能。维生素 B_{12} 还能促进胆碱的生成。缺乏时，动物表现营养不良，贫血，生长发育障碍，猪共济失调，患巨幼红细胞性贫血；雏鸡骨骼异常，生长缓慢，孵化率降低。还促使甲基丙二酸转变为琥珀酸，参与三羧酸循环。此作用关系到神经髓鞘脂类的合成及维持有鞘神经纤维功能完整。

【临床应用】主要用于治疗维生素 B_{12} 缺乏症，如猪巨幼红细胞性贫血；也可用于神经炎、神经萎缩、再生障碍性贫血及肝炎等辅助治疗。

【注意事项】

(1) 在防治巨幼红细胞性贫血症时，常与叶酸合用。

(2) 反刍动物瘤胃内微生物可直接利用饲料中的钴合成维生素 B_{12}，故一般较少发生缺乏症。

【制剂、用法与用量】

维生素 B_{12} 注射液：肌内注射，一次量，马、牛 1～2mg，羊、猪 0.3～0.4mg，犬、猫 0.1mg。

维 生 素 C

【理化性质】广泛存在于青绿植物中，动物自体也可合成，为白色结晶或结晶性粉末，无臭，味酸，易溶于水。

【药理作用】在体内参与氧化还原反应而发挥递氢作用。如可使 Fe^{3+} 还原为易吸收的 Fe^{2+}，促进铁的吸收；可使红细胞的高铁血红蛋白还原为有携氧功能的低铁血红蛋白；使叶酸还原成二氢叶酸，继而还原成有活性的四氢叶酸等。促进胶原纤维和细胞间质的合成，增加毛细血管的致密性。本品是脯氨酸羟化酶和赖氨酸羟化酶的辅酶，参与胶原蛋白合成，促进骨骼、软骨、牙齿和皮肤等细胞间质的形成，可增加毛细血管致密性，降低其通透性和脆性。解毒作用，可使氧化型谷胱甘肽还原为还原型谷胱甘肽，还原型谷胱甘肽的巯基（—SH）可与铅、汞、砷等金属离子及苯等毒物结合而排出体外，保护含巯基酶的—SH 不被毒物破坏，从而发挥解毒的功能。抗炎及抗过敏作用，具有拮抗组胺和缓激肽的作用，可直接作用于支气管 β 受体而松弛支气管平滑肌，还能抑制糖皮质激素在肝脏中的分解破坏，故具有抗炎与抗过敏的作用。增强机体抵抗力，能促进抗体的形成，增强白细胞的吞噬能力和肝脏的解毒能力，从而提高机体免疫功能和抗应激能力。

【临床应用】主要用于治疗维生素 C 缺乏症。还可作为急性慢性传染病、热性病、中毒、贫血、高铁血红蛋白血症、慢性出血、心源性和感染性休克等的辅助治疗；也可用于风湿病、关节炎、骨折与愈合不良及过敏性疾病等的辅助治疗。

【注意事项】

(1) 在瘤胃中易被破坏，故反刍动物不宜内服。

(2) 不宜与钙制剂、氨茶碱等药物混合注射。

(3) 对氨苄西林、四环素、金霉素、土霉素、强力霉素、红霉素、卡那霉素、链霉素、林可霉素和多黏菌素等均有不同程度的灭活作用。

【制剂、用法与用量】

(1) 维生素 C 片　内服，一次量，马 1~3g，猪 0.2~0.5g，犬 0.1~0.5g。

(2) 维生素 C 注射液　肌内、静脉注射，一次量，马 1~3g，牛 2~4g，羊、猪 0.2~0.5g，犬 0.02~0.1g。

胆　　碱

【理化性质】胆碱来源于动物性饲料（鱼粉、骨粉等）、青绿植物及饼粕等。为白色结晶粉末；味咸苦，极易溶于水，易溶于乙醇。

【药理作用】胆碱是磷脂酰胆碱的重要组成成分，是维护细胞膜正常结构和功能的关键物质。胆碱可提高肝脏对脂肪酸的利用，促进脂蛋白的合成和脂肪酸的转运，防止脂肪在肝脏中蓄积。胆碱是体内甲基的供体，参与一碳基团代谢。胆碱还是神经递质乙酰胆碱的重要构成部分，可维持正常神经冲动传导。动物体内胆碱不足，表现生长缓慢，脂肪代谢和转运障碍，发生脂肪变性、脂肪浸润、骨骼及关节畸变等。鸡易患骨短粗症，跗关节肿胀变形，运动失调；猪呈犬坐姿势，运动失调，母猪繁殖力下降。

【临床应用】主要用于防治动物胆碱缺乏症，也用于治疗脂肪肝、家禽的急、慢性肝炎，马的妊娠毒血症等。

【注意事项】饲料中充足的胆碱可减少蛋氨酸的添加量。叶酸和维生素 B_{12} 可促进蛋氨酸和丝氨酸转变成胆碱，这两种维生素缺乏时，也可引起胆碱的缺乏。

【制剂、用法与用量】

氯化胆碱溶液：内服，一次量，马 3~4g，牛 1~8g，犬 0.2~0.5g，鸡 0.1~0.2g。混饲，猪 250~300g/t 饲料，禽 500~800g/t 饲料。

甜　菜　碱

【理化性质】为白色或淡黄色结晶性粉末，味甜，易溶于水。

【药理作用】作为高效的甲基供体，替代蛋氨酸和胆碱的供甲基功能，参与酶促反应。促进脂肪代谢，提高瘦肉率，防止脂肪肝。可通过促进体内磷脂的合成，降低肝脏中脂肪合成酶的活力，促进肝脏中载体脂蛋白的合成，加速肝中脂肪的迁移，降低肝脏中三酰甘油的含量，有效地防止肝中脂肪蓄积。具有甜味和鱼虾敏感的鲜味以及适合鱼类嗅觉和味觉感受器的化学结构，并增加其它氨基酸的味感受效应，具有诱食作用。具有抗应激和提高免疫力的作用。

【临床应用】 主要用于动物促生长，防治脂肪肝；也用做水产诱食剂。

【注意事项】 与盐霉素、莫能霉素等聚醚类离子载体抗球虫药同时使用，能够保护肠道细胞的正常功能和营养吸收，提高抗球虫药疗效。

【制剂、用法与用量】

盐酸甜菜碱预混剂：混饲，动物 1.5~4kg/t 饲料。

思考与练习

1. 简述氯化钙的主要药理作用及注意事项。
2. 对动物佝偻病、夜盲症、巨幼红细胞性贫血、羔羊白肌病、雏鸡多发性神经炎、滑腱症等应分别采用哪种药物进行防治？
3. 维生素 A、维生素 D、维生素 E、维生素 B_1、维生素 C 有哪些主要药理作用？

项目十
体液补充药与电解质、酸碱平衡调节药

【知识目标】

了解体液的生理作用,掌握血容量扩充药、能量补充药、电解质平衡药物、酸碱平衡药物的理化性质、药理作用、临床应用、注意事项、制剂、用法与用量。

【技能目标】

根据血容量扩充药、能量补充药、电解质平衡药物、酸碱平衡药物的作用特点,在临床上能做到安全、有效、合理的使用。

任务一 体液补充药

体液是动物机体细胞正常代谢所需要的相对稳定的内环境,主要由水分和溶于水中的电解质、葡萄糖和蛋白质等构成,占成年动物体重的60%~70%,其中50%的水与蛋白质、多糖及磷脂结合成胶态,形成结合水,称为细胞内液。细胞内液主要含有 K^+、Mg^{2+}、HPO_4^{2-} 等。其余20%的水存在细胞外,以游离状态存在,称为自由水,构成细胞外液(组织间液约占15%,血浆占5%)。细胞外液(包括血管内液、组织间质液、淋巴液等)主要含有 Na^+、Cl^-、HCO_3^- 等。其中消化液、尿液、汗液、脑脊液等也属于细胞外液,由于它们量少,并具有其它特殊性,所以在讨论细胞外液变化时,一般不涉及。细胞内液与细胞外液之间不断进行交换,保持着体液的相对平衡。体液中的水分除构成细胞内液和细胞外液外,还具有运送营养物质、电解质与代谢产物的作用,维持机体内环境的平衡状态和参与物质代谢、体温调节和润滑组织的重要作用，所以水和电解质是动物生命活动的重要物质基础。

水与电解质直接影响着细胞的代谢和生理功能，细胞从细胞外液中获取氧和营养物质，并接受其中活性物质的影响，而其代谢产物或分泌的活性物质，又通过细胞外液来运送和排出。因此，细胞外液已成为沟通组织细胞之间和机体与外界环境之间的介质，也就是细胞生存的内环境，机体通过神经内分泌系统及各组织器官的调节功能，使机体内水和电解质保持动态平衡，这主要指体液容量和分布、各种电解质的浓度及彼此间比例和体液酸碱度的相对稳定性，即体液平衡。这对机体正常地进行各种生命活动具有至关重要的意义，一旦这种平衡破坏，就可能导致疾病发生。反之，在许多疾病过程中，又常常引起水、电解质平衡的紊乱，所以，了解动物水、电解质平衡紊乱的机制，掌握维持动物机体水、电解质平衡的措施，在防治动物疾病中已普遍受到重视。

体液补充药物是一类被用来纠正机体失血、补充能量的药物。当急性出血、大面积烧伤、剧烈的呕吐及其它因循环血量降低而引起的休克时，必须迅速输入全血、血浆或人工合成的血容量扩充剂，使血容量迅速恢复，以应对动物出现的危急情况。

在正常生理状态下，动物有机体能维持正常的水、电解质及酸碱的动态平衡，其变动范围很小，如超出一定的范围，就可能引起疾病；反之，在病理状态下出现停饮、腹泻、呕吐，细胞外液的某些成分会发生变化，超出正常变化范围。当某些环境变化或疾病时，内环境发生改变，机体许多器官可发生代偿性的活动改变，使内环境的各种成分重新恢复正常；如果器官、细胞的活动改变不能使内环境的各种成分恢复正常，则内环境可进一步偏离正常，引起机体大量丢失水和电解质，使细胞和整个机体的功能发生严重障碍，甚至死亡，此时必须输液进行调节。因此，临床上输血、输液是治疗危重动物的有效措施之一。

一、血容量扩充药

严重创伤、烧伤、高热、呕吐、腹泻等往往使机体大量丢失血液（或血浆）、体液，造成机体血容量减少，血压下降，血液渗透压失调，血管通透性升高，脑及心脏等重要器官供血、营养障碍，导致动物休克或死亡。血液制品是最完美的血容量扩充剂，但来源有限；葡萄糖溶液和生理盐水有扩容作用，但维持时间短暂，且不能代替血液和血浆的全部功能，故只能作为应急的替代品使用。目前，临床上主要选用血浆代用品来扩充血容量。对血容量扩充剂的基本要求是能维持血液胶体渗透压，排泄较慢；无毒、无抗原性。

血容量扩充剂为人工合成的高分子化合物。其分子质量与血浆蛋白相近，胶体渗透压与血液相近，具有补充血容量或代血浆作用的药物。临床应用时能维持血液渗透压，作用较持久，可用于防止大出血及烧伤等引起的休克。其优点是应急性强，可随时随地应用，不受血型限制，且易于制造、保存、廉价等；但不能完全代替血浆。目前最常用的血容量扩充剂是右旋糖酐。

右旋糖酐 40

【理化性质】为类似淀粉的高分子化合物，由蔗糖经酵母发酵而得的脱水葡萄糖聚合物。为白色或微黄色，无臭，无味的非晶体性粉末，易溶于热水。部分溶于水呈黏稠液体，具有右旋性。其相对分子质量因葡萄糖聚合数目不同而不同，其相对分子质量为32000~42000，故称右旋糖酐40。

【药理作用】扩充血容量，右旋糖酐分子体积大，静脉输入后能增加血液胶体渗透压，使组织中水分子进入血管起扩充血容量的作用；但其补充血容量作用较右旋糖酐70弱且短暂。改善微循环，右旋糖酐分子有轻度抗凝作用，进入血液后能稀释血液，降低血液粘滞性，阻止血管内凝血。由于同性电荷的互相排斥，使红细胞不宜凝集从而加速血液流动，疏通微循环，防止弥散性血管内凝血。利尿作用，右旋糖酐40经肾脏排出，不被肾小管重吸收，增加肾小管内渗透压，能起到渗透性利尿作用，可用于消除水肿。尤其对低蛋白血症引起的营养不良性水肿，由于增加了血浆胶体渗透压，减少水分组织渗出，消肿效果更为显著。

【临床应用】主要用于扩充血容量，防止弥散性血管内凝血、利尿、消肿。

【注意事项】

（1）偶见有过敏反应，如寒战、荨麻疹，用时宜缓缓滴注。有此不良反应时可用抗组胺药治疗，严重时可注射肾上腺素急救。

（2）注射过快或过大剂量时，由于血容量过度扩张可导致心力衰竭，甚至肺水肿。

（3）肾功能不全、低蛋白血症和具有出血倾向的动物慎用，严重脱水病例、充血性心力衰竭动物禁用，失血量过大（如超过35%时）应配合输血治疗。

【制剂、用法与用量】

（1）右旋糖酐40氯化钠注射液（500mL含30g右旋糖酐40与4.5g氯化钠） 静脉注射，一次量，马、牛500~1000mL，羊、猪250~500mL，犬50~100mL。

（2）右旋糖酐40葡萄糖注射液（500mL含30g右旋糖酐40与25g葡萄糖） 静脉注射，一次量，马、牛500~1000mL，羊、猪250~500mL，犬50~100mL。

右旋糖酐70

【理化性质】为类似淀粉的高分子化合物，是由蔗糖经酵母发酵而得的脱水葡萄糖聚合物。为白色或微黄色、无臭、无味的非晶体性粉末，易溶于热水。其相对分子质量因葡萄糖聚合数目不同而不同，其平均相对分子质量为64000~76000，故称右旋糖酐70。

【药理作用】扩充血容量，右旋糖酐分子体积大，静脉输入后能增加血液胶体渗透压，使组织中水分子进入血管起扩充血容量的作用，其扩充血容量效果与血浆相似。维持时间与分子质量大小有关，分子质量越小，越容易从肾中排泄；反之越大者，则不易排出，暂时贮存于单核-吞噬细胞系统，逐渐代谢。改善微循环，右旋糖酐分子有轻度抗凝作用，进入血液后能稀释血液，降低血液黏滞性，阻止血管内凝血。但其改善微循环作用较右旋糖酐40弱。利尿作用，右旋糖酐经肾脏排出，不被肾小管重吸收，增加肾小管内渗透压，能起到渗透性利尿作用，可用于消除水肿。

【临床应用】主要用于扩充血容量，预防手术后静脉血栓形成和血栓性静脉炎。

【注意事项】同右旋糖酐40。

【制剂、用法与用量】

（1）右旋糖酐70氯化钠注射液（500mL含30g右旋糖酐70与4.5g氯化钠）静脉注射，一次量，马、牛500~1000mL，羊、猪250~500mL，犬50~100mL。

（2）右旋糖酐70葡萄糖注射液（500mL含30g右旋糖酐70与25g葡萄糖）静脉注射，一次量，马、牛500~1000mL，羊、猪250~500mL，犬50~100mL。

二、能量补充药

能量是维持机体生命活动的基本要素。糖类、脂肪和蛋白质在体内经生物氧化变为能量。体内50%的能量被转换为热能以维持体温，其余以三磷酸腺苷（ATP）形式储存供生理和生产之需。能量代谢过程中的释放、储存、利用任一环节发生障碍，都会影响机体的功能活动。能量补充药有葡萄糖、ATP等，其中以葡萄糖最常用。

葡萄糖

【理化性质】为白色或无色结晶粉末，味甜，易溶于水，应密封保存。

【药理作用】

（1）供给能量　葡萄糖在体内氧化代谢时可释放出大量热能，供机体需要。10%~20%的葡萄糖注射液为中渗溶液，主要用于各种中毒动物的保肝、解毒、重病、久病体弱及手术动物的能量供给。

（2）解毒　葡萄糖进入体内后，一部分可合成肝糖原，增强肝脏的解毒能力。另一部分在肝脏中氧化成葡萄糖醛酸，可与毒物结合从尿中排出而解毒，并增加组织内高能磷酸化合物的含量，为解毒提供能量。

（3）补充体液　5%葡萄糖溶液与体液等渗，静脉注射后，葡萄糖很快被利用，并供给机体水分。其多余未被利用的部分葡萄糖可在肝脏中以糖原形式贮存，因而有保护肝脏和提高解毒能力的作用。5%葡萄糖注射液为等渗溶液，是补充体液的药物，主治动物大汗、大泻等脱水症。输入血液循环后，葡萄糖很快被利用，失去原来的渗透性质而供给肌体水分。

（4）强心与脱水　葡萄糖能供给心肌能量、改善心肌营养，从而能增加心脏功能，继而产生利尿作用。高渗糖既可供给心脏能量，又能在肾脏内呈现渗透性利尿作用，消除组织水肿。50%的葡萄糖注射液为高渗溶液。作为解除水肿的药物，主要用于动物的脑水肿、肺水肿；作为补充血糖药物，用于仔猪低血糖症。

【临床应用】

（1）5%葡萄糖溶液主要用于治疗高渗性脱水、大失血等。

（2）10%葡萄糖溶液主要用于重病、久病、体质过度虚弱的动物及仔猪低血糖症。

（3）25%葡萄糖溶液主要用于心脏衰弱、某些肝脏病、某些化学药品和细菌性毒物的中毒、牛酮血病和马、驴及羊妊娠毒血症及促使酮体下降的解救作用。

（4）50%葡萄糖溶液主要用于消除脑水肿和肺水肿。

【注意事项】

（1）5%的葡萄糖注射液时，不要一次注射过多，因为在缺少补充钠的情况下，输入过量可引起水中毒，导致体液低渗、组织细胞水肿。

（2）50%的高渗葡萄糖注射液时，要单独应用，不可与任何注射液配合。

（3）在冷天、冬天为寒性病患畜应用时，应加温，使其温度与体温一致，以免引起寒战。

【制剂、用法与用量】

（1）葡萄糖注射液　静脉注射，一次量，马、牛、驴、骡 50～100g，猪、羊 10～50g，犬 5～25g。

（2）葡萄糖氯化钠注射液（100mL 含 5g 葡萄糖、0.9g 氯化钠）　静脉注射，一次量，马、牛 1000～3000mL，猪、羊 250～500mL，犬 100～500mL。

任务二　电解质、酸碱平衡调节药

一、电解质平衡药物

水和电解质是组成机体重要成分之一，是维持动物生命活动的重要物质。

它们广泛分布在细胞内外，构成体液，分为细胞内液和细胞外液；细胞外液包括血浆和组织液（细胞间液）。在机体的调节下，体液保持相对平衡，保证了机体的新陈代谢（如前所述）。体内水分十分重要，如果损失 10% 即可引起代谢障碍，损失 20%～25% 可引起死亡。

机体的电解质分为有机电解质（如蛋白质）和无机电解质两部分。无机电解质即无机盐，形成无机盐的主要阳离子为 K^+、Na^+、Ca^{2+}、Mg^{2+}，主要的阴离子为 Cl^-、HCO_3^-、HPO_4^{2-} 等。体液中电解质有一定的浓度和比例。各种电解质在机体内保持相对恒定，并处于动态平衡之中。电解质在维持体液的渗透压、酸碱平衡，维持神经、体液、心肌细胞的静息电位以及参与各种新陈代谢和生理功能等过程中起着重要作用。

在病理状态下，动物出现停饮、腹泻、呕吐、过度出汗、失血等情况时，体液平衡发生障碍，超出机体代偿调节的范围，导致水、电解质和酸碱平衡紊乱。动物每天分泌大量消化液进入胃肠道，消化液中含有大量水分和一定量电解质，它们可被机体重新吸收利用，很少丧失，还可通过采食与饮水摄取补充。但在病理情况下，如果动物由于久病停食停饮、肠阻塞、瘤胃积食等，使水及电解质不同程度的丧失，从而发生脱水。根据机体水的丧失程度与血钠、血浆渗透压改变情况，将脱水分为三种：

（1）高渗性脱水（缺水性脱水） 是以水丧失较多而钠丧失较少的一种脱水，又称缺水性脱水。其特点是血浆渗透压升高，临床特征是动物出现口渴、尿少、尿比重增加，主要是饮水不足或低渗性体液丧失过多。其中饮水不足可见于沙漠运输、水源断绝、或动物发生破伤风引起的牙关紧闭、咽部水肿、食管阻塞等导致饮水不足的情况下，动物得不到正常的水分补充，而又不断经呼吸、皮肤及肾脏丧失水分，致使失水多于失盐。而低渗性体液丢失过多，常见于仔畜腹泻（水样腹泻时，粪钠浓度极低，而以失水为主），或不适当地过量使用速尿、甘露醇、高渗葡萄糖等利尿剂，使肾脏排水过多；此外，动物发生脑炎、代谢性酸中毒等过程中，呼吸加快，或各种原因引起的大出汗（汗液为低钠性的）等，均可造成高渗性脱水。

（2）低渗性脱水（缺盐性脱水） 是以钠丧失为主而水丧失较少的一种脱水，又称缺盐性脱水。其特点是血浆渗透压降低，临床特点是动物无口渴感、尿量较少、尿相对密度降低。因饲养过程缺盐、大面积烧伤、大出汗、腹泻、肾上腺功能障碍、酮血症等疾病时，引起钠摄入不足或丧失过多，使血钠浓度降低，而发生低渗性脱水。临床上，只注重补水而忽略补盐时，更易发生低渗性。低渗性脱水多发生于体液大量丧失之后，由于补液不当所致。例如腹泻、大出汗造成水和一定量的钠盐丢失，如果此时只给饮入淡水或输注葡萄糖溶液，就可造成细胞外液钠离子浓度被冲淡，引起血浆渗透压下降；再如大面积烧伤、大量细胞外液丢失，只给补充输入葡萄糖液，同样会引起血浆低渗和钠离子浓度下降。此外，在急性肾功能不全多尿期或连续性使用排钠性利尿剂

（如氯噻嗪类、速尿等）时，肾小管对水、钠的重吸收均减少，尤其在肾上腺皮质功能低下，醛固酮分泌不足的病例，肾性失钠就更为明显，在以上情况下，如果忽略给动物补盐，而只注重补水，也可能引起低渗性脱水。可见，低渗性脱水主要与补液不当有关。但应指出，在动物饲养管理中，如果忘却给盐则可直接引起缺盐性脱水。此外，大量体液丢失本身也可引起低渗性脱水，因为体液容量降低通过容量感受器反射引起抗利尿激素分泌增加，结果肾回收水增多，而使细胞外液低渗。

（3）等渗性脱水（混合性脱水） 是指水和钠按相等比例丧失的一种脱水，又称混合性脱水，其特点是血浆渗透压不变。是某些疾病过程中水和钠同时丧失引起，见于急性肠炎引起的腹泻、剧烈而持续性腹痛引起的大出汗、大面积烧伤等，使动物等渗体液大量丧失而引起。在急性肠炎引起腹泻、大面积烧伤、大出汗和肠变位、肠梗阻时发生剧烈持续性腹痛情况下，使机体等渗溶液大量丢失而引起等渗性脱水。临床常以等渗性脱水较为常见。根据脱水程度可分为轻、中、重度脱水。轻度脱水动物症状不明显，可见黏膜干燥，皮肤弹性降低，有渴感。中度脱水动物有明显口渴，皮肤干燥，缺乏弹性，口干舌燥，少尿，精神沉郁，视力障碍等。重度脱水动物少尿或无尿，眼球下陷，角膜无光，结膜发绀，精神高度沉郁或发生昏迷，有严重中毒现象。轻度脱水动物机体通过代偿可以恢复；严重脱水必须根据脱水性质和脱水程度，选择相应药液补充纠正，恢复平衡。在脱水补液时，要注意水盐的比例关系。无论哪种类型脱水，都有水和盐的丧失，只不过多少而已。临床上常用氯化钠、氯化钾等溶液调节水和电解质的平衡。

氯 化 钠

【理化性质】为白色结晶性粉末，无臭，味咸，易溶于水，应封闭保存。

【药理作用】氯化钠为调节细胞外液的渗透压和容量的主要电解质，具有调节细胞内外水分子平衡的作用。0.85% 的氯化钠溶液与哺乳动物体液等渗，故又称生理盐水。钠离子在细胞外液的浓度变化，可极快地改变细胞外液的渗透压，致使细胞内的水分子或者剧增或者剧减，进而导致细胞膨胀或缩小，影响细胞代谢与正常机能活动。

在血浆缓冲系统中，以 $NaHCO_3$ 与 H_2CO_3 组成的缓冲系统最为重要。体液中钠离子的增减也影响血浆中碳酸氢钠和碳酸的缓冲，进而影响酸碱平衡的调节。

在大出血而未能找到胶体溶液时，可用等渗氯化钠溶液静脉滴注，以防止血容量骤减引起心排出量不足、血压下降和休克的发生。中毒时静脉输注等渗氯化钠溶液可促进毒物排出。等渗氯化钠进入循环后，由于氯化钠分子质量小，加之稀释降低了血浆蛋白的浓度，水和氯化钠很快渗出血管进入组织液中，故在血液循环内作用短暂，当肾功能不全时，易造成水肿。高渗氯化钠溶液静脉注射后能反射性兴奋迷走神经，使胃肠平滑肌兴奋，蠕动加强。静脉输注高渗氯化钠溶液还可促进瘤胃蠕动，增强动物反刍功能。

神经肌肉的应激性需要体液中各种电解质维持在一定的比例，Na^+、K^+增高时，神经肌肉应激性增高，相反，Ca^{2+}、Mg^{2+}、H^+浓度增高时，则应激性降低。因此，可以说钠离子在细胞外液中的正常浓度，是维持细胞的兴奋性、神经肌肉应激性的必要条件。体内大量丢失钠可引起低钠综合征，表现为全身虚弱、肌肉阵挛、循环障碍等，重则昏迷甚至死亡。

【临床应用】主要用于防治低血钠综合征，如低渗性脱水和等渗性脱水。也可用于严重腹泻或大量出汗。在大量出血而又无法进行输血时，可输入以维持血容量进行急救。

【注意事项】对创伤性心包炎、心力衰竭、肺气肿、肾功能不全及颅内疾病等动物，应慎用。

【制剂、用法与用量】

（1）0.85%氯化钠注射液（生理盐水）　静脉注射，一次量，马、牛1000～3000mL，猪、羊200～500mL，犬100～500mL，猫40～50mL。

（2）复方氯化钠注射液（林格氏液，100mL含0.85g氯化钠、0.03g氯化钾、0.033g氯化钙）　静脉注射，一次量，马、牛1000～3000mL，猪、羊200～1000mL。

氯 化 钾

【理化性质】为无色透明立方晶体，无臭，味咸涩，易溶于水，应封闭保存。

【药理作用】内服很快自小肠吸收，主要由肾排出。肾脏排钾能力很强，排出量与摄入量大致相等。动物体中钾离子主要（约90%）存在于细胞内液，因而是维持细胞内液的渗透压和酸碱平衡的主要电解质。钾离子浓度过高或不足能直接影响水、钠离子和氢离子细胞内外的转移，导致水和酸碱平衡的失调。钾离子参与神经冲动传导过程及乙酰胆碱递质的合成，还同时参与组织细胞兴奋性调节。钾离子浓度过低，神经-肌肉接头的传导发生障碍，能诱使动物瘫痪，还能增加心肌对洋地黄的毒性反应；增强心肌自律性。浓度过高时，则使神经-肌肉兴奋性增强，同时，又可抑制心肌的自律性、传导性和兴奋性，使心脏活动过缓，传导阻滞和收缩力减弱。故在强心苷中毒呈现心搏传导阻滞时禁用钾盐。

【临床应用】主要用于钾摄入不足或排钾过量所致的钾缺乏症或低钾血症，也可用于洋地黄中毒引起的心律不齐的解救。

【注意事项】

（1）补钾应以小剂量，缓缓滴注为宜。注射过快或剂量过大，易引起心脏抑制及高钾血症。高钾血症时可选用钙制剂（氯化钙或葡萄糖酸钙静脉注射）纠正。

(2) 肾功能不良、尿闭、脱水和循环衰竭等动物，禁用。

【制剂、用法与用量】

(1) 氯化钾片　内服，一次量，马、牛 5~10g，猪、羊 1~2g，犬 0.1~1g。

(2) 10%氯化钾注射液　静脉注射量，一次量，马、牛 20~50mL，猪、羊 5~10mL。

(3) 复方氯化钾注射液(100mL 含 0.28g 氯化钾、0.42g 氯化钠、0.63g 乳酸钠)　静脉注射，一次量，马、牛 1000mL，猪、羊 250~500mL。

二、酸碱平衡药物

机体内环境酸碱度相对衡定是组织细胞正常代谢和机能活动的必要条件，内环境的酸碱度要有适宜的范围，才能保证动物有机体的正常生命活动。血浆的酸碱度取决于其中 H^+ 浓度，由于 H^+ 浓度很低，通常用其负对数，用 pH 来表示，各种动物血浆 pH 虽然略有不同，但均值多趋于 pH 7.36~7.44，其平均值为 7.4（指动脉血），静脉血的 pH 稍低（比动脉血低 0.02~0.10），组织间液的 pH 近似血浆，而细胞内液则更低。动物机体在生命活动过程中，不断生成酸性或碱性代谢产物，同时也有各类酸性或碱性物质随食物进入体内，但正常机体内的 pH 总是相对稳定，这种体液的相对稳定性称作酸碱平衡。机体酸碱平衡的维持，主要依赖于血液中的缓冲体系、肺、肾脏及细胞内外离子交换来进行调节，使血液 pH 稳定在这个数值上。

机体在代谢过程中不断产生酸性物质。糖、蛋白质、脂肪完全氧化产生 CO_2，进入血液与 H_2O 形成碳酸，由于碳酸又在肺部分解为 H_2O 和 CO_2，而 CO_2 经肺呼出体外，因此将碳酸称为挥发酸。此外，糖、脂肪、蛋白质和核酸在分解代谢中，还产生一些无机酸（如硫酸、磷酸等）和有机酸（如丙酮酸、乳酸、乙酰乙酸、β-羟丁酸等），这些酸不能由肺呼出，过量时必须由肾脏排出体外，故称为非挥发酸或固定酸。

体内酸的产生与排出，受以下四方面的调节：

(1) 血液的缓冲系统调节，血液中的缓冲系统有 4 对，碳酸氢盐-碳酸缓冲系统（在细胞外液中为 $NaHCO_3$-H_2CO_3，在细胞内为 $KHCO_3$-H_2CO_3），是体内最大的缓冲系统；磷酸盐缓冲系统（$NaHPO_4$-NaH_2PO_4），是红细胞和其它细胞内的主要缓冲系统，特别是在肾小管内它的作用更为重要；血浆蛋白缓冲系统（KHb-HHb 和 $KHbO_2$-$HHbO_2$），主要存在于红细胞内；蛋白缓冲系统（NaPr-HBr），主要存在于血浆和细胞中。以上 4 对缓冲系统，以碳酸氢盐缓冲对最为重要，它在血液中浓度最高，缓冲能力最大，作用最强，故临床上常用血浆中这一缓冲系统的量代表体内的缓冲能力。

（2）呼吸系统的调节，肺可通过 CO_2 排出增多或减少以控制血浆 H_2CO_3 的浓度，从而调节血液的 pH。

（3）肾脏的调节，血液和肺的调节作用很迅速，而肾脏的调节作用出现较慢，但持续时间较长，主要通过肾小管上皮细胞分泌 H^+、NH_4^+ 和重吸收 Na^+ 的作用，以维持血浆中 $NaHCO_3$ 的含量而调节酸碱平衡。

（4）组织细胞的调节，组织细胞对体液酸碱平衡的调节主要是通过离子交换作用进行的。红细胞、肌细胞、骨组织细胞都能发挥此作用。上述四个方面的调节因素共同维持机体内的酸碱平衡，但在作用时间和强度上各有差异。血液缓冲系统反应迅速，但缓冲作用不能持久；肺的调节作用效能最大，但仅对 CO_2 有调节作用；肾脏调节作用比较缓慢，常在数小时之后起作用，但维持时间较长，特别是对于保留 $NaHCO_3$ 和排出非挥发性酸具有重要意义；而细胞的缓冲能力最强，但常导致血钾异常。

许多因素可以破坏这种平衡，即称为酸碱平衡紊乱或酸碱平衡失调。它可以发生在某些疾病过程中，也可以因为酸碱平衡紊乱的发生而加重疾病的发生和发展，甚至可以威胁动物生命，因此，掌握酸碱平衡紊乱已成动物医学临床的一个重要课题。血浆中碳酸氢盐缓冲对在维持血液酸碱平衡中起重要作用，其值的改变在临床上作为判定酸碱平衡紊乱的客观指标。根据临床类型不同可分为呼吸性酸中毒、代谢性酸中毒、呼吸性碱中毒、代谢性碱中毒，而以代谢性酸中毒为常见。动物机体因酸性物质摄入过多或生成过多或其排出障碍，导致酸性物质在体内蓄积，引起动物神经、呼吸及循环等功能发生改变的病理过程称为酸中毒。如果血液 pH 的变动是由血浆碳酸原发性的增多或减少引起，则前者称呼吸性酸中毒，而后者称呼吸性碱中毒。如果血液 pH 的变化起源于碳酸氢盐原发性的增加或减少，则前者称为代谢性碱中毒，而后者称为代谢性酸中毒。当肺、肾脏功能不全，机体代谢失常，高热、缺氧和腹泻时，都会引起体液 pH 超出其极限值范围时（pH 6.8~7.8）动物即会死亡。

治疗代谢性酸中毒时，除治疗原发病外，主要补充碱性物质（在 pH 7.30 以下时），如碳酸氢钠和乳酸钠等。在纠正酸中毒过程中应注意以下几点：①可能出现低钾血症，酸中毒时常伴有高钾血症，故在纠正酸中毒过程中会出现低钾血症。②细胞外液 pH 纠正较快，而脑脊液中的 pH 仍偏低（纠正较慢），有可能因通气过度而发生呼吸性碱中毒。③在纠正酸中毒过程中由于血浆游离钙浓度降低和 pH 升高，会引起神经和肌肉兴奋性升高。故可在应用碱性溶液的同时补充葡萄糖酸钙以避免发生抽搐。此外，在纠正酸中毒过程中应特别注意不可使 pH 过快地恢复正常。

治疗呼吸性酸中毒时应以治疗原发病为主（特别是慢性呼吸性酸中毒），如排除通气障碍原因，使用呼吸中枢兴奋药加强呼吸运动，或治疗肺部疾患以改善肺的通气功能等。酸中毒严重时，可应用碱性药（如三羟甲基氨基甲烷或 5% $NaHCO_3$），但在通气功能障碍时禁用，因 HCO_3^- 和 H^+ 结合后生成 CO_2 有加重呼吸性酸中毒的危险。

因此，治疗时除针对病因进行处理外，还应及时使用酸碱平衡调节药物，迅速有效地恢复酸碱平衡。常用药物有碳酸氢钠、乳酸钠。

碳酸氢钠（重碳酸钠、小苏打）

【理化性质】为白色结晶性粉末，无臭，味咸涩，呈弱碱性，易溶于水。

【药理作用】碳酸氢钠内服或静脉输入后，能直接增加机体内碱贮备，纠正酸中毒的作用。内服或静脉注射后，碳酸氢根离子与氢离子结合生成碳酸，再分解成 CO_2 and H_2O。前者经肺排出，使体内氢离子浓度下降，进而纠正代谢性酸中毒。该作用迅速，疗效可靠，适用于严重的酸中毒症、休克或感染性酸中毒。经尿排泄时，可碱化尿液，能增加弱酸性药物如磺胺类等在泌尿道的溶解度而随尿排出，防止结晶析出或沉淀；还能提高某些弱碱性药物如庆大霉素对泌尿道感染的疗效。此外，还有中和胃酸、健胃、祛痰等作用。

【临床应用】主要用于治疗酸中毒、胃肠卡他；也用于碱化尿液，以防止磺胺代谢物等对肾脏的刺激性，以及加速酸性药物的排泄等。

【注意事项】

（1）应用时将5%碳酸氢钠注射液稀释成 1.3% ~ 1.5% 碳酸氢钠的等渗液，急用时若不稀释，注射速度宜缓慢。

（2）为弱碱性药物，禁与酸性药物、生理盐水及磺胺等药物配伍。

（3）注射给药时切勿漏注血管外，以免对局部组织产生刺激。应用过量易引起碱中毒。

（4）对充血性心力衰竭、急性或慢性肾功能不全、水肿、缺钾等病畜，应慎用。

【制剂、用法与用量】

（1）5%碳酸氢钠注射液　静脉注射，一次量，马、牛 15 ~ 30g，猪、羊 2 ~ 6g，犬 0.5 ~ 1.5g。

（2）碳酸氢钠片　内服，一次量，马 15 ~ 60g，牛 30 ~ 100g，猪 2 ~ 5g，羊 5 ~ 10g，犬 0.5 ~ 2g。

乳 酸 钠

【理化性质】为无色或淡黄色，呈澄清黏稠状，易溶于水。

【药理作用】乳酸钠进入机体内，在有氧条件下经肝脏乳酸脱氢酶作用转化成丙酮酸，再经三羧酸循环氧化脱羧而转化成二氧化碳和水。前者转化为碳酸根离子，从而通过缓冲系统发挥其纠正酸中毒的作用。与碳酸氢钠相比，此作用慢而不稳定。但在高钾血症或某些药物过量中毒而引起的心律失常伴有酸中毒时，以乳酸钠治疗为宜。但应用量不得过大，否则会引起代谢性碱中毒。

【临床应用】 主要用于治疗代谢性酸中毒和高钾血症。

【注意事项】

（1）对伴有水肿、休克、缺氧、肝功能不全和右心室衰竭的酸中毒，不宜选用，特别是乳酸性酸中毒时禁用。

（2）不宜用生理盐水或其它含氯化钠溶液稀释，以免形成高渗溶液。注射时应用5倍量的注射用水或5%葡萄糖注射液稀释成1.9%的等渗溶液。

【制剂、用法与用量】

11.2%乳酸钠注射液：静脉注射，一次量，马、牛200~400mL，猪、羊40~60mL，犬10~20mL。

思考与练习

1. 葡萄糖有哪些作用？不同浓度葡萄糖溶液应用有何不同？
2. 高渗葡萄糖注射液脱水作用的优缺点是什么？
3. 血容量扩充药有哪些临床应用？
4. 右旋糖酐的药理作用有哪些？应用时需注意哪些问题？
5. 等渗性脱水的概念是什么？电解质平衡药物有哪些？
6. 氯化钠与氯化钾各有何临床应用？应用时应注意哪些事项？
7. 酸碱平衡用药有哪些？碳酸氢钠解除酸中毒的机制是什么？

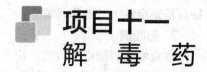

项目十一
解 毒 药

【知识目标】

掌握非特异性解毒药的临床应用，理解有机磷、有机氟、亚硝酸盐、氰化物、金属或类金属中毒的毒理，掌握特异性解毒药解毒机制、临床应用、注意事项、制剂、用法与用量。

【技能目标】

在临床上能根据动物中毒毒物的特点，准确选用特异性解毒药，做到安全、有效、合理的使用，同时能结合临床症状进行对症治疗。

凡能消除动物体内毒性作用的药物均称为解毒药。按动物临床应用，解毒药可分为非特异性解毒药和特异性解毒药。非特异性解毒药又称一般解毒药，对毒物无特异性拮抗作用，但它们能通过生理或药物理化作用来减少或消除毒物在机体中尤其是肠道中的吸收或加速体内毒物的消除，减轻中毒的程度，或不发生中毒；特异性解毒药是一类具有高度专属性解毒性作用的药物，毒物吸收进入血液后，应用这类药物可以收到特异性解毒效果。

任务一　非特异性解毒药

一、物理性解毒药

1. 吸附剂

为一些不溶于水而性质稳定的细微粉末状物质，表面积很大，具有很强的吸附能力，可以吸附大量毒物，阻止毒物经胃肠道吸收。此外，还能覆盖于黏膜表面，保护胃肠黏膜免受刺激。常用的有活性炭（药用炭）、白陶土等，其特点是安全性大，效果可靠。

2. 催吐剂

在毒物被胃肠道吸收前，应用催吐剂引起呕吐，排出胃内有毒物质，防止中毒或减轻中毒症状。常用催吐剂有0.5%~1%硫酸铜溶液，也可应用吐根碱或阿扑吗啡。对不具备呕吐功能的动物如反刍动物等可用洗胃或瘤胃切开排除毒物。

3. 泻药

通过泻药能促进肠道内的毒物排出，减轻中毒。常选用容积性泻药，即盐类泻药，这些药可口服或用导胃管注入。动物临床常用药物有硫酸镁或硫酸钠等盐类泻药，其常用浓度为5%~8%。使用时应让动物充分饮水或灌服适量的水，以防止脱水。应用泻药时，禁止使用润滑性泻药排出毒物，以防增加毒物的溶解、吸收而加重病情。

4. 其它

某些分子质量大，不具备药理作用，溶于水呈现胶状溶液的物质，如淀粉浆、豆浆、牛奶、米汤或蛋清等，这类物质在胃肠道内能附着在黏膜上，保护黏膜不受毒物刺激，且能干扰毒物吸收。但因其作用有限，仅是综合措施中的一种辅助方法，为抢救动物中毒而争取时间，并根据病症尽快选择适当的解救方法。

二、化学性解毒药

1. 氧化剂

高锰酸钾为常用药，以氧化有机毒物而获解毒效果。它对士的宁、阿片碱、奎宁、毒扁豆碱等生物碱，以及有机磷酸酯类、氰化物等均有氧化作用而使其失去毒性，但对阿托品、可卡因等中毒无效；对农药甲基对硫磷（1059）和对硫磷（1605）等硫磷类中毒，因能氧化为毒性更大的对氧磷类，禁用。高锰酸钾作为氧化剂使用后自身被还原为二氧化锰，且与蛋白质结合成蛋白盐类的复合物，因此在低浓度时有收敛作用，高浓度则可产生刺激及腐蚀作用。临床用于洗胃时，通常应用浓度为1:5 000。

2. 中和剂

利用弱酸弱碱类与强碱强酸类毒物发生中和作用，使其失去毒性。常用的弱酸解毒剂有2%醋酸液、0.5%~1%柠檬酸溶液、稀盐酸、酸奶、食醋等。常用的弱碱解毒剂有氢氧化铝明胶、2%~5%碳酸氢钠液、镁乳、氧化镁、小苏打水、肥皂水、石灰水上清液等。

3. 还原剂

针对某些氧化性毒物产生中毒的毒理，如亚硝酸盐中毒，临床通常使用还原剂，如亚甲蓝、硫代硫酸钠、维生素C等，使高铁血红蛋白还原为低铁血红蛋白，恢复其携氧的功能。另外，维生素 C 的解毒作用与其参与某些代谢过程、保护含有巯基的酶、促进抗体生成、增强肝脏解毒能力和改善心血管等功能有关。

4. 沉淀剂

为一些能与毒物产生沉淀反应而阻止毒物吸收的物质。常用有鞣酸（2%～4%）溶液和浓茶。这些对多数生物碱如士的宁及重金属盐等有一定效果。

三、药理性解毒药

通过药理性拮抗作用，消除或降低毒物的毒性，使以破坏的生理功能恢复正常。常见的相互拮抗的药物与毒物有：毛果云香碱、氨甲酰胆碱、新斯的明等拟胆碱药与阿托品、颠茄及其制剂、曼陀罗、莨菪碱等抗胆碱药有拮抗作用，可互为解毒药。阿托品等对有机磷农药及吗啡类药物，也有一定的拮抗性解毒作用；水合氯醛、巴比妥类等中枢抑制药与尼可刹米、安钠咖、士的宁等中枢兴奋药及麻黄碱、洛贝林、美解眠（贝美格）等有拮抗作用。

四、对症治疗药

通过针对危害生命的重要症状进行治疗，如惊厥、呼吸衰竭、心力衰竭、休克等，如不迅速处理，将影响动物健康，甚至危及生命。因此，在解毒的同时要及时使用抗惊厥药、呼吸兴奋药、升压药、强心药等对症治疗以配合解毒，如不予及时纠正症状，即可有致死的危险。同时还应使用抗生素预防肺炎以度过危险期。

任务二 特异性解毒药

特异性解毒药是针对毒物中毒的病因，消除毒物在体内的毒性作用的药物。借助药物高度专属药理性能，拮抗毒物的作用，对临床抢救急性中毒病例具有特殊重要的意义，而其本身多不具有与毒物相反的效应。本类药物特异性强，在中毒的治疗中占有重要地位。根据解救毒物的性质，一般可分为金属络合剂、胆碱酯酶复活剂、高铁血红蛋白还原剂、氰化物解毒剂和其它解毒剂等。

一、有机磷酸酯类中毒及特异性解毒药

有机磷酸酯为广泛应用的有效杀虫剂。目前，常见的有机磷酯类农药有内吸磷（1059）、对硫磷（1506）、马拉硫磷（4049）、敌敌畏、敌百虫、乐果等，总数可达 50 余种。这些农用杀虫剂能与昆虫或动物体内胆碱酯酶结合而

不易水解。因此,有机磷酯对昆虫或动物都具有强烈的毒性。动物临床上,有机磷酯类农药中毒比较常见。

1. 毒理

有机磷杀虫剂或农药易经皮肤、呼吸道、口腔黏膜、消化道途径进入动物体。被吸收的有机磷酸酯可迅速分布全身各器官,以肝脏浓度最高。其亲电子性的磷原子迅速与胆碱酯酶的酯解部位上丝氨酸的羟基产生共价键结合,生成磷酰化胆碱酯酶,从而使酶失去水解乙酰胆碱的活力,导致乙酰胆碱在体内蓄积,胆碱能受体过度兴奋而出现中毒症状。轻度中毒时要表现为 M 样症状,动物表现流涎、呕吐(猪)、心率减慢、发绀、呼吸困难、腹痛、腹泻、出汗、瞳孔缩小等。中度中毒时除上述表现外还可表现 N 样症状,出现肌肉震颤、抽搐、心率加快等。严重中毒时会出现中枢神经先兴奋后抑制的症状,动物出现躁动不安、惊厥、共济失调等,最后转入昏迷、血压下降、呼吸中枢麻痹而死亡。

2. 解毒机制

除采取常规措施处理外,应及时应用生理拮抗药和胆碱酯酶复活剂解救。

(1)生理拮抗剂　用于解除因乙酰胆碱蓄积所产生的中毒症状,主要为阿托品类抗胆碱药。其解毒原理为阿托品是 M 受体阻断剂,能阻断乙酰胆碱的 M 样胆碱症状与部分中枢神经系统症状,对 N 样胆碱作用无效,不能解除乙酰胆碱对横纹肌的作用,也不能恢复酶的活力。对轻度中毒的动物可用阿托品解毒,对严重中毒者应加用胆碱酯酶复活剂,两者须反复应用,直至病情缓解为止。

(2)胆碱酯酶复活剂　胆碱酯酶复活剂为能使被有机磷酸酯抑制的胆碱酯酶重新恢复活性的药物。常用的胆碱酯酶复活剂有碘解磷啶(解磷啶)、氯磷啶、双解磷。此外,我国研制成功的双复磷,还能通过血-脑脊液屏障,作用全面,效果更好,也可在动物临床试用。这些复活剂分子内含肟基(=NOH)及五价氮离子(—N$^+$≡)。其中肟基有很强的负电性,为亲核基团,易与带正电荷的磷原子进行共价键结合,从磷酰化胆碱酯酶的活力中心夺取磷酰化基团生成磷酰化的复活剂,进而解除有机磷酯对胆碱酯酶的抑制,恢复该酶的活力。另外,这些复活剂能与有机磷酸酯直接结合,组织游离的有机磷酸酯对酶有抑制。

胆碱酯酶复活剂在体内迅速吸收,分布于肝、肾、脾、心等器官较多,其次是肺、肌肉、血液,主要从尿中排除。

胆碱酯酶复活剂仅对生成不久的磷酰化胆碱酯酶有效。磷酰化胆碱酯酶生成越久,复活剂的作用越差,甚至失效,此现象称为"老化",是不可逆过程。因此,复活剂越早使用越好。

本类药物在恢复酶活力方面,以运动神经肌肉接头处表现最明显,对自主神经功能恢复较差,对中枢神经系统作用不明显。

3. 常用药物

解磷啶（碘解磷啶）

【理化性质】为黄色结晶性粉末，略溶于水。

【药理作用】静脉注射后作用迅速，但在体内很快被肝脏分解，从肾排出，因而作用短暂，必要时可重复给药。与阿托品配合进行对症治疗，特别适用于1605、1059和乙硫磷等的急性中毒，对敌敌畏、马拉硫磷、乐果、敌百虫治疗效果较差，应与阿托品合并使用。本品对骨骼肌的神经肌肉接点作用特别突出，能迅速恢复骨骼肌的正常活动，但不易透过血-脑脊液屏障。因此，该药对中枢神经系统中毒症状治疗效果不佳。

【临床应用】主要用于治疗有机磷酸酯类化合物中毒。

【注意事项】

（1）剂量过大或过快可产生心动过速，并能直接与胆碱酯酶结合，抑制该酶活力，引起神经肌肉传导阻滞，产生呕吐、心动过速、运动失调等。

（2）如药液漏入皮下有强烈刺激作用，应予注意。

（3）使用时不宜与碱性药物配伍，以防止水解后产生氰化物而中毒。

【制剂、用法与用量】

碘解磷啶注射液：静脉注射，一次量，动物15~30mg/kg体重，症状缓解前1次/2h。

氯解磷啶（氯磷啶、氯化派姆）

【理化性质】为微带黄色的结晶或结晶性粉末，易溶于水。

【药理作用】作用与解磷啶相似，但其胆碱酯酶复活作用较强。作用快、不良反应小，应与阿托品合用。不能通过血-脑脊液屏障。对内吸磷、敌百虫、敌敌畏中毒超过48~72h无效。

【临床应用】主要用于治疗有机磷酸酯类化合物中毒。

【注意事项】同解磷啶。

【制剂、用法与用量】

氯解磷啶注射液：肌内、静脉注射，一次量，动物15~30mg/kg体重。

双解磷

【药理作用】对胆碱酯酶的恢复作用比解磷啶高3.5~6倍，作用持久，对缓解腹痛、呕吐等效果显著，不能通过血-脑脊液屏障，且不良反应较大，对肝脏有损伤，故其应用不及氯解磷啶好，有阿托品样作用。其水溶性较好，可配成5%溶液肌内注射或用葡萄糖生理盐水溶解后静脉注射。

【临床应用】主要用于治疗有机磷酸酯类化合物中毒。

【制剂、用法与用量】

双解磷注射液：肌内、静脉注射，一次量，马、牛 3～6g，猪、羊 0.4～0.8g，症状缓解前 1 次/2h，剂量减半。

双 复 磷

【药理作用】作用比双解磷高一倍，能通过血-脑脊液屏障，对缓解各种中毒症状效果均较好。不良反应小，具有兴奋中枢的作用，对中枢神经性中毒症状有明显的改善作用。具有阿托品样作用，故对有机磷所致的 M 样和 N 样症状均有效。

【临床应用】主要用于治疗有机磷酸酯类化合物中毒。

【制剂、用法与用量】

双复磷注射液：肌内、静脉注射，一次量，动物 15～30mg/kg 体重。

二、有机氟中毒及特异性解毒药

有机氟化合物有氟乙酰胺（敌蚜胺）、氟乙酸钠（杀鼠药）等。此外在有机氟化工厂附近的牧场和水源，均可将有机氟化合物由消化道、呼吸道及开放创伤面吸收进入血液，从而影响机体功能。

1. 毒理

有机氟化合物氟乙酰胺或氟乙酸钠能阻断机体糖代谢中的三羧酸循环，使动物机体产生中毒。有机氟化合物进入体内后，被转为氟乙酸，随后与乙酰辅酶 A 的乙酰基结合，形成氟乙酰辅酶 A，后者再与草酰乙酸作用生成氟柠檬酸，氟柠檬酸的化学结构与柠檬酸相似。因此氟柠檬酸可竞争性地抑制乌头酸酶而阻断柠檬酸代谢，破坏体内三羧酸循环，而使柠檬酸堆积起来（组织的柠檬酸浓度比正常值高 3 倍），破坏细胞的正常功能，从而阻断细胞内氧化能量代谢，对脑、心等重要器官产生严重损害，导致机体死亡。

有机氟中毒时，动物临床表现除急性肠炎外，犬和豚鼠主要表现出兴奋不安、过度兴奋、狂吠、强直性痉挛，最后因中枢抑制死亡；牛表现不安静、畏食、步态不稳、心率及呼吸率加快，但不表现神经症状或昏迷；马、羊、兔及猴等表现心律不齐、心动过速、心室纤维颤动，最后抽搐致死；猫、猪则上述兴奋和心律不齐兼有。

2. 解毒机制

由于主要是形成氟乙酸阻断机体的三羧酸循环而引起对机体的毒性，故认为切断有机氟对三羧酸循环的破坏。如用乙酰胺在体内与氟乙酰胺争夺并取得酰胺酶后，氟乙酰胺便不能形成氟乙酸，从而保证三羧酸循环的顺利进行。

3. 常用药物

乙酰胺（解氟灵）

【理化性质】为白色结晶粉，易溶于水，毒性较低。

【药理作用】乙酰胺能延长有机氟的潜伏期及解除其中毒症状。乙酰胺的分子中的酰胺键（—CO—NH—）在体内可被酰胺酶水解，脱去氨基生成乙酸。后者以竞争的方式对抗有机氟形成的氟乙酸而阻断三羧酸循环的作用，缓解或消除氟的中毒。

在有机氟化物中，如氟乙酸钠、氟乙酰胺均属剧毒品，急性中毒时，发病急，病情重。解毒时应尽早使用，给足量。必要时配合镇静药，如氯丙嗪或苯巴比妥钠等治疗。

【临床应用】主要用于治疗有机氟中毒。

【注意事项】肌内注射时有刺激性，常配合普鲁卡因（每100mL加2%普鲁卡因5mL）以减轻局部疼痛。

【制剂、用法与用量】

乙酰胺注射液：肌内、静脉注射，一次量，动物50～100mg/kg体重。

三、亚硝酸盐中毒及特异性解毒药

动物亚硝酸盐中毒多因饲料、饮水或化肥中硝酸盐转化为亚硝酸盐而引发。有些青饲料如包心菜、甜菜、南瓜秧等含有较多的硝酸盐，而动物中牛、羊、猪消化道内又有微生物能将之转化为亚硝酸盐。如果食入太多含有硝酸盐的青饲料，这些动物则易发生亚硝酸盐中毒。从耕地排出的水或浸泡过大量植物的坑塘水、废井水中，也往往含有大量硝酸盐及亚硝酸盐，动物饮后也可中毒。此外，青饲料贮存或调制（焖煮）不当使细菌大量繁殖，将饲料中的硝酸盐转化为亚硝酸盐，动物食入后也可发生中毒。

1. 毒理

亚硝酸盐对于血管运动中枢有抑制作用，可使血管扩张，血压下降。但它最主要是一种血液毒，亚硝酸盐有强氧化功能，进入机体后能与血红蛋白结合，使正常血红蛋白的二价铁氧化为三价铁的高铁血红蛋白（MHb），呈现高铁血红蛋白症。

正常机体内，由于各种氧化作用和MHb还原系统的存在，红细胞内经常有少量（约占血红蛋白总量1%）的MHb。当机体食入多量亚硝酸盐后，使MHb生成速度大大超过MHb还原的速度，导致红细胞内的MHb量大大增加。由于MHb失去携带氧的功能，造成组织器官严重缺氧。MHb量越大，中毒症状越严重，特别是大脑及其它生命中枢、心脏等重要器官组织细胞严重缺氧，会导致窒息死亡。

动物中犬、马、猪较牛、羊敏感，急性中毒时，动物呈现不安，运动失调，心跳快而弱，呼吸急促而困难等症状。动物中毒后表现为呼吸加快，心跳加速，黏膜发绀，流涎，呕吐，精神萎顿，有时出现一过性兴奋，运动失调。严重者呼吸困难，痉挛，很快倒地昏迷，窒息死亡，死前放血或死后血液呈酱油色。血液凝固时间延长。

2. 解毒机制

针对其毒理，临床通常使用还原剂，如亚甲蓝、硫代硫酸钠、维生素C等，使高铁血红蛋白还原为低铁血红蛋白，恢复其携氧的功能。

3. 常用药物

亚甲蓝（美蓝）

【理化性质】为深绿色有光泽的柱状晶粉末，无臭，易溶于水。

【药理作用】小剂量亚甲蓝具有还原性，大剂量则具有氧化性。这是由于小剂量亚甲蓝在动物体内还原型辅酶Ⅰ的作用下，可形成还原型白色亚甲蓝（MBH_2）。此后MBH_2可使高铁血红蛋白（MHb）还原为正常的低铁血红蛋白（Hb），使之恢复携氧功能。还原型MBH_2被氧化成氧化型亚甲蓝（MB）。亚硝酸盐急性中毒时，小剂量（1~2mg/kg）亚甲蓝用于治疗亚硝酸盐中毒（猪的饱涵症）。增加MB剂量，达到5~10 mg/kg时，血中形成高浓度的亚甲蓝，由于体内还原型辅酶Ⅰ的量有限，不能使全部亚甲蓝转变为还原型亚甲蓝，此时血中过量氧化型亚甲蓝能使Hb氧化为MHb，使病情加重。因此，用于治疗亚硝酸盐中毒时，亚甲蓝剂量宜小，静脉注射速度宜慢，若临床效果不明显时，可在半小时左右，小剂量重复给药一次。

【临床应用】主要用于治疗亚硝酸盐中毒。

【注意事项】

(1) 刺激性大，禁皮下或肌内注射。

(2) 禁与强碱性溶液、氧化剂，还原剂和碘化物等配伍。

【制剂、用法与用量】

亚甲蓝注射液：静脉注射，一次量，动物，治疗亚硝酸盐中毒1~2 mg/kg体重，治疗氰化物中毒5~10mg/kg体重，最大剂量20mg/kg体重。

四、氰化物中毒及特异性解毒药

动物因食入含有氰苷或氢氰酸的饲草料或氰化物污染的牧草及饲料而引起中毒。苦杏仁和亚麻籽含有氰苷，在胃酸作用下能转变为有毒的氢氰酸；高粱幼苗、玉米幼苗、马铃薯幼芽及南瓜秧等为常见含有氢氰酸的植物。农业上用的除莠剂如石灰氮，熏蒸仓库用的杀虫剂如氰化钠，工业原料的氰化物也是动物氰化物中毒的来源。

1. 毒理

吸收进入组织的氰离子（CN^-）能迅速与氧化型细胞色素氧化酶的高铁（Fe^{3+}）离子结合，从而妨碍酶的还原，抑制酶的活力，使组织细胞不能得到足够的氧而导致动物中毒。在细胞内有各种细胞色素，电子传递按细胞色素排列的一定顺序进行。细胞色素 a_3 是呼吸链中最后一个电子传递体,它能与 CN^- 离子结合,形成氰化高铁细胞色素氧化酶,使细胞色素分子中的 Fe^{3+} 离子不能再接受电子,还原成低铁 (Fe^{2+}) 离子,丧失电子传递体的作用,致使电子无法传递给氧生成离子 (O^{2-}),使整个电子传递的呼吸链中断,造成细胞窒息死亡。

氰化物中毒过程极快。组织缺氧首先引起脑、心血管系统损害和电解质紊乱。牛对氰化物最敏感,其次是羊、马和猪。氰化物中毒,动物常见兴奋不安,流涎,呼吸加快,黏膜微血管鲜红,全身肌无力,站立不稳,肌肉痉挛,呼吸浅表而微弱,常于数分钟内死亡。由于血中的氧不能为组织利用,所以死前放血或死后血液呈鲜红色。

2. 解毒机制

解救氰化物中毒的关键是迅速恢复细胞色素氧化酶的活力,以及加速氰化物转变为无毒或低毒的物质排出体外。临床常联合使用高铁血红蛋白形成剂(如亚硝酸钠、大剂量亚甲蓝)和供硫剂(如硫代硫酸钠)。首先使用亚硝酸钠或大剂量亚甲蓝等氧化剂,使血液中部分低铁血红蛋白氧化为高铁血红蛋白,高铁血红蛋白对氰离子有很强的亲和力,不但能与血中游离的氰离子结合,而且还能夺取已与细胞色素氧化酶结合的氰离子,形成氰化高铁血红蛋白,使酶复活。但值得注意的是,生成的氰化高铁血红蛋白不稳定,仍可解离出氰离子,再次产生毒性。故需进一步给予硫代硫酸钠,在体内转硫酶的作用下,与氰离子结合成几乎无毒的硫氰酸盐从尿中排出。

3. 常用药物

亚硝酸钠

【理化性质】为微黄色或白色的结晶性粉末,无臭,易溶于水。

【药理作用】为氧化剂,静脉注射时,可使部分低铁血红蛋白氧化成高铁血红蛋白,后者中的三价铁与氰离子的结合能力比氧化型细胞色素氧化酶的三价铁强,可迅速与体内的游离氰离子以及与细胞色素氧化酶结合的氰离子形成较稳定的氰化高铁血红蛋白,使组织细胞色素氧化酶恢复活力,达到解毒的作用。需要注意的是,当高铁血红蛋白与氰离子结合后形成的氰化高铁血红蛋白在数分钟后又逐渐解离,释出的氰离子又重现毒性,此时宜再注射硫代硫酸钠。

【临床应用】主要用于治疗氰化物中毒。

【注意事项】亚硝酸钠与硫代硫酸钠可以同时给药,若症状仍不消失,可再单独给予硫代硫酸钠,但不宜再给亚硝酸钠,以免引起高铁血红蛋白症和血管扩张,造成血压下降等症状。

【制剂、用法与用量】

亚硝酸钠注射液:静脉注射,一次量,马、牛2g,猪、羊0.1~0.2g,

犬、猫 0.05~0.1g。

硫代硫酸钠（亚硫酸钠、大苏打）

【理化性质】为无色晶体，极易溶于水，在空气中易潮解。

【药理作用】静脉注射给药后，在硫氰化酶作用下，能与游离氰离子或氰化高铁血红蛋白中的氰离子结合，生成无毒可溶性硫氰化物，随尿液排出体外。此外，硫代硫酸钠还具有还原性，在体内能与多种金属、类金属离子结合成无毒可溶性硫化物，由尿排出体外，也可用于碘、铋、砷、汞和铅等中毒，但疗效不及二巯基丙醇。

【临床应用】主要用于治疗氰化物中毒。

【注意事项】

（1）解毒作用产生慢，应先静脉注射能迅速产生作用的亚硝酸钠（或亚甲蓝）后，立即缓慢注射本品，不能将两种药物混合后同时注射。

（2）对内服中毒的动物，应用本品5%的溶液洗胃，洗胃后保留适量溶液于胃中。

【制剂、用法与用量】

硫代硫酸钠注射液：肌内、静脉注射，一次量，马、牛 5~10g，猪、羊 1~3g，犬、猫 1~2g。

五、金属、类金属中毒及特异性解毒药

动物的金属及类金属中毒是指由金属铅、铜、锑、镁、铁、钼、钴、铬、锌、锡、铊等与类金属砷、磷、汞等引起的中毒。

1. 毒理

金属与类金属毒物可经口、呼吸道及皮肤等途径进入动物体内产生毒性反应。它们多数在机体内被吸收后，可与机体组织细胞酶系统中有活性的基团结合，特别是与丙酮酸氧化酶中的巯基（—SH）相结合，抑制酶的活力而影响组织细胞的生理功能，尤其是细胞的呼吸作用。临床上可表现出各种症状，严重时可导致死亡。

2. 解毒机制

可作为金属及类金属中毒的特异性解毒药仅有少数，大致可分为两类。

（1）含巯基的解毒剂 如二巯基丙醇、二巯基丁二酸钠、二巯基丙磺酸钠、青霉胺等。它们是一种竞争性解毒剂，所含巯基易与金属及类金属络合而成无毒、难解离的环状化合物，由尿排出。由于它们与金属及类金属的亲和力比酶强，因此不仅可防止金属及类金属与巯基的酶结合，还能夺取已经与酶结合的金属及类金属，使酶系统的巯基释放出来恢复活力，从而起到解毒作用。

（2）金属或类金属的络合剂 药物进入体内后，能与这些有毒元素的离

子络合，形成可溶性无毒或低毒的络合物，经肾脏排出，缓和或解除中毒症状，发挥特异解毒药物的作用。此类药物常见有依地酸钙钠、依地酸二钠。但要注意，金属中毒时，不应使用依地酸钙钠或依地酸二钠，因为它们可与血液中钙离子络合，使血钙急剧下降，严重时甚至引起抽搐或心脏停搏。

3. 常用药物

二巯基丙醇

【理化性质】为透明无色或近无色油状液体，有强烈蒜臭味，易溶于水，但水溶液不稳定。

【药理作用】属巯基络合物，进入体内后，其一，与游离的上述金属离子结合，形成无毒的可溶性螯合物，迅速从肾脏排出，防止酶系统内巯基中毒；其二，与金属或类金属离子的亲和力比酶与金属或类金属的离子亲和力大，进入体内后能夺取已结合在酶上的金属或类金属离子，使酶复活。由于它是竞争性解毒剂，因此必须足量使用。但本品与金属离子结合后，仍有一定程度的解离。被解离的及尚未结合而游离的二巯基丙醇，在体内也可很快被氧化失效，被解离下的金属离子仍有毒性。因此，在治疗过程中反复给予注射，将游离的金属再结合解毒。此外，对与金属离子结合过久的巯基酶，不易为二巯基丙醇所解除，故应尽早给药。

【临床应用】主要用于治疗砷中毒，对汞和金中毒也有效。与依地酸钙钠合用，可有效治疗动物的急性铅脑病。

【注意事项】

（1）二巯基丙醇本身也能抑制机体内某些酶系统（过氧化氢酶、碳酸酐酶）的活力及细胞色素C的氧化率，它的氧化产物又能抑制含巯基的酶，对肝、肾有损害作用，并有收缩小动脉作用。过量使用可使中枢神经系统和循环系统功能紊乱，出现呕吐、中枢性痉挛、血压升高，最后昏迷、抽搐而致死。

（2）局部用药可引起疼痛、肿胀。

【制剂、用法与用量】

二巯基丙醇注射液：肌内注射，一次量，马、牛、猪、羊3mg/kg体重，犬、猫2.5~5.0mg/kg体重。第1~2天，1次/4~6h，第3天，1次/8h，以后采用1次/12h至痊愈。

二巯丙磺钠

【理化性质】为白色结晶性粉末，易溶于水。

【药理作用】作用同二巯基丙醇，但解毒作用较强、快，毒性小，仅为二巯基丙醇的1/2。

【临床应用】主要用于治疗砷、汞中毒，也可用于治疗铅、镉中毒。

【注意事项】
(1) 多采用肌内注射，静脉注射速度宜慢，否则可引起呕吐、心跳加快等。
(2) 不可用于砷化氢中毒。

【制剂、用法与用量】
二巯丙磺钠注射液：肌内、静脉注射，一次量，马、牛 5~8mg/kg 体重，猪、羊 7~10 mg/kg 体重。第 1~2 天，1 次/4~6h，第 3 天，然后采用 1 次/12h 至痊愈。

二巯丁二钠（二巯琥珀酸钠）

【理化性质】 为白色粉末，易溶于水，性质不稳定。

【药理作用】 为广谱金属解毒剂，毒性较低，无蓄积性作用。对锑的解毒作用最强，比二巯基丙醇高 10 倍。对汞、砷的解毒作用与二巯丙磺钠相同。排铅作用不亚于依地酸钙钠。

【临床应用】 主要用于治疗锑、汞、砷、铅中毒，也可用于治疗铜、锌、镉、钴、镍、银等金属中毒。

【制剂、用法与用量】
注射用二巯丁二钠：静脉注射，一次量，动物 20mg/kg 体重，急性中毒 4 次/d，连用 3d；慢性中毒 1 次/d，连用 5~7d。

青霉胺

【理化性质】 为青霉素的分解产物，含有巯基的氨基酸，为近白色细微粉末，易溶于水。

【药理作用】 能络合铜、铁、汞、锌和铅等，形成稳定和可溶性复合物由尿迅速排出。内服给药吸收迅速，不易破坏，因尿排出迅速，可促进重金属毒物排泄。青霉胺解毒作用较二巯基丙醇及依地酸钙钠稍差，但毒性比二巯基丙醇低。

【临床应用】 主要用于治疗铜、铁、汞、锌和铅中毒。

【制剂、用法与用量】
青霉胺片：内服，一次量，动物 5~10mg/kg 体重，3~4 次/d，连用 5~7d。

依地酸钙钠（乙二胺四乙酸二钠钙、解铅乐）

【理化性质】 为铅中毒的特效解毒剂，白色结晶性粉末，易溶于水。

【药理作用】 依地酸在体内能与多种重金属离子络合形成稳定而可溶的金属络合物，从肾脏排出。依地酸钙钠不会进一步与钙络合降低血钙。依地酸与金属离子的结合度强，随络合物的稳定常数的不同而改变。与无机铅、锌等金属离子结合的稳定常数大而结合力最强，与钙、镁、钾、钠等金属的结合稳常数小而结合力弱。因而依地酸成为可用来治疗铅、钴、锰、铜、镉等中毒的解毒剂。对汞、锶中毒以及有机铅的中毒无效。与锑络合的复合物很不稳定，故不能做锑中毒的解毒剂。

依地酸钙钠口服吸收不良，通常肌内注射给药，能很快缓解中毒症状。该药不仅为铅中毒的特异解毒剂，而且是铅中毒早期诊断的手段。

【临床应用】 主要用于治疗铅中毒，对无机铅有特效。也可用于治疗锌、镉、锰、铬、镍、钴、铁和铜中毒，但效果较差。

【制剂、用法与用量】

依地酸钙钠注射液：静脉注射，一次量，马、牛 $3\sim5g$，猪、羊 $1\sim2g$，2 次/d，连用 4d；犬、猫 12.5mg/kg 体重，4 次/d，连用 5d。

去铁胺（去铁敏）

【理化性质】 为链球菌发酵液中提取的天然物，白色结晶性粉末，易溶于水，水溶液性质稳定。

【药理作用】 为三价铁离子络合剂。在体内与铁离子相遇时，络合成无毒络合物，由尿迅速排出。1 分子的去铁胺能络合 3 分子的铁离子。它能络合铁蛋白和含铁血黄素中的铁离子，但对二价离子如亚铁离子、铜离子、锌离子、钙离子等亲和力较低。本品不能与铁蛋白、血红蛋白或其它含氯高铁血红素物质中的铁离子结合，因此不会产生缺铁性贫血。口服不易从胃肠道吸收，但能阻断从胃肠道中吸收铁，肌内或静脉注射给药后可见尿中铁排泄明显增加。由于与其它金属的亲和力小，故不适于其它金属中毒的解毒。

【临床应用】 主要用于治疗铁中毒。

【制剂、用法与用量】

注射用去铁胺：肌内注射，一次量，开始量 20mg/kg 体重，维持量 10mg/kg 体重，1 次/4h，2 次后 1 次/4~12h，每天总量不超过 120mg/kg 体重。

六、其它毒物中毒及解毒药

1. 氨基甲酸酯类农药中毒的毒理与解毒药

氨基甲酸酯类杀虫剂、杀菌剂、除草剂等在农业生产上被广泛应用。如速灭威、呋喃丹、氧化萎绣、萎绣灵、抗鼠灵等。本类农药的化学结构、理化性质、毒性大多相似。本类农药经消化道、呼吸道和皮肤黏膜进入机体，主要分布在肝、肾、脂肪和肌肉组织中。在体内代谢迅速，经水解、氧化和结合等代谢产物随尿排出，24h 一般可排出摄入量的 70%~80%。氨基甲酸酯类农药毒中毒机制与有机磷农药相似，抑制神经组织、红细胞及血浆内的胆碱酯酶，使胆碱酯酶失去水解乙酰胆碱的能力，造成体内乙酰胆碱大量蓄积，出现胆碱能神经中毒症状。另外，氨基甲酸酯类还可阻碍乙酰辅酶 A 的作用，使糖原的氧化过程受阻，导致肝、肾及神经病变。由于氨基甲酸酯类农药与胆碱酯酶结合是可逆的，且在机体内很快被水解，胆碱酯酶活力较易恢复，故其毒性作用较有机磷农药中毒为轻。

呋喃丹除以上毒性外，还可在体内水解产生氰化氢，离解出氰离子，呈氰化物中毒症状。

解救可首选阿托品，配合输液，消除肺水肿、脑水肿及兴奋呼吸中枢等对症治疗方法。重度呋喃丹中毒时，应用亚硝酸钠、硫代硫酸钠等治疗。

2. 鼠药中毒毒理与解毒药

鼠药种类很多，含氟杀鼠药、氮环类杀鼠药、茚二酮类杀鼠药、香豆素类杀鼠药、有机磷类杀鼠药、有机硫类杀鼠药、蒸熏类杀鼠药、无机物杀鼠药和其它类。其中1,3-茚满二酮类灭鼠剂危害较大，其制剂主要由双苯杀鼠酮（敌鼠）、联苯敌鼠、氯苯敌鼠（氯敌鼠、利法安）、杀鼠酮及鼠完等。我国以敌鼠及其钠盐（敌鼠钠）较常用。

敌鼠及其钠盐主要经过消化道吸收，进入机体后，因其化学结构与维生素K类似，可竞争性抑制维生素K的作用，干扰肝脏对维生素K的利用，或直接损害肝小叶，从而影响凝血酶原和凝血因子Ⅱ、Ⅴ及Ⅶ的合成，使凝血时间延长，发生内脏和皮下出血。此外，敌鼠还可直接破坏毛细血管，使其通透性及脆性增加，导致血管破裂，出血加重，出现血尿、鼻出血、齿龈出血、皮下出血，重者咯血、呕血、便血及其它重要脏器出血，可并发休克、脑出血、心肌出血，直至死亡。

解救可通过增加维生素K在体内的含量，从而提高其与敌鼠钠竞争的优势，恢复并加强机体的各种生理功能。维生素K_3是本类杀鼠剂中毒的特效解毒药。同时配合维生素C和氢化可的松及其它对症疗法，效果更好。

3. 蛇毒中毒毒理与解毒药

蛇毒是毒蛇从毒腺中分泌出来的一种液体，主要成分是毒性蛋白质，占干重的90%~95%。酶类和毒素约含20多种。此外，还含有一些小分子肽、氨基酸、糖类、脂类、核苷、生物胺类及金属离子等。蛇毒成分十分复杂，不同蛇毒的毒性、药理及毒理作用各具特点。每种蛇毒含一种以上的有毒成分。中毒症状往往是混合毒性作用产生的。

蛇毒的成分有神经毒、心脏毒、血液毒、酶及出血素等。蛇毒主要是毒蛇咬伤动物时通过毒牙将毒液注入皮下组织，经淋巴循环或毛细血管吸收。

解毒采用非特异性处理措施，将毒蛇咬伤的局部进行处理，破坏毒素，延缓毒素吸收。同时应用特效药抗蛇毒血清，中和蛇毒。有单价抗蛇毒血清和多价抗蛇毒血清。

我国目前生产有多种精致抗蛇毒血清，它们具有特效、速效等优点。但治疗中应早期足量使用。静脉注射量：抗眼镜蛇毒血清2 000IU，抗银环蛇毒血清10 000IU，抗五步蛇毒血清8 000IU，抗蝮蛇毒血清6 000IU，以生理盐水稀释至 40mL，缓慢静脉注射。中毒较重的病例可酌情增加剂量。

4. 蜂毒中毒的毒理与解毒药

蜂毒的化学成分比较复杂，它除了含有大量水分外，还含有若干种蛋白质多肽类、酶类、组织胺、酸类、氨基酸及微量元素等。在多肽类物质中，蜂毒肽约占干蜂毒的 50%，蜂毒神经肽占干蜂毒的 3%。蜂毒中的酶类多达 55 种以上，透明质酸酶含量占干蜂毒的 2%~3%。

蜂毒中毒引起的全身症状为气喘、呼吸困难、痒感、荨麻疹，个别动物面部及四肢肌肉抽搐。重者出现呕吐、腹泻、体温升高、出汗或短时意识丧失，或出现溶血、血红蛋白尿。如不及时抢救，常因呼吸抑制而死亡。

解救时，首先用镊子拔出螯针，然后用 70% 乙醇、0.1% 高锰酸钾或氨水擦洗蜇伤处及周围组织，也可用南通蛇药片，冷开水溶化成糊状，敷贴于距伤口约 1.7cm 处的周围。蜂蜇后如果见有突发性呼吸困难、奇痒、面色苍白、喉头水肿征兆等严重症状者，要立即注射肾上腺素，如系黄蜂蜇伤，应用酸性液体如食醋冲洗伤口。对全身症状，应及时对症治疗。

5. 蝎毒中毒的毒理与解毒

蝎毒为蝎子产生的毒素，主要含有多种昆虫的神经毒素和哺乳动物的神经毒素。尚含有心脏毒素、溶血毒素、透明质酸酶及磷脂酶等。每次尾螫的排毒量约有 1mg 毒液。哺乳动物的神经毒素主要作用于钠通道，蝎毒中大部分是有毒蛋白质，按其作用机制可分为神经毒和细胞毒。

蝎毒中毒引起的全身症状为流泪，流涎，打喷嚏，流鼻液，感觉过敏，恶心呕吐，肌肉疼痛，心动过速或过缓，发绀，出汗，尿少，体温下降，嗜睡，肌肉抽搐，躁动不安。重者可出现喉头痉挛，胃肠道出血，急性肺水肿及呼吸麻痹。

解救措施，局部处理可参考蜂毒的方法。全身症状可作对症治疗，有条件时，尽快注射特效解毒药抗蝎毒血清。

思考与练习

1. 敌百虫等有机磷药物中毒应如何解救？
2. 亚硝酸盐中毒有何症状及如何解救？
3. 氟乙酸盐中毒应如何解救？
4. 重金属及类金属中毒的解救药有哪些？各有哪些适应证？
5. 非特异性解毒药有哪些？如何选择应用？

技 能 训 练

实训一 处方的开写

【目的要求】了解处方的意义，掌握处方的结构与开写方法，能够结合临床病例熟练准确地开写处方。

【材料】处方笺、临床病例等。

【方法步骤】

（1）教师讲述处方的结构，正确的开写方法及注意事项。

（2）结合临床病例，让学生开出正确的处方，或者给出错误的处方让学生指出错误并改正，或者给出正确的处方，让学生分析处方中各药的药理作用与配伍用药。

【作业】给出几个临床病例或错误处方，让学生开出正确的处方。

实训二 常用消毒药的配制及应用

【目的要求】掌握浓度稀释法配制稀溶液和采用助溶剂配制酊剂的方法。

【材料】

（1）药品 蒸馏水、95%乙醇、碘片、碘化钾。

（2）器材 天平、量筒或量杯、烧杯、移液管、搅拌棒、研钵。

【方法步骤】

（1）用95%乙醇溶液配制成75%乙醇溶液100mL

①计算：计算出配制75%乙醇溶液100mL，用95%乙醇79mL、蒸馏水21mL。

②方法：用量筒量取95%乙醇79mL，倒入烧杯；再用量筒量取蒸馏水

21mL，倒入烧杯；用玻璃棒混匀。

（2）配制 5% 碘酊 100mL

①计算：计算出配制 5% 碘酊 100mL，用碘片 5g、75% 乙醇溶液 100mL。

②方法：用取碘化钾 2.5g 置于研钵中，加蒸馏水 2.5mL 使之溶解，再加入碘片 5g 研磨溶解后，加入少量乙醇洗涤研钵，倒入量杯中，最后加入乙醇全量，过滤。

【作业】结合乙醇和碘酊的药理作用，讨论其在临床上的应用。

实训三　抗生素的抗菌作用试验

【目的要求】了解常用抗生素的抗菌作用和抗菌范围，掌握抗生素体外抗菌实验方法，为临床合理选药奠定基础。

【材料】

（1）器材　无菌超净工作台、镊子、火柴、酒精灯、记号笔、破管、游标卡尺、试管、试管架、灭菌平皿、铂金耳、恒温培养箱、pH 试纸。

（2）药品　青霉素干纸片、链霉素干纸片、土霉素干纸片、环丙沙星干纸片。

（3）菌种　金黄色葡萄球菌、大肠杆菌、绿脓杆菌、痢疾杆菌。

【方法步骤】

（1）制备肉汤琼脂培养基，待冷却至 50℃ 左右时，加入肉汤培养基菌液 1mL（经过恒温 37℃ 培养 18h 的菌液），轻轻摇动，使之均匀，然后倒入无菌的平皿内。轻轻摇晃平皿，以使培养基均匀地平铺在平皿上，冷却凝固。

（2）用消毒过的镊子将青霉素干纸片、链霉素干纸片、土霉素干纸片、环丙沙星干纸片整齐有顺序的放入平皿肉。盖上平皿盖，标好记号置 37℃ 恒温培养箱内培养 24h 后取出培养基，用卡尺量取抑菌圈大小并记录，比较不同抗生素对金黄色葡萄球菌、大肠杆菌、绿脓杆菌、痢疾杆菌的作用强度。

（3）将实验结果填入表 11-1

表 11-1　　　　　　　　抗生素的体外抗菌作用结果观察

菌种	药物	抑菌圈直径/mm	判定
金黄色葡萄球菌	青霉素		
	链霉素		
	土霉素		
	环丙沙星		
大肠杆菌	青霉素		
	链霉素		
	土霉素		
	环丙沙星		

续表

菌种	药物	抑菌圈直径/mm	判定
绿脓杆菌	青霉素 链霉素 土霉素 环丙沙星		
痢疾杆菌	青霉素 链霉素 土霉素 环丙沙星		

【作业】分析实验结果，试比较各抗生素对不同细菌的作用强度。

实训四 抗生素、磺胺药的毒性作用

【目的要求】观察链霉素和磺胺嘧啶的急性毒性反应。

【材料】
（1）器材 1mL注射器、10mL注射器、剪毛剪、酒精棉球、台秤。
（2）药品 链霉素、磺胺嘧啶钠注射液、注射用水、甲基硫酸新斯的明注射液。
（3）动物 雏鸡（一周龄）、家兔。

【方法步骤】
（1）不同剂量链霉素对雏鸡的毒性作用
①取雏鸡5只，观察其正常活动。
②将硫酸链霉素溶液为5万IU/1mL，将0.2mL、0.4mL、0.6mL、0.8mL和1mL的5个剂量硫酸链霉素溶液，分别注射于5只雏鸡肩背肌肉，每只一个剂量。
③当出现瘫痪、呼吸困难时皮下注射甲基硫酸新斯的明注射液（0.5mg/1mL）0.01mL/只。

（2）20%磺胺嘧啶钠注射液静脉注射对家兔的毒性作用 取体重1.5~2kg的家兔2只，观察其精神、运动等正常状态后，一只静脉注射20%磺胺嘧啶钠注射液30mL，另一只静脉注射等量生理盐水，均在3min内注射完。在20min和60min时观察家兔的变化。

（3）将实验结果填入表11-2、表11-3。

表 11-2　不同剂量链霉素对雏鸡的毒性作用的结果观察

雏鸡	硫酸链霉素剂量	瘫痪、呼吸困难时间	注射甲基硫酸新斯有明注射液后症状消失时间
1	0.2mL		
2	0.4mL		
3	0.6mL		
4	0.8mL		
5	1mL		

表 11-3　20%磺胺嘧啶钠注射液静脉注射对家兔的毒性作用的结果观察

兔	药物	20min 的变化	60min 的变化
1	磺胺嘧啶钠		
2	生理盐水		

【作业】分析实验结果并写出实验报告。

实训五　泻药泻下作用实验

【目的要求】观察盐类和油类泻药的泻下作用，掌握其作用机制以便更准确的应用泻药。

【材料】

（1）器材　台秤、兔手术台、手术剪子、手术刀、止血钳、缝合线、缝合针、注射器、针头、酒精棉、纱布、镊子。

（2）药品　速眠新、6.5%硫酸镁溶液、20%硫酸钠溶液、生理盐水、液体石蜡。

（3）动物　家兔。

【方法步骤】

（1）取健康成年家兔1只，称重，大腿内侧肌内注射速眠新0.2mL/kg，使之麻醉。

（2）将家兔仰卧保定在手术台上，腹部剪毛，消毒，沿腹中线切开腹壁。取出小肠（以空肠为佳，若有内容物应小心把肠内容物向后挤），观察其正常蠕动和充盈状态。在不损伤肠系膜血管的情况下，用缝合线将肠管结扎成等长的4段，每段长约3cm。分别注射1mL的生理盐水、6.5%硫酸镁溶液、20%硫酸钠溶液、液体石蜡。

（3）注射后，将小肠放回腹腔，腹壁切口用止血钳封闭，以浸有37℃生理盐水的纱布覆盖，以保持温度和湿润。40 min后打开腹腔，观察4段结扎小肠的容积变化（如肠管充盈情况与充血程度等）。最后用注射器抽取各段肠管内液体，比较其容量，并剪开肠壁，观察肠壁充血情况。

(4) 将实验结果填入表 11-4。

表 11-4　　　　　　　　　泻药泻下作用实验的观察结果

项目	药物			
	生理盐水	6.5%硫酸镁溶液	20%硫酸钠溶液	液体石蜡
肠管充盈度				
液体数量/mL				
肠黏膜颜色				

【作业】分析各段肠管所产生变化的原因。应用盐类泻药以多大浓度为宜，为什么？

实训六　止血药与抗凝血药的作用观察

【目的要求】观察和了解止血药及抗凝血药对凝血过程的影响。

【材料】

(1) 器材　载玻片、粗针头、1mL 注射器、秒表、试管、试管架、大头针、台秤。

(2) 药品　25%酚磺乙胺注射液、4%柠檬酸钠溶液、0.02%肝素钠注射液、生理盐水。

(3) 动物　家兔。

【方法步骤】

(1) 止血药对血凝的促进作用　在家兔耳背上用酒精棉消毒，待酒精干后，再涂以液体石蜡，以防止针刺破耳静脉后血液凝固。用粗针头刺破耳静脉，使其自然流出血滴，以清洁干燥的载玻片接取一滴血液放置在平皿上，每隔30s用大头针挑血滴一次，直至针头能挑起纤维蛋白丝即表示血凝开始，记录血凝时间。同时做 3 个样品，取平均值，然后甲兔肌内注射 25%酚磺乙胺注射液 0.5mL/kg，乙兔注射生理盐水 0.5mL/kg。10min 后依上述方法开始测定血凝时间，以后每隔 10min 测一次。

(2) 抗凝血药作用的观察　取试管 3 支，分别加入 4%柠檬酸钠溶液、0.02%肝素钠注射液、生理盐水各 0.1mL。然后每管加入从乙兔心脏采取的新鲜血液 1mL，摇匀后置于试管架上，20min 后观察各试管中血液有无凝血现象。

(3) 将实验结果填入表 11-5、表 11-6。

表 11-5　　　　　止血药对血凝的促进作用的观察结果

兔	药物	体重/kg	血凝时间				
			用药前	用药后 10min	用药后 20min	用药后 30min	用药后 40min
甲	酚磺乙胺						
乙	生理盐水						

表 11-6　　　　　抗凝血药作用的观察结果

试管	药物	剂量	血液量	有无凝血
1				
2				
3				

【作业】根据实验结果分析止血药、抗凝血药的作用特点。

实训七　水合氯醛对家兔全身麻醉的效果观察

【目的要求】观察水合氯醛以不同给药途径给药，对家兔的全身麻醉作用及主要体征变化。

【材料】

（1）器材　兔固定板、台秤、注射器（10mL）、针头、导尿管（人用）、兔开口器、听诊器、酒精棉、剪毛剪等。

（2）药品　10%水合氯醛溶液、10%水合氯醛淀粉浆溶液。

（3）动物　家兔。

【方法步骤】

（1）取健康家兔3只，先观察结膜、角膜、肛门和指（趾）部反射，测定体温、脉搏和呼吸，并记录。

（2）以不同途径分别给予10%水合氯醛溶液或10%水合氯醛淀粉浆溶液，并记录给药时间。

第1只，用胃管（用人的导尿管代替）向胃内注入10%水合氯醛淀粉浆溶液，水合氯醛的剂量为0.3~0.4g/kg体重。此种给药途径，可以观察到家兔在麻醉过程中首先出现肌肉紧张度降低；其次是后肢麻痹，这时家兔躯体的前部尚能支撑；再次是前躯进入麻痹，但头仍能支撑；最后完全进入侧卧麻醉状态，头也卧在桌上。记录进入麻醉的时间与开始苏醒的时间。

第2只，耳静脉注入10%水合氯醛溶液，水合氯醛的剂量为0.12~

0.15g/kg 体重。静脉注射的麻醉过程没有上述明显变化，迅速进入全身麻醉状态。并记录进入麻醉的时间。

(3) 将实验结果填入表 11－7。

表 11－7　　　　　　　合氯醛对家兔全身麻醉的观察结果

项目	体温	呼吸	脉搏	瞳孔	肌肉紧张度	痛觉	角膜反射	指（趾）反射	肛门反射	开始麻醉时间	产生麻醉时间
麻醉前											
内服麻醉											
静脉麻醉											

实训八　士的宁中毒及解救

【目的要求】观察士的宁中毒症状及水合氯醛注射液的解毒效果，了解中毒与解毒原理。

【材料】

(1) 器材　2mL 注射器、10mL 注射器、台秤、酒精棉球。

(2) 药品　0.1% 硝酸士的宁注射液、10% 水合氯醛注射液。

(3) 动物　家兔。

【方法步骤】

(1) 取健康成年家兔一只，称重，耳根部皮下注射 0.1% 硝酸士的宁注射液 0.6mL/kg 体重。当用手击打家兔背部出现反射兴奋性增强，但未出现全身痉挛症状（角弓反张）时，立即静脉注射 10% 水合氯醛注射液 1.5mL/kg 体重。给予水合氯醛后家兔处于睡眠状态，如果仍然有明显惊厥，可再补给适量水合氯醛。

(2) 另取健康成年家兔一只，称重，耳根部皮下注射 0.1% 硝酸士的宁注射液 0.6mL/kg 体重。观察直到出现角弓反张症状后，立即静脉注射 10% 水合氯醛注射液 1.5mL/kg 体重，效果如何？

(3) 将实验结果记录入表 11－8。

表 11－8　　　　　　　士的宁中毒及解救的观察结果

兔	药物	症状	解毒药物	结果
1	士的宁	未出现惊厥	水合氯醛	
2	士的宁	出现惊厥后	水合氯醛	

【作业】临床应用士的宁时应注意哪些问题？为什么？

实训九　肾上腺素对普鲁卡因局部麻醉作用的影响

【目的要求】观察肾上腺素对普鲁卡因局部麻醉作用时间的影响。

【材料】

（1）器材　5mL注射、8号针头、毛剪、镊子、酒精棉球、台秤。

（2）药物　0.1%盐酸肾上腺素注射液，2%盐酸普鲁卡因注射液。

（3）动物　家兔。

【方法步骤】

（1）取健康成年家兔1只，称重，观察其正常活动情况，用针刺后肢，观察有无疼痛，并记录。

（2）于两侧坐骨神经周围分别按每千克体重2mL注入2%盐酸普鲁卡因注射液（使兔自然俯卧，在尾部坐骨嵴与股骨头之间摸到一凹陷处，即为注射处）和加有肾上腺素的普鲁卡因注射液（每10mL 2%普鲁卡因注射液中加0.1%盐酸肾上腺素注射液0.1mL）。

（3）5min后开始观察两后肢有无运动障碍，并以针刺两后肢，观察有无疼痛，以后每10min检查一次，观察两后肢恢复感觉的情况，并记录。

（4）将实验结果填入表11-9。

表11-9　　　　肾上腺素对普鲁卡因局部麻醉作用的观察结果

药物	用药前动物的活动情况及两后肢对针刺的反应	用药后动物的活动情况及两后肢对针刺的反应					
		5	10	20	30	40	50	60
注射普鲁卡因								
注射加有肾上腺素的普鲁卡因								
分析								

【作业】说明普鲁卡因与肾上腺素合用的临床意义。

实训十　解热镇痛药对发热家兔体温的影响

【目的要求】观察解热镇痛药对人工发热动物的解热作用，掌握药物解热作用的测试方法。

【材料】

（1）器材　体温计、注射器、针头、酒精棉、台秤。

（2）药品 30%安乃近注射液、过期伤寒混合疫苗、生理盐水。
（3）动物 家兔。

【方法步骤】

（1）取健康成年家兔3只，称重，编号为甲、乙、丙，用体温计测定正常体温2～3次，体温波动较大者不宜用于本实验。

（2）按0.5mL/kg体重给甲、乙家兔耳静脉注射过期伤寒混合疫苗（致热原也可用2%蛋白胨溶液，预先加热，肌内注射，每只10mL，经1～3h体温可升高1℃以上；或皮下注射灭菌牛奶，每只10mL，经3～5h体温可升高1℃以上），每隔30min测一次体温。

（3）待体温升高1℃以上时，甲家兔按2mL/kg体重，腹腔注射生理盐水；乙、丙家按2mL/kg体重，腹腔注射30%安乃近注射液。给药后每隔3min测量体温一次，共2～3次，观察各兔体温的变化情况。

（4）将实验结果填入表11-10。

表11-10　　解热镇痛药对发热家兔体温的观察结果

兔	体重	体温	药物	给药后体温		
				3min	6min	9min
甲						
乙						
丙						

【作业】 根据实验结果分析安乃近的解热作用的特点及临床应用。

实训十一　有机磷中毒及解救

【目的要求】 观察有机磷中毒症状，比较阿托品与碘磷定的解毒效果。

【材料】

（1）器材 5mL注射、8号针头、塑料尺、酒精棉球、台秤。

（2）药物 10%敌百虫溶液，0.1%阿托品注射液，2.5%碘磷定注射液。

（3）动物 家兔。

【方法步骤】

（1）取健康成年家兔3只，称重，编号为甲、乙、丙，剪去部分腹部、背部的被毛，观察其正常活动、瞳孔大小、呼吸与心跳次数、唾液分泌情况、有无粪尿排出，用镊子轻击背部有无肌肉震颤等。

（2）每只家兔自耳静脉注射10%敌百虫溶液（1mL/kg，如20min后无中毒症状，可再注射0.25mL/kg）。待产生中毒症状后，观察上述指标有何变化。

（3）待中毒症明显时，甲兔从耳静脉注射 0.1% 阿托品注射液 1mL/kg，乙兔从耳静脉注射 2.5% 碘磷定注射液 2mL/kg，丙兔从耳静脉注射与甲、乙两兔相同剂量的阿托品和碘磷定注射液。

（4）观察、比较发现药物对家兔解救效果记入表 11-11。

表 11-11　　　　　　　有机磷中毒及解救的观察结果

兔	体重	药物	瞳孔	唾液	肌肉震颤	粪、尿	心跳	呼吸
甲	用药前							
	注射敌百虫后							
	注射阿托品后							
乙	用药前							
	注射敌百虫后							
	注射碘解磷定后							
丙	用药前							
	注射敌百虫后							
	注射阿托品和碘解磷定后							

实训十二　亚硝酸盐中毒及解救

【目的要求】观察亚硝酸盐中毒症状及亚甲蓝的解毒效果，了解中毒与解毒原理。

【材料】

（1）器材　5mL 注射器、温度计、镊子、酒精棉、台秤。

（2）药品　5% 亚硝酸钠溶液、0.1% 亚甲蓝注射液。

（3）动物　家兔。

【方法步骤】

（1）取健康成年家兔 1 只，称重。观察正常活动情况，检查呼吸、体温、口鼻部皮肤、眼结膜及耳血管颜色。

（2）耳静脉注射 5% 亚硝酸钠溶液 1~1.5mL/kg 体重，记录时间并观察动物的呼吸、眼结膜及耳血管的颜色变化，开始发绀时测定体温。

（3）待亚硝酸钠中毒症状明显后，耳静脉注射 0.1% 亚甲蓝注射液 2mL/kg 体重，观察并记录解毒结果。

（4）将实验结果记录入表 11-12。

表 11-12　亚硝酸盐中毒及解救的观察结果

观察指标	中毒前	中毒后	解毒后
呼吸			
体温			
眼结膜			
耳血管			
其它			

【作业】根据实验结果，分析亚甲蓝解救亚硝酸盐中毒的原理及效果。

参 考 文 献

1. 李春雨，贺生中. 动物药理. 北京：中国农业大学出版社，2007
2. 梁运霞，宋冶萍. 动物药理与毒理. 北京：中国农业出版社，2007
3. 陈杖榴. 兽医药理学. 第三版. 北京：中国农业出版社，2009
4. 李继昌，罗国琦. 宠物药理. 北京：中国农业科学技术出版社，2008
5. 朱模忠. 兽药手册. 北京：化学工业出版社，2002
6. 孙洪梅，王成森. 动物药理. 北京：化学工业出版社，2010
7. 沈建忠. 兽医药理学. 北京：中国农业大学出版社，2003
8. 周新民. 动物药理. 北京：中国农业出版社，2001
9. 杨雨辉，邵卫星. 兽医药理学. 北京：中国农业出版社，2011
10. 刘志华，王培忠. 药理学. 北京：中国医药科技出版社，2009
11. 张幸生. 药剂学. 北京：中国轻工出版社，2004
12. 凌沛学. 药理学. 北京：中国轻工出版社，2007
13. 张仲秋. 畜禽药物使用手册. 北京：中国农业大学出版社，2001
14. 王志强. 犬猫临床用药手册. 上海：上海科学技术出版社，2009
15. 阴天榜. 新编畜禽用药手册. 郑州：中原农民出版社，2004
16. 中国兽药典委员会. 中华人民共和国兽药典（2010年版）. 北京：中国农业出版社，2010
17. 中国兽药典委员会. 中华人民共和国兽药典兽药使用指南（2010版）. 北京：中国农业出版社，2010